2023 年版

全国二级建造师执业资格考试一次通关

市政公用工程管理与实务

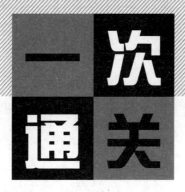

品思文化专家委员会　组织编写

胡宗强　主编

中国建筑工业出版社

图书在版编目（CIP）数据

市政公用工程管理与实务一次通关/品思文化专家委员会组织编写；胡宗强主编. —北京：中国建筑工业出版社，2023.1

2023 年版全国二级建造师执业资格考试一次通关

ISBN 978-7-112-28311-8

Ⅰ. ①市… Ⅱ. ①品… ②胡… Ⅲ. ①市政工程－工程管理－资格考试－自学参考资料 Ⅳ. ①TU99

中国国家版本馆 CIP 数据核字（2023）第 017432 号

责任编辑：余　帆
责任校对：赵　菲

2023 年版全国二级建造师执业资格考试一次通关

市政公用工程管理与实务一次通关

品思文化专家委员会　组织编写

胡宗强　主编

*

中国建筑工业出版社出版、发行（北京海淀三里河路 9 号）

各地新华书店、建筑书店经销

北京建筑工业印刷厂制版

天津安泰印刷有限公司印刷

*

开本：787 毫米×1092 毫米　1/16　印张：$21\frac{1}{4}$　字数：486 千字

2023 年 2 月第一版　　2023 年 2 月第一次印刷

定价：**62.00** 元

ISBN 978-7-112-28311-8

（40244）

品思文化专家委员会

前　言

为了更好地帮助广大考生复习应考，提高考试通过率，同时也为了让广大考生通过应考复习，真正掌握二级建造师必备的专业知识，我们专门组织国内顶级名师，依据最新版考试大纲和考试用书的要求，对各门课程的历年考情、核心考点、考题设计等进行了全面的梳理和剖析，精心编写了二级建造师一次通关辅导丛书，丛书共分五册，分别为《建设工程施工管理一次通关》《建设工程法规及相关知识一次通关》《建筑工程管理与实务一次通关》《机电工程管理与实务一次通关》《市政公用工程管理与实务一次通关》。

其中，《市政公用工程管理与实务一次通关》主要包括以下四个部分：

1. **"导学篇"** ——通过对历年真题涉及核心考点的研究，解读考试方向及规律，重点进行题型分析和解题思路、学习方法以及答题技巧的指导，力求突出重点、把握难点，切实有效地提高考生答题思维能力及考场应变能力。

2. **"核心考点升华篇"** ——归纳重要章节近几年核心考点及分值分布，让考生大体了解知识点；按照重要章节顺序，提炼核心考点提纲，针对各个核心考点，结合真题或模拟题，总结各种典型考法，深入剖析核心考点，使考生全面了解考试命题意图、明晰解题思路。

3. **"近年真题篇"** ——对近两年考试真题进行了详细解析，让考生全面了解考试内容，提前体验考试场景，尽快进入考试状态。

4. **"模拟预测篇"** ——以最新考试大纲要求和准确的考题动向分析为导向，参考历年试题核心考点分布情况，精编两套全真模拟试卷，并对难点进行解析，帮助广大考生准确把握考试命题规律。

本系列丛书具有以下三大特点：

1. **"全"** ——对近年二级建造师考试真题核心考点进行了全面归纳和剖析，点睛考点，总结考法，指明思路；每个核心考点都配套了典型模拟题，帮助考生消化考点内容，加深对知识点的理解，拓宽解题思路，提高答题技巧；结合核心考点，精心编写两套全真模拟试卷并对难点进行解析，帮助考生进一步巩固知识点。

2. **"新"** ——严格配套最新考试大纲和考试用书，充分体现未来考试趋势；体例新颖，每一核心考点均总结各种考法，并对其进行精准剖析，理清解题思路，提炼答题技巧。

3. **"简"** ——核心知识点罗列清晰，在尽可能涵盖所有考点的前提下，简化考试用书内容，使考生一目了然，帮助考生在短时间内将考试用书由厚变薄、轻松掌握考点，节省备考时间。

　　本书在编写过程中得到了诸多行内专家的指点，在此一并表示感谢！由于时间仓促、水平有限，书中难免有疏漏和不当之处，敬请广大考生批评指正。

　　愿我们的努力能够帮助大家顺利通过考试！

目　录

近年真题篇

模拟预测篇

导学篇

一、考试解读

全国二级建造师考试是一种选拔性考试，历来坚持"以素质测试为基础，以工程实践内容为主导"的原则，近年来试题越来越趋向于现场，应试者必须具备较好的理论水平和施工现场实际管理能力方能通过考核。市政公用工程管理与实务考试则更注重于教材知识的理解和综合知识的应用，要求考生利用相关理论，同时结合现场工程实际情况来分析和解答问题。

微信扫一扫
免费看导学课

二、题型分析

1. 选择题

选择题大体上可以分为概念型选择题、否定型选择题、因果型选择题、程度型选择题、比较型选择题、组合型选择题等。二级建造师考试选择题（40分）占总分值（120分）的三分之一，考点绝大多数都来源于考试用书内容，相较于案例分析题而言，只要对考试用书尽可能的熟悉，选择题更容易拿到分数，考生一定要重视起来。

2. 案例分析题

案例分析题的背景材料一般比较复杂，题目内容和需要回答的问题均较多。一道案例分析题往往要求回答多个问题，而题干描述的内容与问题并不是完全对应，需要考生结合自身所学知识去寻找、推理、补充或计算得出答案。案例分析题的难度也是最大的，内容往往涉及许多不同的知识点，要求考生具备一定的理论水平和实践经验。

（1）改错题：

改错题是各个专业考试主观题中最传统的考核形式，此类考题一般是在案例分析题的背景资料中对施工方法、施工顺序、质量验收等进行错误的描述，在问题中要求应试者将错误做法找出来，并说明理由（原因）或写出正确做法，并且理由（原因）或正确做法的分值高于"挑错"这个采分点。

这类题目在当前试卷中所占比例呈下降趋势，但在短期内依然不会退出，备考过程中对此类题目应提前布控，做好应对练习。

首先，此类题目多数是考试用书原文，或教材原文稍作修改的考点，但并非所有的地方都可以出改错题，例如道路章节中的材料组成、材料特性、结构特点、混凝土配合比要求等就很难以案例分析题形式出现，那么在案例分析题备考中就要予以弱化。而道路路基施工（清表、留台阶、填土要求、试验段、碾压等），基层施工（材料拌合运输、摊铺、碾压、养护等），沥青面层施工（透层油与粘层油洒布要求、沥青摊铺、碾压和养护），水泥混凝土面层施工（混凝土搅拌、运输、浇筑、切缝和养护等），道路冬（雨）期施工等知识点均可以案例分析题中改错题的形式进行考核。考生在备考中针对可以出题的知识点，需要平时做好预案，并且依据历年真题，找出那些可考而未考的点作为重点强化。

其次，作答案例分析题需要养成一个习惯，即在阅读的过程中及时发现背景资料中错误的描述，并做出标记，以免后期答题时遗漏这种"错误"或"不妥"之处。市政专业特点是案例分析题背景资料中的文字数量比建筑专业、公路专业等要少20%～30%，所以在阅读过程中不要放过任何的蛛丝马迹，切不可因为疏忽大意而错过每一个采分点。

最后，要分清这类改错题后面是要求说明理由还是写出正确做法，每年都会有考生在这里因为审题不清而与正确答案失之交臂。

例如：【2020年二建分析案例题二】

【背景资料】

某城镇道路局部为路堑路段，两侧采用浆砌块石重力式挡土墙护坡，挡土墙高出路面约3.5m，顶部宽度0.6m，底部宽度1.5m，基础埋深0.85m。在夏季连续多日降雨后，该路段一侧约20m挡土墙突然坍塌，该侧行人和非机动车无法正常通行……为恢复正常交通秩序，保证交通安全，相关部门决定在原位置重建现浇钢筋混凝土重力式挡土墙。

施工单位编制了钢筋混凝土重力式挡土墙混凝土浇筑施工方案，其中包括：提前与商品混凝土厂沟通混凝土强度、方量及到场时间；第一车混凝土到场后立即开始浇筑；按每层600mm水平分层浇筑混凝土，下层混凝土初凝前进行上层混凝土浇筑；新旧挡土墙连接处增加钢筋使两者紧密连接；如果发生交通拥堵导致混凝土运输时间过长，可适量加水调整混凝土和易性；提前了解天气预报并准备雨期施工措施等内容。

【问题】

改正混凝土浇筑方案中存在的错误之处。

【参考答案】

① 应检查混凝土出厂、进场时间和外观，查验配合比，测试坍落度和留置试块后浇筑。② 现场应该有2辆以上（多辆）混凝土车后才开始浇筑；每层浇筑厚度应小于500mm；下层混凝土初凝前上层混凝土浇筑完毕。③ 新旧挡土墙之间应设置沉降缝（变形缝）。④ 应加减水剂或同配合比水泥浆进行搅拌。

【解析】本题中一个会被人忽视的考点是"新旧挡土墙连接处增加钢筋使两者紧密连接"，这里新施工的挡土墙是现浇钢筋混凝土挡土墙，而原来的挡土墙是砌筑挡墙，由于这两种挡土墙材质和施工时间等均不相同，按照挡土墙施工要求，每隔一定距离需要设置沉降缝，那么这个接槎位置应该按照沉降缝进行处理。

（2）补充题：

补充型案例分析题又分为早期题型和当下题型。

早期题型是在建造师考试最初的年份中，当时与改错题一直是考试的主流题目，这类题目基本上以考核考试用书原文（概念、工序、规定、验收要求等）为主，不过这类补充型题目在近几年中出现的频率越来越低。

当下案例分析题中补充题相对更加灵活，考生可以明显地感觉到采分点不再是考试用书中原文内容，总有一种有力使不出来的感觉，看到背景资料和问题后知道要考核的知识点，但就是不知道采分点究竟是什么，甚至是拿着考试用书去找也不敢保证就一定得分。很多考生在遇到这种情况时，本着"多写不扣分"的原则，往往会一道案例的某一小问上写出四五百字甚至更多，这种做法必须杜绝，考试时间只有3个小时，如果以此种方式作答，恐怕连题目都做不完。针对当前案例分析题中补充题的形式，考生需要平时多下功夫，提升自己文字功底，掌握获取采分点的技能，尽可能使答案文字精简，涵盖面广。

例如：【2018 年二建案例分析题一】

【背景资料】

某公司承包一座雨水泵站工程，基坑周边地下管线比较密集，项目部针对地下管线距基坑较近的现况制定了管线保护措施，设置了明显的标识。

【问题】

项目部除了编制地下管线保护措施外，在施工过程中还需具体做哪些工作？

【参考答案】

① 基坑开挖前挖探坑，探明管线走向高程，并标记在施工总平面图上；② 对可以改移的管线进行改移；③ 对探明后不能拆改的管线进行支架、吊架、托架保护；④ 施工过程中派专人对管线进行看护；⑤ 开挖过程中对管线进行沉降变形监测。

回答这类题目的采分点时需要从多个方位、多个角度考虑，而且要言简意赅、控制字数，答题时多采用"和、且、并、或、及"等文字，将两个或者三个作答方向一致的内容放在一句话中说清。建议考生备考时，做一做这方面的训练。

（3）工序题：

工序类题目是当前市政最热门的考核形式，工序类题目又可以划分为工序补充题、工序排序题、按已知工序对号入座题和按照施工工艺顺序补充工序题目这四个类别。

工序补充类题型出现的较早，尽管考点往往不在教材中明确写出，却属于施工常识内容，具备典型的市政考试特点。

例如：【2020 年（12 月）二建案例分析题一】

【背景资料】

某单位承建一条水泥混凝土道路工程，道路全长 1.2km，混凝土强度等级 C30。项目部编制了混凝土道路路面浇筑施工方案，方案中对各个施工环节做了细致的部署。

在混凝土道路面层浇筑时天气发生变化，为了保证工程质量，项目部紧急启动雨期突击施工预案，在混凝土道路面层浇筑现场搭设临时雨棚，工序衔接紧密，班长在紧张的工作安排中疏漏了一些浇筑工序细节。

【问题】

为保证水泥混凝土面层的雨期施工质量，请补充混凝土浇筑时所疏漏的工序细节。

【参考答案】

雨期施工混凝土面层时，还应根据天气变化情况及时测定砂、石含水量，准确控制混合料的水胶比。施工中遇雨时，立即使用防雨设施完成对已铺筑混凝土的振实成型，不再开新作业段，并覆盖保护尚未硬化的混凝土面层。

工序补充题难度比较大，需要考生对施工工艺十分熟悉才能完成。而工序排序题相比于补充工序题难度有所下降，因为背景资料中会将一个工艺流程中的工序全部给出来，应试者只需将所列工序做一个先后顺序的排列即可。

例如：【2015 年二建案例分析题一】

【背景资料】

某公司中标北方城市道路工程，道路全长 1000m，道路结构与地下管线布置如下图所示：

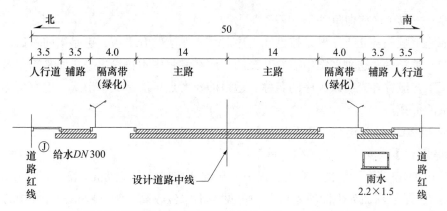

道路结构与地下管线布置横断面图（尺寸单位：m，管径单位：mm）

项目部对① 辅路、② 主路、③ 给水管道、④ 雨水方沟、⑤ 两侧人行道及隔离带（绿化）做了施工部署，依据各种管道高程以及平面位置对工程的施工顺序做了总体安排。

【问题】

用背景资料中提供的序号表示本工程的总体施工顺序。

【参考答案】

本工程总体施工顺序：④→③→②→①→⑤。

现阶段直接考核工序排序的题型明显减少，几乎都是演化成了按已知工序对号入座题以及按照施工顺序补充工序题的形式。

按已知工序对号入座题与工序排序题相比更容易一些，因为背景资料中不但会将一个工艺流程中的工序全部写出来，而且会给一个完整的施工流程，只不过这个流程中的个别工序会用字母表示，考生只需要将题目中剩余的工序名称与带字母的施工工序对号入座即可。

例如：【2019 年二建案例分析题三】

【背景资料】

某施工单位承建一项城市污水主干管道工程，全长 1000m。设计管材采用Ⅱ级承插式钢筋混凝土管，管道内径 D_i1000mm，壁厚 100mm；沟槽平均开挖深度为 3m，底部开挖宽度设计无要求。场地地层以硬塑粉质黏土为主，土质均匀，地下水位于槽底设计标高以下，施工期为旱季。

项目部编制的施工方案明确了下列事项：

事项一：将管道的施工工序分解为：① 沟槽放坡开挖、② 砌筑检查井、③ 下（布）管、④ 管道安装、⑤ 管道基础与垫层、⑥ 沟槽回填、⑦ 闭水试验。

施工工艺流程：①→ A →③→④→②→ B → C。

……

【问题】

写出施工方案事项一中管道施工工艺流程中 A、B、C 的名称。（用背景资料中提供的序号①~⑦或工序名称作答）

【参考答案】

施工工艺流程中，A 的名称——⑤（管道基础与垫层）；B 的名称——⑦（闭水试验）；

C 的名称——⑥（沟槽回填）。

按照施工顺序补充工序题是按已知工序对号入座题的升级版，也是当前考试试卷中出现最多的一类题目。这种题型中需要补充的工序在题目中不再给出来，而是需要考生自己按照施工工艺流程补充所缺工序的名称。题目涉及考点可能是文字形式，也有可能是文字结合图形的形式。

例如：【2020 年二建案例分析题四】

【背景资料】

某公司承建一座再生水厂扩建工程……基坑开挖尺寸为 70.8m（长）×65m（宽）×5.2m（深），基坑断面如下图所示。图中可见地下水位较高，为 -1.5m，方案中考虑在基坑周边设置真空井点降水。项目部按照以下流程完成了井点布置，高压水套管冲击成孔→冲洗钻孔→ A →填滤料→ B →连接水泵→漏水漏气检查→试运行，调试完成后开始抽水。

因结构施工恰逢雨期，项目部采用 1:0.75 放坡开挖，挂钢筋网喷射 C20 混凝土护面，施工工艺流程如下：修坡→ C →挂钢筋网→ D →养护。

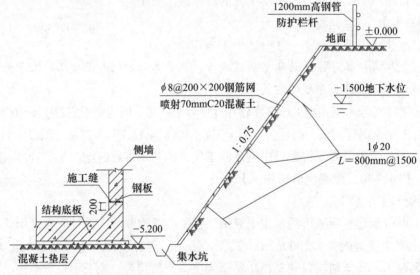

基坑断面示意图（高程单位：m；尺寸单位：mm）

【问题】

1. 补充井点降水工艺流程中 A、B 工作内容。

2. 请指出基坑挂网护坡工艺流程中，C、D 的内容。

【参考答案】

1. A——安放井点管；B——井口填黏土压实。

2. C——打入锚杆（摩擦土钉、锚筋）；D——喷射混凝土。

按照施工工艺顺序补充施工工序题目在最大程度上避免了争议。例如桥梁中装配式梁板安装中，先简支后连续梁的安装，涉及梁与梁之间横向湿接缝浇筑和纵向湿接头的浇筑先后顺序，在实际施工中既有先浇筑湿接缝混凝土，后浇筑湿接头混凝土的情况，但也有先浇筑湿接头混凝土后浇筑湿接缝混凝土的情况，此时如果出单纯的排序题就容易出现争议；而按照施工工艺顺序补充施工工序，则容易有相对固定的答案，命题者会将湿接头或者湿接缝工序中的一项写出来，只要知道所需补充工序中的另外一项，按照应有位置列出即可。这里对应试者做一个提示，考试考核的施工顺序与你平时做的可能不一样，你需要结合背景资料去分析。在万千工序面前，很难有谁将所有的工法都完全掌握，唯一不变的法则就是知道这些工序的基本内容，并结合背景资料作答。

混凝土梁湿接缝与湿接头先后浇筑示意图如下所示：

先浇筑湿接缝后浇筑湿接头示意图

先浇筑湿接头后浇筑湿接缝示意图

（4）图形题：

市政专业图形类题目最早出现在 2013 年，之后每年考试中图形都是案例分析题的主流考点。图形题目涉及面比较广——道路的断面图、结构图，桥梁结构图、剖面图，基坑支护图、结构图等均多次涉及。然而市政考试用书不会细化到介绍图形基础知识，所以考生在备考时一定要做拓展，认真学习道路、桥梁、结构、管道等常用构造物的图形。此外，图形题考核的形式多种多样，最主要的形式有图形基础知识、图形改错、图形计算等形式。

图形基础知识这类题目几乎每年都会有所涉及，考核的工程示意图虽说不直接出现在考试用书上，但基本上还是与考试用书所介绍的知识点关联，并且给出的图形也与所考核专业中最基本常识相关。题目多为图形某节点部位名称，并简述其作用，正常情况下，只要是名称可以描述出来，作用的采分点就不会旁落。这类题目很难在备考中"押到"，需要考生平时多看图——例如，项目上施工图中的节点大样图以及图集中的细部图。平时多看图，考试中即便遇到陌生图，也可通过分析得出答案。

针对图形基础知识中某一个节点作用或施工要求的题目，答题时需参考案例分析题中补充题的作答方法从多个方位和角度出发，用精练语言涵盖采分点。因为很多案例分析题在未见参考答案之前，你很难确定到底哪些文字绝对是采分点，哪些文字绝对不是采分点。偏偏作答过程中又不能在短时间内无限罗列，所以角度宽广，语言精练，逻辑清晰是回答案例分析题的关键。

图形改错题是一种新兴的题型，此类题目其他专业也曾经考核，只要多看图，试题图形中的不妥之处就容易找出来。

例如：

【背景资料】

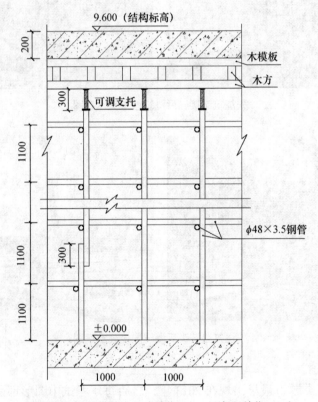

模板及支架示意图（尺寸单位：mm，高程单位：m）

【问题】

指出《模板及支架示意图》中不妥之处，说明正确做法。

【参考答案】

不妥之处及正确做法如下：

不妥之处一：支架立杆直接立在底板上不妥；

正确做法：应在立杆底设置可调底座和垫板。

不妥之处二：未设置扫地杆不妥；

正确做法：应距地面 200mm 高处，沿纵横水平方向设扫地杆。

不妥之处三：支架未设置剪刀撑不妥；

正确做法：应设置（竖向和水平）剪刀撑。

不妥之处四：立杆采用搭接方式不妥；

正确做法：立杆应采用对接扣件连接。

不妥之处五：螺杆伸出钢管顶部 300mm 不妥；

正确做法：螺杆伸出钢管顶部不得大于 200mm。

对于图形改错类题目，可以采取一些技巧，即认定图形中所展示出来的信息都有问题，然后针对这些问题写出正确做法，即便正确做法不能确定得分，但也不会因此丢分。

图形计算类题目也属于当前最热门考点之一。这类题目只要看懂图，难度就不大，计算一般多会围绕着水平距离（会涉及里程桩号等知识）和高程等内容。备考时需要对考试真题曾经涉及计算的点进行归类，找到其中的规律。

例如：【2016 年二建案例分析题二】

【背景资料】

某公司承建城市桥区泵站调蓄工程，其中调蓄池为地下式现浇钢筋混凝土结构，混凝土强度等级 C35，池内平面尺寸为 62.0m×17.3m，筏板基础。场地地下水类型为潜水，埋深 6.6m。设计基坑长 63.8m、宽 19.1m、深 12.6m，围护结构采用 φ800mm 钻孔灌注桩排桩＋2 道 φ609mm 钢支撑，桩间挂网喷射 C20 混凝土，桩顶设置钢筋混凝土冠梁。基坑围护桩外侧采用厚度 700mm 止水帷幕，如下图所示。

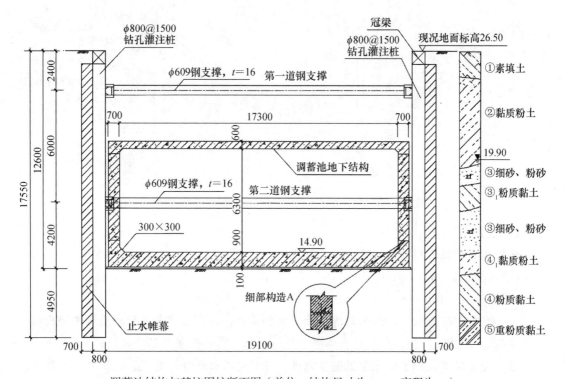

调蓄池结构与基坑围护断面图（单位：结构尺寸为 mm，高程为 m）

【问题】

计算止水帷幕在地下水中的高度。

【参考答案】

止水帷幕在地下水中的高度为：

19.90－（26.5－17.55）＝10.95m；

或：17.55－6.60＝10.95m；

或：19.90－14.90＋1.0＋4.95＝10.95m。

（5）计算题：

市政专业的计算题目与其他专业有所差别，建筑、机电等专业的计算题多出在造价计算，而市政专业计算题多出在图形或文字计算，这里既有依据图形的计算题，也有纯文字描述的计算题。解答市政专业计算题时首先要读懂题，一旦读懂案例分析题背景资料，计算本身也就迎刃而解了。不过计算题有一些细节需要注意。

例如：【2020年12月二建案例分析题三】

【背景资料】

项目部承建郊外新区一项钢筋混凝土排水箱涵工程，全长800m，结构尺寸为3.6m（宽）×3.8m（高），顶板厚400mm，侧墙厚300mm，底板为厚400mm的外拓反压抗浮底板，箱涵内底高程为－5.0m，C15混凝土垫层厚100mm，详见下图。地层由上而下为杂填土厚1.5m，粉砂土2.0m，粉质黏土2.8m，粉细砂0.8m，细砂2m，地下水位于标高－2.5m处。

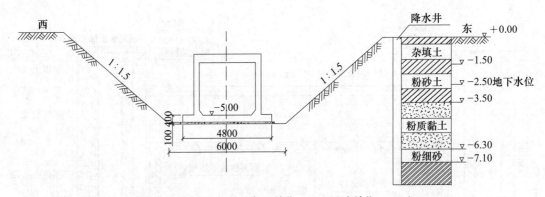

沟槽开挖断面示意图（高程单位：m；尺寸单位：mm）

【问题】

依据工程背景资料计算沟槽底设计高程。

【参考答案】

－5.00－0.4－0.1＝－5.50m。

计算题需要注意细节，例如计算后面需要加单位，还有就是背景资料图形中给出箱涵内底高程为－5.00m，那么计算出来沟槽底设计高程也需要保留两位小数。

案例分析题考核除了以上常见题型以外，还有施工机械补充题型、施工方法优缺点对比题型、常见管理内容题型等。在备考中需要对这些题型进行归纳，总结出部分答题"模板"，这样在考场上解答每一类题目才可以有的放矢、一挥而就。

三、学习方法

第一、全面通读考试用书，同时有重点地详细研读配套课件，力求充分理解书中核心知识点。阅读时应注意不同章节之间的内在联系，分析不同章节的异同点，重点辨别其相通性和特殊性。通读考试用书后可试做历年真题，找到阅读中遗漏的知识点及薄弱环节，及时强化；第二、参考教辅，熟读考试用书，标注重要知识点，亦可标出历年真题在考试用书中的位置，这样既有利于了解命题的规律，也可知晓并关注未曾考核的重要知识点；第三、结合教材进行总结，尤其是施工工序知识点的归纳总结——以基坑为例：

根据基坑的开挖目的［施做建（构）筑物、顶管工作坑、盾构始发井或接收井等］，第一步是降水，鉴于基坑开挖深度，主要考虑基坑的降水方法，降水深度，以及降水井作用和设置要求等。第二步主要工序是开挖，涉及基坑放坡或支护、支护形式的选择和特点（排桩、水泥土搅拌桩挡墙、地下连续墙）等；基坑开挖涉及最重要的知识点就是安全管理，比如基坑变形控制，坑底的稳定，无支护边坡的加固（锚杆或土钉墙、水泥砂浆抹面或挂网喷射混凝土等），支护结构的稳定以及基坑雨期施工措施等；安全监测亦是重要考核点。第三步是主要的隐蔽工程验收问题，另外还有基坑坡度、标高的计算，基坑结合地下管线图形一起考核等等，这里不再一一赘述。

考生可以依据这个思路按专业将道路、桥梁、管道、轨道交通、给水排水厂站、垃圾填埋、测量及监测等内容一一归纳总结。所谓"温故而知新"，通过归纳总结教材知识点，将每个专业的施工程序、施工要点形成一条清晰的脉络，找准每条脉络上的知识点重点掌握和记忆。此外建议多看一些施工视频或图片，熟悉相关施工工艺，掌握施工方法，运用这种方法可起到事半功倍的效果，因为考生不可能参与市政所有相关专业的施工，而施工视频与图片可以有效地帮助考生理解教材内容并加强记忆。

完成上述学习之后，在考前一个月可进行自我测试，选择2~3套有质量的模拟题，在规定时间内完成答题。然后对照参考答案，分析答题中出现的问题，及时查缺补漏，提高复习效果，增强考试信心。

四、答题技巧

市政公用工程管理与实务考试题型，分为客观题（单项选择题、多项选择题共计40分）和主观题（案例分析题共计80分）。

1. 单项选择题

单选题总体来说比较简单，考核的是考生对知识点的熟悉程度，基本可以直接锁定正确选项，当不确定时可采用排除法、逻辑推理法等方法进行判断。

2. 多项选择题

多选题有一定的难度，考生考试成绩的高低及能否通过，与多选题的得分有一定的关系。多选题在作答时首先要坚持宁缺毋滥的原则，明确把握选项；对于模棱两可的选择题，可采用排除法再三斟酌，尽量选取两个答案，从而博取更多的分数，为考试通过奠定基础。

3. 实务操作和案例分析题

案例分析题主要考查考生利用相关理论并结合工程实际综合分析解决问题的能力。要求考生凭借所学知识的积累，组织语言解答实践问题。出题方式是给出若干段背景资料，提出若干个独立或有关联的小问题让应试人员解答。

（1）认真阅读背景资料和问题，准确理解题意：

首先，考生应仔细阅读背景资料，建议至少认真阅读两遍，阅读第一遍时，对于描述有问题的语句，作出标记，亦可在头脑里快速反应出大致该怎么做；然后带着问题再次阅读，搞清背景资料中的各种关系，了解命题者的考核意图。考试时由于心里紧张，部分考生看到背景资料较长的案例分析题，担心长时间审题会耽误答题时间，通常走马观花地浏览一遍，结果适得其反，作答时往往需花费更多时间反复推敲背景资料及问题，这样做不但无法确定命题者的思路及考核知识点，而且难以深入理解背景资料中隐含的关联性、逻辑性关系，从而出现作答时内容漏项、跑题、答非所问等情况，这些都是得不偿失的。

（2）理清答题思路，分析背景资料中隐含的逻辑关系和相关内容：

例如命题者考核基坑的"专项方案和专家论证"时，背景资料中往往会出现"基坑位于既有建筑物附近，或者城市内的构筑物、邻近河边等位置的基坑开挖"之类的描述，问题为："本工程的危险性较大的分部分项工程有哪些？或者是补充专项方案"等内容，答题时切不可只回答土方开挖内容，因为题目给出的施工环境不具备放坡开挖条件，一定要考虑到基坑的支护问题。

（3）分析、思考、确定命题者所考核的相关知识点：

例如图形和文字相结合的题目，作答前一定要仔细阅读案例分析题背景资料，并认真分析图形中给出的每一个条件，以免对命题人设置的考点有所遗漏。假如图形中标记的季节性流水谷内有排水管涵，上部填土搭设支架进行施工。那么要联想到回填土时，管涵两侧采用中粗砂人工对称分层回填夯实，遇到大雨时，管涵迎水面进行硬化处理；如果图形中标记回填土位置断面有坡度，需要考虑填土时留台阶，土方回填按设计要求分层进行。如果背景提及遇到大雨地面积水，那么一定要考虑地面硬化和设置排水设施；如果背景中还交代支架砂袋预压，那么一定要考虑预压逐步加载，雨期施工时砂袋用防水型材料。

（4）分层次解答，简明扼要，分条叙述，针对性作答：

每道案例分析题一般设置4~5小问，每小问的分值大概在4~5分左右。从分值分布及答题策略来讲，每一问只有回答4条以上才可能得满分。所以语言一定要简练，并注意关键词的运用，尽量多方位多角度作答，在一句话中多采用"和、且、并、或、及"等连词，减少文字的反复出现。这样既可节省时间，又能提高答题效率。

例如有的案例分析题背景资料中交代施工过程中发现了问题，考核问题产生的原因，如何预防或者如何进行处理。面对这类题型，最主要的就是找准问题的切入点，知道从哪个方向展开。如果没有类似的施工经验，就必须从更多的角度去考虑，这样才能将这些教材中没有直接给出的考点分值尽可能捕获到。

（5）特定位置解答特定问题：

答题卡上每题都有相应的答题位置，务必在其划定的范围内作答，千万不可答错位置。每小问答完后，可空出几行留作补充，再回答下一问。考虑到考场整体答题氛围及考生的紧张程度，在分析和思考问题时可能会有所欠缺，导致答案不够系统、完整，当思考其他知识点时有可能触类旁通产生灵感，此时可对已答问题作适当增补，提高得分率。

（6）先易后难。凡考试必坚持先易后难原则，切忌同一问题上浪费过多时间；

另外，考试是一个厚积薄发的过程，平时应注重相关知识的积累与储备，可适当翻阅一些标准、规范帮助理解。例如《建设工程质量管理条例》《建设工程安全生产管理条例》《建设工程施工合同示范文本》(GF—2017—0201)、《建设工程工程量清单计价规范》GB 50500—2013、《中华人民共和国招标投标法》《工程建设项目施工招标投标办法》(七部委第 30 号令，经九部门令 2013 年第 23 号修订)、《中华人民共和国招标投标法实施条例》《建筑施工安全检查标准》JGJ 59—2011 以及《给水排水管道工程施工及验收规范》GB 50268—2008、《给水排水构筑物工程施工及验收规范》GB 50141—2008、《城镇道路工程施工与质量验收规范》CJJ 1—2008、《城市桥梁工程施工与质量验收规范》CJJ 2—2008、《城镇供热管网工程施工及验收规范》CJJ 28—2014、《沥青路面施工及验收规范》GB 50092—96 等，这些法规和规范往往是回答案例分析题的技巧和依据，对提高考试成绩有一定帮助。

注：后文中为简化用词，"单项选择题""多项选择题""实务操作和案例分析题"在核心考点升华篇中简称"单选题""多选题""案例分析题"。

核心考点升华篇

2K310000　市政公用工程施工技术

2K311000　城镇道路工程

微信扫一扫
查看更多考点视频

近年真题考点分值分布见表2K311000：

近年真题考点分值分布表　　　　　　　表 2K311000

命题点	题型	2018年	2019年	2020年	2021年	2022年
城镇道路工程结构与材料	单选题	2	2	1	1	3
	多选题	2	—	2	2	—
	案例分析题	—	—	12	—	—
城镇道路路基施工	单选题	—	—	—	—	—
	多选题	—	2	—	—	2
	案例分析题	20	3	—	—	—
城镇道路基层施工	单选题	—	—	1	—	—
	多选题	—	2	2	—	4
	案例分析题	6	—	—	—	—
城镇道路面层施工	单选题	—	—	1	1	—
	多选题	—	—	—	—	—
	案例分析题	6	—	—	—	4
城镇道路工程施工质量检查与检验	单选题	1	—	—	—	—
	多选题	2	—	—	—	—
	案例分析题	—	9	7	—	—

2K311010　城镇道路工程结构与材料

核心考点提纲

城镇道路工程结构与材料 ｛ 城镇道路分类
沥青路面结构组成及性能要求
沥青混合料的组成与材料
水泥混凝土路面的构造
不同形式挡土墙的结构特点

2K311011　城镇道路分类

一、城镇道路分级

1. 快速路

快速路必须设置中央分隔、全部控制出入且控制出入口间距及形式，以实现交通连续通行；单向设置不应少于两条车道。

2. 主干路

主干路应连接城市各主要分区，以交通功能为主。

3. 次干路

次干路应与主干路结合组成干路网，以集散交通的功能为主，兼有服务功能。

4. 支路

支路宜与次干路和居住区、工业区、交通设施等内部道路相连接，以解决局部地区交通，服务功能为主。

二、城镇道路路面分类

1. 按路面结构类型分

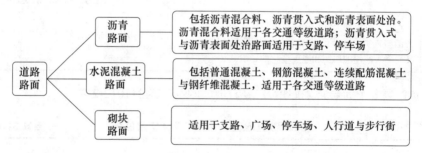

2. 按力学特性分

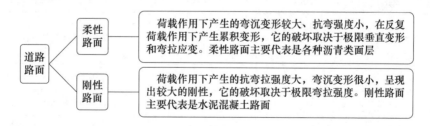

考点分析

本考点考查城镇道路的分类分级，以选择题为主。在掌握城镇道路分类分级的基本概念基础上，考生应熟悉不同等级城镇道路的横断面图。

【例题1·单选题】以交通功能为主，连接城市各主要分区的城镇道路是（　　）。

A. 快速路

B. 主干路

C. 次干路

D. 支路

【答案】B

【解析】主干路应连接城市各主要分区，以交通功能为主。

【例题2·多选题】适用于高等级道路的路面结构类型有（　　）。

A. 沥青混合料路面　　　　　　　　B. 沥青贯入式路面

C. 沥青表面处治路面　　　　　　　D. 水泥混凝土路面

E. 砌块路面

【答案】A、D

2K311012　沥青路面结构组成及性能要求

一、沥青路面结构组成（见表2K311012-1）

沥青路面结构组成表　　　　　　　　表2K311012-1

结构层	作用	性能要求
垫层	改善土基的湿度和温度状况（在干燥地区可不设垫层），保证面层和基层的强度稳定性和抗冻胀能力，扩散由基层传来的荷载应力	垫层材料的强度要求不一定高，但其水稳定性必须要好
基层	基层是路面结构中的承重层，主要承受车辆荷载的竖向力，并把由面层下传的应力扩散到垫层或土基	应具有足够的、均匀一致的承载力和较大的刚度；有足够的抗冲刷能力和抗变形能力，坚实、平整、整体性好；不透水性好；抗冻性满足设计要求
面层	直接同行车和大气相接触，承受行车荷载（较大的竖向力、水平力和冲击力）的作用，同时又受降水的侵蚀作用和温度变化的影响	平整度；承载能力；温度稳定性；抗滑能力；透水性；噪声量

二、沥青混凝土面层常用厚度及适宜层位（见表2K311012-2）

沥青混凝土面层常用厚度及适宜层位表　　　　　表2K311012-2

面层类别	公称最大粒径（mm）	常用厚度（mm）	适宜层位
特粗式沥青混凝土	37.5	80～100	二层或三层式面层的下面层
粗粒式沥青混凝土	31.5	60～80	二层或三层式面层的下面层
	26.5		
中粒式沥青混凝土	19	40～60	三层式面层的中层或二层式的下面层
	16		二层或三层式面层的上面层
细粒式沥青混凝土	13.2	25～40	二层或三层式面层的上面层
	9.5	15～20	①沥青混凝土面层的磨耗层（上层）；②沥青碎石等面层的封层和磨耗层
砂粒式沥青混凝土	4.75	10～20	自行车道与人行道的面层

考点分析

本考点考查沥青路面结构层的基本概念，选择题为主。

【例题1·单选题】下列指标中，不属于沥青路面使用指标的是（　　）。

A. 透水性
B. 平整度
C. 变形量
D. 承载能力

【答案】C

【解析】沥青路面使用指标有：承载能力；平整度；温度稳定性；抗滑能力；透水性；噪声量。

【例题2·多选题】AC-20沥青混凝土适宜的面层层位为（　　）。

A. 二层式面层的上面层
B. 二层式面层的下面层
C. 三层式面层的上面层
D. 三层式面层的中面层
E. 三层式面层的下面层

【答案】B、D

2K311013　沥青混合料的组成与材料

一、沥青混合料结构组成

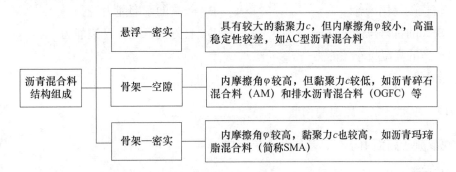

二、沥青混合料主要材料和性能

沥青应具有的性能：

（1）适当的稠度：表征粘结性大小，即一定温度条件下的粘度。

（2）较大的塑性：以"延度"表示，即在一定温度和外力作用下变形而不开裂的能力。

（3）足够的温度稳定性：即要求沥青对温度敏感度低，夏天不软，冬天不脆裂。

（4）较好的大气稳定性：抗热、抗光、抗老化能力较强。

（5）较好的水稳性：抗水损害能力较强。

三、热拌沥青混合料主要类型

1. 普通沥青混合料（AC型沥青混合料）

适用于城镇次干道、辅路或人行道等场所。

2. 改性沥青混合料

改性沥青混合料与AC型沥青混合料相比具有较高的高温抗车辙能力，良好的低温抗开裂能力，较高的耐磨耗能力和较长的使用寿命。适用城镇快速路、主干路。

3. 沥青玛琋脂碎石混合料（简称SMA）

SMA是当前国内外使用较多的一种抗变形能力强，耐久性较好的沥青面层混合料；

适用于城镇快速路、主干路。

4. 改性沥青玛琋脂碎石混合料

（1）采用改性沥青，材料配合比采用 SMA 结构形式。

（2）具有非常好的高温抗车辙能力、低温抗变形性能和水稳定性，且构造深度大，抗滑性能好，耐老化性能及耐久性等路面性能都有较大提高。

（3）适用于交通流量和行驶频度急剧增长，客运车的轴重不断增加，严格实行分车道单向行驶的城镇主干路和城镇快速路。

考点分析

本考点考查沥青混合料的结构组成，多以选择题的形式出现。

【例题 1·单选题】AC 型沥青混合料结构具有（   ）的特点。

A. 黏聚力低，内摩擦角小　　　　　　B. 黏聚力低，内摩擦角大

C. 黏聚力高，内摩擦角小　　　　　　D. 黏聚力高，内摩擦角大

【答案】C

【例题 2·多选题】改性沥青混合料所具有的优点中，说法正确的是（   ）。

A. 较长的使用寿命　　　　　　　　　B. 较高的耐磨能力

C. 较大的抗弯拉能力　　　　　　　　D. 良好的低温抗开裂能力

E. 较高的高温抗车辙能力

【答案】A、B、D、E

2K311014　水泥混凝土路面的构造

水泥混凝土路面由垫层、基层及面层组成。

1. 垫层

（1）防冻垫层：季节性冰冻地区，路面总厚度小于最小防冻厚度要求时，其差值即是垫层的厚度。

（2）排水垫层：水文地质条件不良的土质路堑，路床土湿度较大时，宜设置排水垫层。

（3）半刚性垫层：路基可能产生不均匀沉降或不均匀变形时，宜加设半刚性垫层。

2. 基层

（1）作用：防止或减轻唧泥、板底脱空和错台等病害；在垫层共同作用下，控制或减少路基不均匀冻胀或体积变形对混凝土面层的不利影响；为混凝土面层施工提供稳定而坚实的工作面，并改善接缝的传荷能力。

（2）基层材料的选用原则：根据道路交通等级和路基抗冲刷能力来选择基层。特重交通宜选用贫混凝土、碾压混凝土或沥青混凝土基层；重交通道路宜选用水泥稳定粒料或沥青稳定碎石基层；中、轻交通道路宜选择水泥或石灰粉煤灰稳定粒料或级配粒料基层。湿润和多雨地区，繁重交通路段宜采用排水基层。

（3）基层的宽度应比混凝土面层每侧至少宽出 300mm（小型机具施工时）或 500mm（轨模式摊铺机施工时）或 650mm（滑模式摊铺机施工时）。

3. 面层

（1）水泥混凝土面层应具有足够的强度、耐久性（抗冻性），表面抗滑、耐磨、平整。

（2）纵向接缝与路线中线平行，并应设置拉杆。横向接缝可分为横向缩缝、胀缝和横向施工缝，快速路、主干路的横向缩缝加设传力杆；在邻近桥梁或其他固定构筑物处或与其他道路相交处、板厚改变处、小半径平曲线等，应设置胀缝。

（3）水泥混凝土面层自由边缘，承受繁重交通的胀缝、施工缝，小于 90° 的面层角隅，下穿市政管线路段，以及雨水口和地下设施的检查井周围，面层应配筋补强。

（4）混凝土面层应具有较大的粗糙度，即具备较高的抗滑性。可采用刻槽、压槽、拉槽或拉毛等方法形成面层的构造深度。

考点分析

本考点考查水泥混凝土路面结构层的概念，以选择题为主，也可以通过案例图形考核名称及作用，是近几年兴起的热门考核方式。例如在题干中绘制出道路结构断面图，图中标记出面层、基层、A、路基，要求应试者指出 A（垫层）的名称，并简述其作用或设置要求，在备考时需要对这部分内容多加留意。

【例题1·单选题】水泥混凝土道路基层下设置半刚性垫层的主要原因是（　　）。

A. 提高路面抗冻性　　　　　　　　B. 防止路基不均匀沉降

C. 改善路基湿度　　　　　　　　　D. 增加路基高度

【答案】B

【解析】路基可能产生不均匀沉降或不均匀变形时，宜加设半刚性垫层。

【例题2·多选题】特重交通水泥混凝土路面宜选用（　　）基层。

A. 水泥稳定粒料　　　　　　　　　B. 级配粒料

C. 沥青混凝土　　　　　　　　　　D. 贫混凝土

E. 碾压混凝土

【答案】C、D、E

2K311015　不同形式挡土墙的结构特点

常用的挡土墙结构形式及特点（见表 2K311015）

常用挡土墙汇总表　　　　　　　　　　　　表 2K311015

类型	结构示意图	结构特点
重力式	路中心线	① 依靠墙体自重抵挡土压力作用； ② 一般用浆砌片（块）石砌筑，缺乏石料地区可用混凝土砌块或现场浇筑混凝土； ③ 形式简单，就地取材，施工简便
重力式	墙趾　钢筋　凸榫	① 依靠墙体自重抵挡土压力作用； ② 在墙背设少量钢筋，并将墙趾展宽（必要时设少量钢筋）或基底设凸榫抵抗滑动； ③ 可减薄墙体厚度，节省混凝土用量

类型	结构示意图	结构特点
衡重式	上墙 衡重台 下墙	① 上墙利用衡重台上填土的下压作用和全墙重心的后移增加墙体稳定； ② 墙胸坡陡，下墙倾斜，可降低墙高，减少基础开挖
钢筋混凝土悬臂式	立壁 钢筋 墙趾板 墙踵板	① 采用钢筋混凝土材料，由立壁、墙趾板、墙踵板三部分组成； ② 墙高时，立壁下部弯矩大，配筋多，不经济
钢筋混凝土扶壁式	墙面板 扶壁 墙趾板 墙踵板	① 沿墙长，隔相当距离加筑肋板（扶壁），使墙面与墙踵板连接； ② 比悬臂式受力条件好，在高墙时较悬臂式经济

★拓展知识点：

挡土墙的作用

1. 衡重式挡土墙

衡重台作用：利用衡重台上部填土的重力使墙体重心后移，以抵抗墙后填土侧压力。

2. 扶壁式挡土墙

扶壁板的作用：加强墙踵板与面板连接，增加挡土墙的强度和刚度。

3. 悬臂式挡土墙

墙趾板作用：在软土地基中增大占地面积，避免墙体下沉；增加抗倾覆力矩（或力臂）。

墙踵板作用：在软土地基中增大占地面积，避免墙体下沉；利用墙踵板上方土体下压，平衡后方土压力，可减少墙体混凝土用量。

考点分析

挡土墙的结构在实际中应用很多，属于施工常识。所以本节内容既是选择题考点，也是案例分析题考核点，是非常接地气的题目。案例分析题主要考核图形基础知识，例如挡土墙各部位名称（墙趾板、墙踵板、衡重台、扶壁板）及作用等。

【例题1·单选题】图 2K311015-1 所示挡土墙的结构形式为（　　）。

A. 重力式　　　　　　　　　　B. 悬臂式

C. 扶壁式　　　　　　　　　　D. 柱板式

【答案】B

【例题2·案例分析题】

【背景资料】

某公司承建的市政桥梁工程中，桥梁引道与现有城市次干道呈 T 形平面交叉，次

图 2K311015-1　挡土墙结构图

干道路堤采用植草防护；引道位于种植滩地，线位上距离拟建桥台15m现存池塘一处（长15m、宽12m、深1.5m）；引道两侧边坡采用挡土墙支护；桥台采用重力式桥台，基础为直径120cm混凝土钻孔灌注桩。引道纵断面如图2K311015-2所示，挡土墙横截面如图2K311015-3所示。

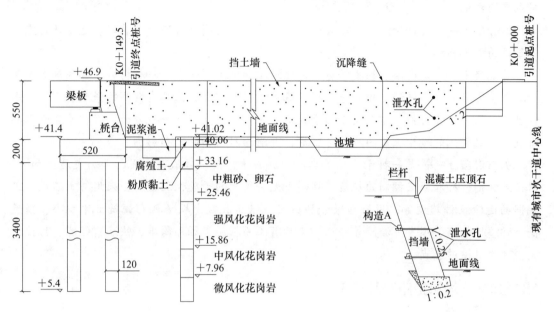

图2K311015-2　引道纵断面示意图
（高程单位：m；尺寸单位：cm）

图2K311015-3　挡土墙横截面示意图

【问题】

图2K311015-3所示挡土墙属于哪种结构形式（类型），写出图2K311015-3中构造A的名称，简述其功用。

【参考答案】

（1）图2K311015-3所示挡土墙属于重力式挡土墙。

（2）图2K311015-3中构造A的名称是反滤层；作用：滤土排水。

★拓展知识点：

道路工程结构与材料名词解释

极限垂直变形——垂直方向变形的最大值。

弯拉应变——构件在承受弯矩时的单位变形。

弯拉强度——道路桥梁工程常用术语，就是混凝土的抗折强度。混凝土极限破坏时所承受的弯拉荷载。

弯沉——柔性路面在荷载作用下会产生竖向变形，在荷载作用后变形会恢复，能够恢复的那部分变形量就是弯沉。它是直接反映路面刚度的一个重要指标。

针入度——标准圆锥体（一般共载重150g，也有规定100g的）在5s内沉入保温在25℃时的润滑脂试样中的深度。单位是1/10mm。针入度愈大表示润滑脂愈软，即稠度愈小；反之则表示润滑脂愈硬，即稠度愈大。

沥青的针入度测定，不用标准圆锥体而用载重共100g的标准尖针。测定的条件与润滑脂相同。

针入度表示沥青软硬程度和稠度、抵抗剪切破坏的能力，反映在一定条件下沥青的相对粘度的指标。

沥青延度——就是指沥青的延展度。延度越大，表明沥青的塑性越好。延度是评定沥青塑性的重要指标。

贫混凝土——是由粗、细集料与一定的水泥和水配制而成的一种材料，其强度大大高于二灰稳定粒料、水泥稳定碎石等半刚性基层材料。贫混凝土具有较高的强度和刚度，水稳性好、抗冲刷能力强。贫混凝土由于胶结料含量少，空隙率一般较大，有利于界面水的排放。贫混凝土能缓和土基的不均匀变形，可消除对路面的不利影响。

碾压混凝土——是一种干硬性贫水泥的混凝土，使用硅酸盐水泥、火山灰质掺和料、水、外加剂、砂和分级控制的粗集料拌制成无坍落度的干硬性混凝土，采用与土石坝施工相同的运输及铺筑设备，用振动碾分层压实。碾压混凝土坝既具有混凝土体积小、强度高、防渗性能好、坝身可溢流等特点，又具有土石坝施工程序简单、快速、经济、可使用大型通用机械的优点。

2K311020　城镇道路路基施工

核心考点提纲

$$城镇道路路基施工 \begin{cases} 城镇道路路基施工技术 \\ 城镇道路路基压实作业要求 \\ 路基工程冬、雨期施工质量保证措施 \\ 不良土质路基处理方法 \end{cases}$$

核心考点剖析

2K311021　城镇道路路基施工技术

一、路基施工特点（市政工程通用特点）

城镇道路路基工程施工处于露天作业，受自然条件影响大；在工程施工区域内的专业类型多、结构物多、各专业管线纵横交错；专业之间及社会之间配合工作多、干扰多，导致施工变化多。尤其是旧路改造工程，交通压力极大，地下管线复杂，行车安全、行人安全及树木、构筑物等保护要求高。

★拓展知识点：

路基施工技术交底

1. 对机械数量、型号及安全操作要求；

2. 施工人员的工种及劳动防护要求；

3. 中线、边线、高程等测量要求；

4. 挖方段边坡、每层挖深、路床顶土方厚度预留厚度要求；

5. 填方段填土材料、边坡、填筑层厚、每层填筑宽度的要求；

6. 沿线管线保护要求；

7. 路基压实度及检验要求；

8. 雨期施工排水设施要求。

二、路基施工要点

1. 准备工作

（1）按照交通导行方案设置围挡，导行临时交通。

（2）开工前进行技术与安全交底。

（3）施工控制桩放线测量，建立测量控制网，恢复中线，补钉转角桩、路两侧外边桩，增设临时水准点等。

（4）施工前，对路基土进行天然含水量、液限、塑限、标准击实、CBR 等试验，弄清沿线缺土、弃土、余土、借土的地段与数量，便于土方平衡调度。

2. 填土路基

（1）施工前应排除原地面积水，清除树根、杂草、淤泥等。应妥善处理坟坑、井穴，并分层填实至原地面高。

（2）当原地面横坡陡于 1 : 5 时，应修成台阶形式，每级台阶宽度不得小于 1.0m，台阶顶面应向内倾斜（见图 2K311021-1）。

预留横向台阶　　　　　　　　　　路基台阶施工

图 2K311021-1　路基台阶接续示意图

（3）根据测量中心线桩和下坡脚桩，从最低处起分层填筑，逐层压实。路基填方高度应按设计标高增加预沉量值。

（4）碾压前检查铺筑土层的宽度、厚度与含水量，合格后即可碾压，碾压"先轻后重"，最后碾压应采用不小于 12t 级的压路机。

（5）填方高度内的管涵顶面，填土 500mm 以上才能用压路机碾压。若过街雨水支管的覆土厚度小于 500mm，则应用素混凝土将过街雨水支管包裹。

（6）性质不同的填料，应分类、分层填筑、压实；路基高边坡施工应制定专项施工方案。

（7）填土至最后一层时，应按设计断面、高程控制填土厚度并及时碾压修整。

3. 挖土路基

（1）施工前应将现况地面上积水排除、疏干，对树根坑、坟坑等部位进行技术处理。

（2）根据测量中线和边桩开挖。

（3）挖方段应自上向下分层开挖，严禁掏洞开挖。机械开挖时，必须避开构筑物、管线，在距管道边 1m 范围内应采用人工开挖；在距直埋缆线 2m 范围内必须采用人工开挖。挖方段不得超挖，应留有碾压后到设计标高的压实量。

（4）压路机不小于12t级，碾压应自路两边向路中心进行，直至表面无明显轮迹为止。

（5）碾压时，应视土的干湿程度而采取洒水或换土、晾晒等措施。

（6）过街雨水支管沟槽及检查井周围应用石灰土或石灰粉煤灰砂砾填实。

4. 石方路基

（1）修筑填石路堤应进行地表清理，先码砌边部，然后逐层水平填筑石料，确保边坡稳定。

（2）先修筑试验段，以确定松铺厚度、压实机具组合、压实遍数及沉降差等施工参数。

（3）填石路堤宜选用12t以上的振动压路机、25t以上轮胎压路机或2.5t的夯锤压（夯）实。

（4）路基范围内管线、构筑物四周的沟槽宜回填土料。

三、路基施工质量检查与验收

（1）主控项目为压实度和弯沉值（0.01mm）。

（2）一般项目有路床纵断面高程、中线偏位、平整度、宽度、横坡及路堤边坡等要求。

考点分析

路基施工是重要的案例分析题考点，既可以考核教材以内知识点，也可以考核教材当中未涉及的知识点。如路基施工前应做哪些试验、路基施工技术交底的具体内容、填土路基遇到坡度陡于 1∶5 时需要留台阶、质量检查主控项目和一般项目等都可以考核。

【例题1·单选题】下列属于土路基质量检验主控项目的是（   ）。

A. 弯沉值   B. 平整度

C. 中线偏位   D. 路基宽度

【答案】A

【例题2·多选题】关于石方路基施工的说法，正确的有（   ）。

A. 应先清理地表，再开始填筑施工   B. 先填筑石料，再码砌边坡

C. 宜用 12t 以下振动压路机   D. 路基范围内管线四周宜回填石料

E. 碾压前应经过试验段，确定施工参数

【答案】A、E

【解析】修筑填石路堤应先码砌边部，然后逐层水平填筑石料；填石路堤宜选用12t以上的振动压路机、25t以上轮胎压路机或2.5t的夯锤压（夯）实；路基范围内管线、构筑物四周的沟槽宜回填土料。

【例题3·案例分析题】

【背景资料】

某公司承建一项路桥结合城镇主干路工程，桥台设计为重力式U形结构。基础采用扩大基础，持力层位于砂质黏土层、地层中少量潜水；台后路基平均填土高度大于5m。场地地质自上而下分别为腐殖土层、粉质黏土层、砂质黏土层，砂卵石层等。桥台及台后路基立面如图2K311021-2所示，路基典型横断面及路基压实度分区如图2K311021-3所示。

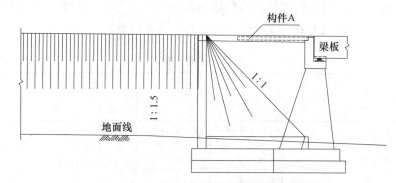

图 2K311021-2 桥台及台后路基立面示意图

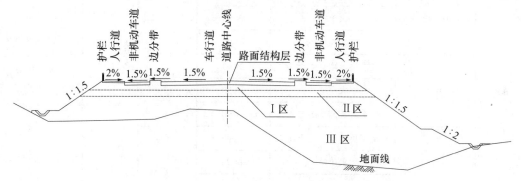

图 2K311021-3 路基典型横断面及路基压实度分区示意图

施工过程中发生如下事件：

事件一：路基施工前，项目部技术人员开展现场调查和测量复测工作，发现部分路段原地面横向坡度陡于1:5。在路基填筑施工时，项目部对原地面的植被及腐殖土层进行清理，并按规范要求对地表进行相应处理后，开始路基填筑施工。

事件二：路基填筑采用合格的黏性土，项目部严格按规范规定的压实度对路基填土进行分区如下：① 路床顶面以下80cm范围内为Ⅰ区；② 路床顶面以下80～150cm范围为Ⅱ区；③ 路床顶面以下大于150cm为Ⅲ区。

【问题】

1. 事件一中，路基填筑前，项目部应如何对地表进行处理？

2. 写出图2K311021-3中各压实度分区的压实度值（重型击实）。

【参考答案】

1.（1）排除原地面积水；

（2）对原路基进行地基承载力检测；

（3）将清理后的地面进行夯实；

（4）对于原地面坡度陡于1:5的，修成台阶形式，且台阶顶面应向内倾斜。

2.Ⅰ区压实度：≥95%；Ⅱ区压实度：≥93%；Ⅲ区压实度：≥90%。

【解析】道路工程中，路基、基层和沥青路面的压实度均为施工质量检验主控项目。而施工质量检验主控项目是命题人经常关注的考核点，在后期备考时需要格外留意，尤其是教材中已经收录进来但还未考核到的那些知识点。关于《城镇道路工程施工与质量验收规范》CJJ 1—2008 表 6.3.12-2 内容如表 2K311021 转载所示。

路基压实度标准　　　　　　　　　　表 2K311021

填挖类型	路床顶面以下深度（cm）	道路类型	压实度（%）	检验频率		检验方法
				范围	点数	
挖方	0~30	城市快速路、主干路	≥95			
		次干路	≥93			
		支路及其他小路	≥90			
填方	0~80	城市快速路、主干路	≥95	每1000m²	每层一组（3点）	细粒土用环刀法，粗粒土用灌水法或灌砂法
		次干路	≥93			
		支路及其他小路	≥90			
	>80~150	城市快速路、主干路	≥93			
		次干路	≥90			
		支路及其他小路	≥90			
	>150	城市快速路、主干路	≥90			
		次干路	≥90			
		支路及其他小路	≥87			

2K311022　城镇道路路基压实作业要求

一、材料及填筑

（1）不应使用沼泽土、泥炭土、有机土。使用房渣土、工业废渣等需经试验，确认可靠，并经建设单位、设计单位同意后方可使用。

（2）填土应分层进行。下层填土验收合格后，方可进行上层填筑。路基填土宽度每侧应比设计规定宽500mm。

（3）对过湿土翻松、晾干，或对过干土均匀加水，使其含水量接近最佳含水量范围之内。

二、路基压实施工要点

1.试验段目的

（1）确定路基预沉量值。

（2）合理选用压实机具。

（3）按压实度要求，确定压实遍数。

（4）确定路基宽度内每层虚铺厚度。

（5）根据土的类型、湿度、设备及场地条件，选择压实方式。

2. 路基压实

（1）压实方法（式）：重力压实（静压）和振动压实两种。

（2）土质路基压实原则："先轻后重、先静后振、先低后高、先慢后快、轮迹重叠"。压路机最快速度不宜超过 4km/h。

（3）碾压应从路基边缘向中央进行，压路机轮外缘距路基边应保持安全距离。

（4）碾压不到的部位应采用小型夯压机夯实，防止漏夯，要求夯击面积重叠 1/4～1/3。

三、路基（基层）压实度测定方法

（1）环刀法：适用于细粒土及无机结合料稳定细粒土的密度和压实度检测。

（2）灌砂法：适用于土路基压实度检测；不宜用于填石路堤等大空隙材料的压实检测。

（3）灌水法：亦可适用于沥青路面表面处置及沥青贯入式路面的压实度检测。

四、土质路基压实不足的原因及防治

1. 压实度不能满足要求，甚至局部出现"弹簧土"现象

（1）原因分析：

材料因素：① 含水量大于最佳含水量；② 填土不合格（颗粒过大，空隙过大，天然稠度小，液限大，塑性指数大）；③ 异类土壤混填。

施工因素：① 填土松铺厚度过大；② 压路机质量偏小；③ 压实遍数不合理。

环境因素：① 软弱地基上施工（沼泽）；② 未对前一层表面浮土或松软层进行处治。③ 雨期施工。

（2）治理措施：挖松、翻晒、换填或掺加石灰（需要赶工期时）重新碾压；打孔后灌注石灰。

2. 路基边缘压实度不足

（1）原因分析：路基填筑宽度不足；压实机具选择不当，压实机具碾压不到边；路基边缘漏压或压实遍数不够；边缘带（0～0.75m）碾压频率低于行车带。

（2）预防措施：应按设计要求进行超宽填筑；选择合适的压实机械，控制碾压工艺，保证机具碾压到边；控制碾压顺序，确保轮迹重叠宽度和段落搭接超压长度；提高路基边缘带压实遍数，确保边缘带碾压频率高于或不低于行车带。

（3）治理措施：校正坡脚线位置，路基填筑宽度不足时，返工至满足设计和规范要求（注意：亏坡补宽时应开蹬填筑，严禁贴坡），控制碾压顺序和碾压遍数。

考点分析

本知识点为案例分析题重要考点，既可以考核教材当中内容，也可以考核教材延伸知识点。教材内容考点如下：路基填筑材料的要求、试验段的目的、路基压实的原则、压实

度检验方法、路基压实不合格处理等。

延伸考点如下：路基施工机具有哪些（压路机、装载机、挖掘机、推土机、平地机、自卸汽车）；小型夯实机具包括哪些（蛙夯、冲击夯、平板夯、手夯）；路基内管道保护方法（套管、方沟、混凝土包封）；机具（设备）检查验收（外观合格，证书齐全，复验或复试合格）；路基施工方式方法等。

【例题1·多选题】关于路基试验段的说法，正确的有（　　）。

A. 填石路基可不修筑试验段
B. 试验段施工完成后应挖除
C. 通过试验段确定路基预沉量值
D. 通过试验段确定每层虚铺厚度
E. 通过试验段取得填料强度值

【答案】C、D

【解析】A、B选项明显错误；路基试验段目的主要有：确定路基预沉量值；合理选用压实机具；确定压实遍数；确定每层虚铺厚度；选择压实方式。

【例题2·案例分析题】

【背景资料】

某公司承建的市政桥梁工程中，桥梁引道与现有城市次干道呈T形平面交叉，次干道路堤采用植草防护；引道位于种植滩地，线位上距离拟建桥台15m现存池塘一处（长15m、宽12m、深1.5m）；引道两侧边坡采用挡土墙支护：桥台采用重力式桥台，基础为直径120cm混凝土钻孔灌注桩。引道纵断面如图2K311022-1所示，挡土墙横截面如图2K311022-2所示。

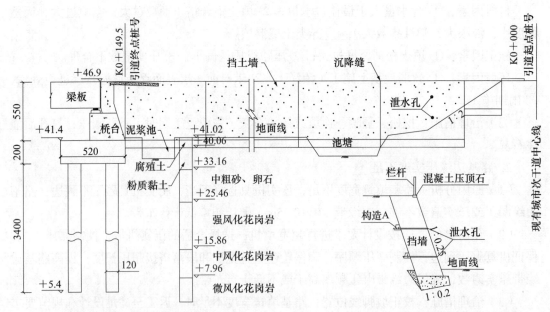

图2K311022-1　引道纵断面示意图　　　　图2K311022-2　挡土墙横截面示意图
（高程单位：m；尺寸单位：cm）

项目部编制的引道路堤及桥台施工方案为：引道路堤在挡土墙及桥台施工完成后进行，路基用合格的土方从现有城市次干道直接倾倒入路基后，用推土机运输后摊铺碾压。

施工工艺流程图如图 2K311022-3 所示:

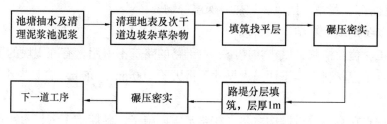

图 2K311022-3　引道路堤施工工艺流程图

　　监理工程师在审查施工方案时指出：施工方案中施工组织存在不妥之处；施工工艺流程图存在较多缺漏和错误，要求项目部改正。

【问题】

1. 指出施工方案中引道路堤填土施工组织存在的不妥之处，并改正。

2. 结合图 2K311022-1，补充并改正施工工艺流程的缺漏和错误之处。

【参考答案】

1.（1）填筑土方从现有城市次干道直接倾倒入路基不妥。

正确做法：倾倒土方远离次干道，不影响车辆通行且满足文明施工要求。

（2）用推土机运输后摊铺碾压不妥。

正确做法：土方应按里程桩号分开堆放，便于推土机发挥工作效率。

（3）引道路堤在挡土墙及桥台施工完成后进行不妥。

正确做法：挡土墙在路基填土后再进行施工。

2.（1）错误之处：路堤填土层厚 1m。

正确做法：机械填筑碾压路堤时，层厚不超过 300mm。

（2）施工工艺流程的缺漏：①池塘和泥浆池基底处理，分层回填压实；②施工前做试验段；③次干路边坡修成台阶状；④桥台台背路基填土加筋；⑤压实度的检测。

五、路基季节施工

1. 雨期施工

（1）雨期施工基本要求总结（基层、面层雨期施工通用）：

安排在不下雨时施工；分段施工；搭设雨棚或可移动的罩棚；建立完善排水系统；加强巡视，及时疏通。

（2）路基施工总结：

快速施工，分段开挖；挖方地段要留好横坡，做好截水沟，坚持当天挖完、压完；填方段应按 2%～3% 的横坡整平压实。

2. 冬期施工

（1）冬期施工界定：当施工现场日平均气温连续 5d 稳定低于 5℃，或最低环境气温低于 −3℃时，应视为进入冬期施工。

（2）冬期施工基本要求（基层、面层冬期施工通用）：

1）土方和土基施工尽量在上冻前完成。

2）冬期施工既要防冻，又要快速。

3）备好防冻、覆盖、挡风、加热、保温等物资。

（3）路基冬期施工总结：

快速施工，覆盖措施；城市快速路、主干路的路基不得用含有冻土块的土料填筑。次干路以下道路填土材料中冻土块最大尺寸不得大于100mm，冻土块含量应小于15%。

考点分析

本节知识点在案例分析题中主要考核路基雨期施工，冬期施工考核次数很少，雨期施工考核的采分点有如下内容：分段挖填、快速施工，留好横坡，做好截水排水工作，坚持当天挖完压完。雨后施工做好路基排水、湿土翻晒或掺加石灰、进行换填等措施。

【例题1·单选题】关于雨期路基施工说法正确的是（   ）。

A. 应该坚持拌多少、铺多少、压多少、完成多少

B. 下雨来不及完成时，要尽快碾压，防止雨水渗透

C. 坚持当天挖完、填完、压完，不留后患

D. 水泥混凝土路面应快振、磨平、成型

【答案】C

【解析】A、B选项属于基层雨期施工方法；D选项是水泥混凝土路面雨期施工方法。

【例题2·多选题】道路雨期施工基本要求有（   ）。

A. 以预防为主，掌握主动权　　　　B. 按常规安排工期

C. 做好排水系统，防排结合　　　　D. 发现积水、挡水处及时疏通

E. 准备好防雨物资

【答案】A、C、D、E

【例题3·案例分析题】

【背景资料】

某公司中标北方城市道路工程，道路全长1000m。施工场地位于农田，邻近城市绿地，土层以砂性粉土为主，不考虑施工降水。

施工过程中，部分主路路基施工突遇大雨，未能及时碾压，造成路床积水、土料过湿，影响施工进度。

【问题】

写出部分路基雨后土基压实的处理措施。

【参考答案】

部分路基雨后土基压实的处理措施：① 将路床中的积水排除；② 对于已经翻浆的路段，进行换料重做；③ 对于含水率大而未翻浆的部分进行晾晒、拌合石灰土降低含水率；④ 碾压前检测土基含水率，达到最佳含水率再进行碾压。

【解析】本题注意不能单纯地按照季节性施工去回答，因为背景问的不是预防而是处理，处理的原因是路基已经被水浸泡，那么可以做的就是想办法让土基尽快合格，达到碾压的条件，所以本题的核心是对"水"和"湿土"的处理：抽水、晾晒、掺灰、换填。

2K311023 岩土分类与不良土质处理方法

一、不良土质路基处理分类

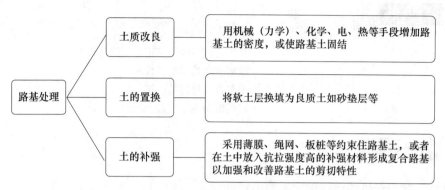

二、路基处理的方法（见表 2K311023）

路基处理方法分类表

表 2K311023

分类	处理方法	适用范围
碾压及夯实	重锤夯实，机械碾压，振动压实，强夯（动力固结）	适用于碎石土、砂土、粉土、低饱和度的黏性土、杂填土等，对饱和黏性土应慎重采用
换土垫层	砂石垫层，素土垫层，灰土垫层，矿渣垫层	适用于暗沟、暗塘等软弱土的浅层处理
排水固结	天然地基预压，砂井预压，塑料排水板预压，真空预压，降水预压	适用于处理饱和软弱土层，对于渗透性极低的泥炭土，必须慎重对待
振密、挤密	振冲挤密，灰土挤密桩，砂桩，石灰桩，爆破挤密	适用于处理松砂、粉土、杂填土及湿陷性黄土
置换及拌入	振冲置换，深层搅拌，高压喷射注浆，石灰桩等	黏性土、冲填土、粉砂、细砂等；振冲置换法对于不排水剪切强度 $C_u < 20kPa$ 时慎用
加筋	土工聚合物加筋，锚固，树根桩，加筋土	软弱土地基、填土及陡坡填土、砂土

考点分析

要求考生掌握路基不良土质处理方法，选择题为主。

【例题·多选题】关于路基的地基加固处理，不属于土质改良方法的是（　　　　）。

A. 换填　　　　　　　　　　　　B. 绳网

C. 强夯　　　　　　　　　　　　D. 板桩

E. 薄膜

【答案】A、B、D、E

【解析】A 选项很容易判断。土质改良指用机械（力学）、化学、电、热等手段增加路基土的密度，或使路基土固结。强夯属于机械方法（力学）的一种。薄膜、绳网、板桩等属于土的补强方法。

2K311030　城镇道路基层施工

核心考点提纲

城镇道路基层施工 { 常用无机结合料稳定基层的特性
城镇道路基层施工技术
土工合成材料的应用
基层雨期施工质量控制措施

核心考点剖析

2K311031　常用无机结合料稳定基层的特性

一、基层的形式

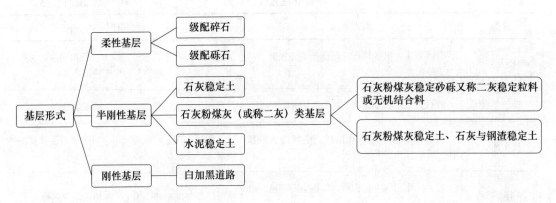

二、无机结合料稳定基层

1. 定义

采用结构较密实、孔隙率较小、透水性较小、水稳性较好、适宜于机械化施工、技术经济较合理的水泥、石灰及工业废渣稳定材料做路面基层，通称无机结合料稳定基层。

2. 特性总结

（1）水泥稳定土——水稳性、早期强度最好；二灰稳定土——抗冻最好、收缩性最小。

（2）石灰稳定土、水泥稳定土和二灰稳定土均可作为高级路面的底基层，但都不能作为高级路面的基层（只要是没有集料的都不能做高级路面基层）。

（3）水泥稳定粒料和二灰（石灰粉煤灰）稳定粒料可作为高级路面的基层和底基层。

考点分析

主要掌握三种无机结合料稳定基层（半刚性基层）的性能特点，重点是同一性能下三种无机结合料基层材料的优劣比较。

【例题·单选题】道路无机结合料稳定基层中，二灰稳定土的（　　）高于石灰土。

A. 板体性　　　　　　　　　　　　　　　B. 早期强度

C. 抗冻性   D. 收缩性

【答案】C

【解析】二灰稳定土和石灰土均有良好的板体性。二灰稳定土抗冻性能比石灰土高很多。二灰稳定土也具有明显的收缩特性，但小于石灰土。二灰稳定土中的粉煤灰用量越多，早期强度越低。

2K311032 城镇道路基层施工技术

一、基层施工总结（无机结合料稳定基层通用）

（1）拌合：严格控制配合比；采用强制式拌合机；厂拌（异地集中拌合），严禁现场拌合。

（2）运输：采取覆盖措施（目的：保温、保湿、防风、防雨、防扬尘、防止遗撒）。

（3）摊铺：路床应保持湿润、基层摊铺碾压时，控制材料含水量不超过最佳含水量2%。

（4）压实：控制每层材料压实层厚度（100mm ≤基层厚度≤ 200mm）。

压实系数应经试验确定，遵循"先轻后重、先静后振、先低后高、先慢后快、轮迹重叠"的原则，直线和不设超高的平曲线段，应由两侧向中心碾压；设超高的平曲线段，应由曲线的内侧向外侧碾压。

（5）找平：禁止用薄层贴补法进行找平。

控制方法：

1）事前控制：宁高勿低，宁刨勿补。

2）事中控制：碾压完成立刻测量，发现偏差，及时调整虚铺厚度。

3）事后控制：如果基层施工完成略低于设计高程，可以采取将碾压成型的基层表面挖松、填料、找平、碾压。

（6）养护：

覆盖、洒水、保湿；封闭交通；养护时间最少 7d。

（7）不同的基层施工的特殊要求：

1）水泥土（稳定粒料）自拌合至摊铺完成，不得超过 3h。分层摊铺时，应在下层养护 7d 后，方可摊铺上层材料。

2）宜在水泥初凝时间到达前碾压成型。

二、季节施工

（1）水泥稳定土（粒料）类基层宜进入冬期前 15～30d 停止施工；石灰及石灰粉煤灰稳定土（粒料、钢渣）类基层宜在进入冬期前 30～45d 停止施工，不得在冬期施工。

（2）基层雨期施工（见表 2K311032）：

基层雨期施工要求一览表   表 2K311032

项目	施工质量保证措施
一般要求	（1）对稳定类材料基层，应坚持拌多少、铺多少、压多少、完成多少。 （2）下雨来不及完成时，要尽快碾压，防止雨水渗透

项目	施工质量保证措施
石灰土	在多雨地区，应避免在雨期进行石灰土基层施工；施工石灰稳定中粒土和粗粒土时，应采用排除地表面水的措施，防止集料过潮湿，并应保护石灰免遭雨淋
水泥土	雨期施工水泥稳定土，特别是水泥土基层时，应防止水泥和混合料遭雨淋。降雨时应停止施工，已摊铺的水泥混合料应尽快碾压密实。路拌法施工时，应排除下承层表面的水，防止集料过湿

三、基层质量检验

无机结合料稳定基层现场质量检验项目主要有：

基层压实度、7d 无侧限抗压强度等。

★拓展知识点：

无机结合料基层产生裂缝的原因、预防及处理

1. 产生裂缝原因

集料少、粒径过大或过小、含水量过高或不足、水泥用量多、水泥凝固时间早、配合比控制差、拌合时间短、施工温度高或有风、养护不及时。

2. 避免裂缝产生的措施

（1）采用塑性指数较低的土，适量掺加粉煤灰或掺砂，采用慢凝水泥；

（2）控制最佳含水量；在保证水泥稳定土强度的前提下，尽可能降低水泥用量；

（3）严格控制配合比，加强拌合，避免出现离析；

（4）加强养护，避免水分挥发过大，养护结束后应及时铺筑下封层。

3. 裂缝处理措施

（1）采用聚合物加特种水泥，压入裂缝；

（2）表面加铺高抗拉强度的聚合物网；

（3）破损严重的基层，挖除更换新料，重新施工。

考点分析

本节知识点选择题和案例分析题均可考核，案例分析题考核围绕着以下内容展开：材料拌合地点、材料运输过程中需采取的措施（覆盖）、摊铺前路床的要求（湿润、压实度符合要求）、摊铺层厚度控制、试验段目的、碾压方式、如何避免薄层贴补、养护要求、主控项目等。也可以考核施工质量通病（如出现裂缝、离析、强度达不到设计要求等）的原因分析、预防办法或处理措施。

【例题1·多选题】以下关于石灰稳定土基层运输与摊铺施工技术要点正确的是（　　）。

A. 雨期施工应防止混合料淋雨

B. 应在第一次重冰冻到来之前完成施工

C. 降雨时应停止施工，已摊铺的应尽快碾压密实

D. 运输中应防止水分蒸发措施

E. 拌成的稳定土应及时送到铺筑现场

【答案】A、C、D、E

【解析】石灰稳定土基层宜在春末和气温较高季节施工，施工最低气温为5℃。并且宜在进入冬期前30～45d停止施工。

【例题2·案例分析题】

【背景资料】

某项目部承建一段城市道路工程，道路基层结构为200mm厚碎石垫层和340mm水泥稳定碎石基层。

项目部制定的施工方案中，对水泥稳定碎石基层的施工进行了详细规定：340mm厚的水泥稳定碎石分两次摊铺，下层厚度为200mm，上层厚度为140mm；采用15t压路机，按照直线段由中间向两边、曲线段由外侧向内侧的方式进行碾压；在面层施工前进行测量复检，对出现的基层少量偏差运用了薄层贴补法进行找平。

【问题】

指出施工方案中的错误之处，并给出正确做法。

【参考答案】

错误之处一："水泥稳定碎石上、下层厚度不一致"。

正确做法：上、下基层材料厚度均相同。

错误之处二："水泥稳定碎石基层使用15t压路机碾压"。

正确做法：宜采用12～18t压路机作初压，之后使用大于18t的压路机碾压。

错误之处三："按照直线段由中间向两边、曲线段由外侧向内侧的方式碾压"。

正确做法：碾压时直线段由两侧向中心碾压，设超高的曲线路段应由曲线的内侧向外侧碾压；

错误之处四："在面层施工前进行测量复检"。

正确做法：应在基层碾压完立即进行复测，发现偏差立即处理。

错误之处五："对出现的基层少量偏差运用了薄层贴补法进行找平"。

正确做法：施工中发现高程偏差要停止摊铺，及时采用挖补方式处理。

【解析】错误之处有五点，其中第一点颇有难度，因为不管是教材还是规范都只是规定基层摊铺大于100mm小于200mm，而未做其他规定。但因为基层厚度必须满足碾压的要求，在满足100～200mm的区间内，还需要尽量每层厚度一致。在道路设计图纸说明中，一般给出的基层分两层或者三层摊铺，几乎都会给出每一层的具体厚度，且厚度值基本都一样。

2K311033 土工合成材料的应用

一、土工合成材料特点

具有质量轻、整体连续性好、抗拉强度较高、耐腐蚀、抗微生物侵蚀好、施工方便等优点，非织型的土工纤维应具备孔隙直径小、渗透性好、质地柔软、能与土很好结合的性能。

二、土工合成材料用途

（1）路堤加筋（提高路堤的稳定性）。

（2）台背路基填土加筋（减少路基与构造物之间的不均匀沉降）。

（3）过滤与排水（用于暗沟、渗沟及坡面防护）。

（4）路基防护（坡面防护和冲刷防护）。

考点分析

本节内容考核频率不高，一般以选择题形式考核。

【例题·多选题】土工合成材料的优点有（　　　）。

A. 质量轻   B. 整体连续性好

C. 抗压强度高   D. 耐腐蚀性好

E. 施工方便

【答案】A、B、D、E

2K311040　城镇道路面层施工

核心考点提纲

城镇道路面层施工
- 沥青混合料面层施工技术
- 改性沥青混合料面层施工技术
- 沥青混合料面层施工质量检查与验收
- 沥青混合料面层冬期施工质量控制
- 水泥混凝土路面施工技术
- 水泥混凝土路面冬、雨期及高温施工质量控制
- 城镇道路养护、大修、改造技术

核心考点剖析

2K311041　沥青混合料面层施工技术

一、施工准备

1. 透层与粘层

（1）涂刷喷撒透层油的部位：基层表面。

（2）涂刷喷撒粘层油的部位：下层沥青表面，沥青接槎部位，路缘石与沥青接触部位，检查井、雨水口侧边位置。

（3）乳化沥青（透层油、粘层油）施工技术要求：

1）下层干燥、洁净，无水渍、无杂物；

2）乳化沥青合格，喷洒量符合规范要求。

3）喷洒薄而均匀、无集聚无流淌。

（4）当气温在10℃及以下，风力大于5级及以上时，不应喷洒透层、粘层油。

2. 运输布料

（1）为防止沥青混合料粘结运料车车厢板，装料前应喷洒一薄层隔离剂或防粘结剂。

（2）运输中，沥青混合料上宜用篷布覆盖保温、防雨和防污染。

考点分析

本知识点既可以考核选择题，也可以考核案例分析题，重点关注乳化沥青喷洒部位和施工技术要求。另外，关于喷洒涂刷类的施工，如管道防锈漆、模板涂刷隔离剂、桥梁涂料防水等，考试时也按照同样的思路作答。

【例题1·多选题】关于粘层油喷洒部位的说法，正确的有（　　　）。

A. 沥青混合料上面层与下面层之间

B. 沥青混合料下面层与基层之间

C. 水泥混凝土路面与加铺沥青混合料层之间

D. 沥青稳定碎石基层与加铺沥青混合料层之间

E. 既有检查井等构筑物与沥青混合料层之间

【答案】A、C、D、E

【例题2·案例分析题】

【背景资料】

某公司承建城市道路改扩建工程，在原有机动车道上加铺厚50mm改性沥青混凝土上面层，道路横断面布置如图2K311041-1所示。

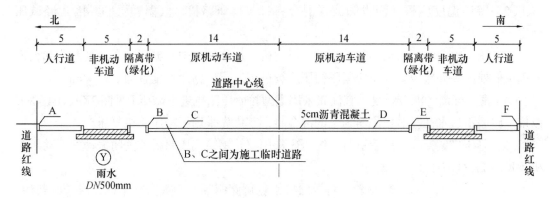

图2K311041-1　道路横断面布置示意图（单位：m）

项目部编制了各施工阶段的施工技术方案，内容有：

原机动车道加铺改性沥青路面施工，安排在两侧非机动车道施工完成并导入社会交通后，整幅分段施工，加铺前对旧机动车道面层进行铣刨、裂缝处理、井盖高度提升、清扫、喷洒（刷）粘层油等准备工作。

【问题】

加铺改性沥青面层施工时，应在哪些部位喷洒（刷）粘层油？

【参考答案】

应在原机动车道表面、路缘石与沥青接触的侧边、雨水口的雨水箅子箅框与沥青接触侧边、检查井井盖侧面喷洒（刷）粘层油。

【解析】教材上只介绍了部分喷洒粘层油的内容。考试时我们必须想到整个道路有哪些位置和设施是与铺装的面层沥青相接触的，那么这些与沥青接触部位和设施表面均需喷洒粘层油。

二、沥青混合料面层施工

1. 机械摊铺

（1）摊铺机的受料斗应涂刷薄层隔离剂或防粘结剂。

（2）铺筑高等级道路沥青混合料时，1台摊铺机的铺筑宽度不宜超过6m，通常采用2台或多台摊铺机前后错开10～20m呈梯队方式同步摊铺，两幅之间应有30～60mm宽度的搭接，并应避开车道轮迹带，上下层搭接位置宜错开200mm以上。

（3）摊铺机开工前应提前0.5～1h预热熨平板使其不低于100℃。

（4）摊铺速度宜控制在2～6m/min的范围内。

（5）摊铺机应采用自动找平方式。下面层宜采用钢丝绳或路缘石、平石控制高程与摊铺厚度，上面层宜采用导梁或平衡梁的控制方式。

（6）热拌沥青混合料的最低摊铺温度应根据气温、下卧层表面温度、铺筑层厚度与沥青混合料种类经试验确定。

2. 压实成型

（1）严格控制初压、复压、终压（包括成型）时机。压实层最大厚度不宜大于100mm。

（2）碾压温度应根据沥青和沥青混合料种类、压路机、气温、层厚等因素经试压确定。

（3）碾压时应将压路机的驱动轮面向摊铺机，从外侧向中心碾压，在超高路段和坡道上则由低处向高处碾压。复压应紧跟初压连续进行。碾压路段长度宜为60～80m。

（4）密级配沥青混合料复压宜优先采用重型轮胎压路机进行碾压（见图2K311041-2），以增加路面不透水性。对粗集料为主的混合料，宜优先采用振动压路机复压。

（5）终压应紧接在复压后进行。终压应选用双轮钢筒式压路机或关闭振动的振动压路机（见图2K311041-3）。

（6）为防止沥青混合料粘轮，对压路机钢轮可涂刷隔离剂或防粘结剂，严禁刷柴油。亦可向碾轮喷淋添加少量表面活性剂的雾状水。

（7）压路机不得在未碾压成型路段上转向、掉头、加水或停留。在当天成型的路面上，不得停放各种机械设备或车辆，不得散落矿料、油料及杂物。

图2K311041-2 轮胎压路机

图2K311041-3 双钢轮压路机

3. 接缝

（1）高等级道路的表面层横向接缝应采用垂直的平接缝，以下各层和其他等级的道路的各层均可采用斜接缝或阶梯形接缝。

（2）平接缝处理总结：

切（数值）——直槎、距离（横缝1m，纵缝300～400mm）。

垫（作用）——方木、大板（保护接槎棱角）。

铺（作用）——下层接缝铺土工织物（防止反射裂缝）。

刷（作用）——粘层油（为使新旧沥青结合更紧密）。

软（方式）——喷灯加热或堆积新沥青混合料。

压（方式）——先横向骑缝碾压，再沿行车方向碾压。

4. 开放交通

热拌沥青混合料路面应待摊铺层自然降温至表面温度低于50℃后，方可开放交通。

三、沥青混凝土路面面层季节施工

冬期施工：

（1）城镇快速路、主干路的沥青混合料面层严禁冬期施工。次干路及其以下道路在施工环境温度低于5℃时，应停止施工。当风力6级及以上时，沥青混合料面层不应施工。粘层、透层、封层严禁冬期施工。

（2）必须进行施工时，适当提高沥青混合料拌合、出厂及施工温度。运输中应覆盖保温，并应达到摊铺和碾压的温度要求。下承层表面应干燥、清洁、无冰、雪、霜等。施工中采取"快卸、快铺、快平"和"及时碾压、及时成型"的方针。摊铺时间宜安排在一日内气温较高时进行：热拌普通沥青混合料施工环境温度不应低于5℃，热拌改性沥青混合料施工环境温度不应低于10℃。

★拓展知识点：

沥青混凝土路面发生龟裂原因

（1）路面摊铺后较长时间出现龟裂。

原因：属于正常使用和车辆荷载造成，基本上不属于施工问题。

（2）路面摊铺完成较短时期内出现龟裂。

原因：

1）材料原因：沥青质量差、加热温度高、加热时间长；天然砂含量高。

2）施工原因：摊铺中压实度不够；层厚较薄。

3）环境原因：

①现场环境——路基沉陷或者冻胀；基层薄层贴补或基层裂缝反射到面层。

②自然环境——施工温度低或有风等。

考点分析

沥青混合料面层施工是道路专业案例分析题出现最多的章节，考核形式多为判断并改正背景资料中施工单位错误做法（其中各施工步骤中的温度控制、机械配置、碾压方式、接缝要求等内容考核频率最高）、沥青混合料面层冬期施工等。后期备考中需要注意教材当中未曾涉及的一些知识点，例如质量病害（如沥青混凝土龟裂）原因分析、预防措施等。

【例题1·单选题】高等级道路沥青混合料同步摊铺时，两幅之间应有30~60mm宽度的搭接，并应避开（　　　）。

A. 车道轮迹带　　　　　　　　B. 道路中线

C. 车道轮中线　　　　　　　　D. 车道轮边线

【答案】A

【例题2·案例分析题】

【背景资料】

甲公司中标某城镇道路工程，设计道路等级为城市主干路，全长560m。横断面形式为三幅路，机动车道为双向六车道。路面面层结构设计采用沥青混凝土，上面层为40mm厚SMA-13，中面层为60mm厚AC-20，下面层为80mm厚AC-25。

甲公司编制的沥青混凝土施工方案包括以下要点：

（1）上面层摊铺分左、右幅施工，每幅摊铺采用一次成型的施工方案，两台摊铺机成梯队方式推进，并保持摊铺机组前后错开40~50m距离。

（2）上面层碾压时，初压采用振动压路机，复压采用轮胎压路机，终压采用双轮钢筒式压路机。

（3）该工程属于城镇主干路，沥青混凝土面层碾压结束后需要快速开放交通，终压完成后拟洒水加快路面的降温速度。

（4）沥青混合料摊铺时应对温度随时检查。

【问题】

1. 指出施工方案中的错误之处，并改正。

2. 沥青混合料碾压温度是依据什么因素确定的？

【参考答案】

1.（1）"摊铺机组前后错开40~50m"错误。

正确做法：应前后错开10~20m距离。

（2）"初压采用振动压路机，复压采用轮胎压路机"错误。

正确做法：初压应采用钢轮压路机或关闭振动的振动压路机；复压应采用振动压路机。

（3）"终压完成洒水降温"错误。

正确做法：应待摊铺表面层自然降温至50℃后，方可开放交通。

2. 沥青混合料碾压温度的确定因素：沥青和沥青混合料种类、压路机、气温、层厚等因素经试压确定。

【例题3·案例分析题】

【背景资料】

某公司承建一项道路扩建工程，长3.3km，设计宽度40m，上下行双幅路；现况路面铣刨后铺表面层形成上行机动车道，新建机动车道面层为三层热拌沥青混合料，工程内容还包括新建雨水、污水、给水、供热、燃气工程。工程采用工程量清单计价；合同要求4月1日开工，当年完工。

为保证沥青表面层的外观质量，项目部决定分幅、分段施工沥青底面层和中面层后放行交通，整幅摊铺施工表面层。施工过程中，由于拆迁进度滞后，致使表面层施工时间推迟到当年12月中旬。项目部对中面层进行了简单清理后摊铺表面层。

【问题】

道路表面层施工做法有哪些质量隐患？针对隐患应采取哪些预防措施？

【参考答案】

（1）质量隐患有：

1）中面层清理不彻底，容易造成表面层与中面层粘结性差、结构分离，路面整体性差。

2）表面层12月中旬施工，气温低会导致沥青脆化，很难在规定温度下碾压成型。

（2）针对出现的质量隐患可采取以下措施预防：

1）对中面层要进行彻底的清理，并采取有效措施保证粘层油施工质量。

2）选择在温度高的时段施工，并适当提高沥青混合料拌合出厂及施工温度；运输中应覆盖保温；下承层表面应干燥，清洁；摊铺碾压安排紧凑。

2K311042 改性沥青混合料面层施工技术

改性沥青混合料面层施工总结：

（1）摊铺时宜使用履带式摊铺机，摊铺速度1~3m/min。

（2）摊铺温度不低于160℃，初压开始温度不低于150℃，碾压终了的表面温度不低于90℃。

（3）宜采用振动压路机或钢筒式压路机碾压，不宜采用轮胎压路机碾压。

（4）压实原则："紧跟、慢压、高频、低幅"。防止过度碾压。

考点分析

此知识点也属于案例分析题高频考点之一，除普通沥青混凝土要求以外，还经常会考核到改性沥青混凝土的摊铺碾压温度、速度，碾压要求等内容。

【例题1·单选题】采用振动压路机压实改性沥青混合料面层时，遵循"紧跟、慢压、（   ）"的原则。

A. 高频、低幅   B. 低频、高幅

C. 中频、低幅   D. 中频、高幅

【答案】A

【例题2·案例分析题】

【背景资料】

某沿海城市道路改建工程4标段，新建路面结构为150mm厚砾石砂垫层，350mm厚二灰混合料基层，80mm厚中粒式沥青混凝土，40mm厚SMA改性沥青混凝土面层……

为保证 SMA 改性沥青面层施工质量，施工组织设计中规定摊铺温度不低于 160℃，初压开始温度不低于 150℃，碾压终了的表面温度不低于 90℃；采用振动压路机，由低处向高处碾压，不得用轮胎压路机碾压。

【问题】

补全本工程 SMA 改性沥青面层碾压施工要求。

【参考答案】

本工程 SMA 改性沥青面层碾压施工要求还有：

（1）碾压时应将压路机的驱动轮面向摊铺机；

（2）振动压路机应紧跟摊铺机，采取高频率、低振幅的方式慢速碾压；

（3）施工过程中应密切注意 SMA 混合料碾压产生的压实度变化，以防止过度碾压。

2K320092 沥青混合料面层施工质量检查与验收（考试用书 2K320000 章中相关内容）

一、面层施工质量检测与验收一般项目：平整度、宽度、中线偏位、纵断面高程、横坡、井框与路面的高差、抗滑性能等。

二、面层施工质量验收主控项目：原材料、压实度、面层厚度、弯沉值。

1. 沥青路面压实度标准（见表 2K320092）

沥青路面压实度标准表　　　　　　　　　　　　表 2K320092

路面类型	道路类型	压实度（%）	检验频率		检验方法
			范围	点数	
热拌沥青混合料	快速路、主干路	≥96	每1000m²	1 点	查试验记录
	次干路	≥95			
	支路	≥95			
冷拌沥青混合料		≥95			查配合比、复测
沥青贯入式		≥95			灌水法、灌砂法、蜡封法

2. 沥青混合料面层压实度检测方法

（1）钻芯法检测。

（2）核子密度仪检测。

考点分析

本知识点为案例分析题和选择题的高频考点，主要考核教材所罗列规范中的沥青混凝土检测项目和主控项目及检测方法。

【例题 1·多选题】热拌沥青混合料面层质量检查与验收的主控项目包括（　　　）。

A. 平整度　　　　　　　　　　　B. 压实度

C. 面层厚度　　　　　　　　　　D. 面层宽度

E. 纵断面高程

【答案】B、C

【解析】沥青混合料面层施工质量验收主控项目：原材料、压实度、面层厚度、弯沉值。

【例题 2·案例分析题】

【背景资料】

某道路工程属城市次干路，长 3800m，路宽 16.5m，位于城市环路以内，设计结构为：30cm 厚 9% 石灰土处理土基，12% 石灰土底基层，35cm 厚水泥稳定碎石基层，12cm 厚沥青混凝土面层。

沥青混凝土面层竣工后，施工单位进行了外观检查，沥青表面平整，没有脱落、推挤等现象，经过检测原材料、弯沉值、平整度、中线偏位、横坡等项目，施工单位认为工程质量检验合格。

【问题】

沥青面层检测项目是否齐全？写出主控项目（原材料除外）及检验方法。

【参考答案】

（1）不齐全。沥青面层检测项目还有压实度、面层厚度、宽度、纵断面高程、井框与路面的高差、抗滑性能等。

（2）主控项目还有：压实度、面层厚度、弯沉值；

压实度检验方法：查试验记录（马歇尔击实试件密度，试验室标准密度）；

面层厚度检验方法：钻孔或刨挖，用钢尺量；

弯沉值检验方法：弯沉仪检测。

2K311043 水泥混凝土路面施工技术

一、混凝土面板施工

1. 模板

（1）模板应安装稳固、顺直、平整，无扭曲，相邻模板连接应紧密、平顺，不得错位。

（2）模板安装检验合格后表面应涂隔离剂，接头应粘贴胶带或塑料薄膜等密封。

★拓展知识点：

施工中安装要求通用考点

（如模板、止水钢板、橡胶止水带、管道安装，支架搭设等均可套用此模板作答）

安装应：平稳、直顺、稳定、牢固、垂直、居中、对称、密贴。

不得有：偏斜、扭曲、错位、弯曲、松动、位移、劈裂。

2. 钢筋

（1）钢筋的品种、规格、成分，应符合设计和现行国家标准规定，具有生产厂的牌号、炉号，检验报告和合格证，并经复试（含见证取样）合格。

（2）钢筋不得有锈蚀、裂纹、断伤和刻痕等缺陷（此知识点可以出案例分析题，适合考核所有钢筋的结构）。

★拓展知识点：

所有材料进场检验方法：看、检、验

看外观
- 金属构件：不能有锈蚀、裂纹、刻痕。
- 混凝土类：不能有露筋、裂缝、蜂窝、麻面。
- 橡胶类：不能有脱胶、老化、撕裂等。

检查证书——产品合格证、质量证明书、使用说明书（设备）、检测报告。

见证取样做复试——监理或建设单位见证，进场材料在施工现场取样，送有资质的第三方试验室进行试验。

3. 摊铺

人工摊铺：混凝土面层分两次摊铺时，上层混凝土的摊铺应在下层混凝土初凝前完成，且下层厚度宜为总厚的 3/5；一块混凝土板应一次连续浇筑完毕。

4. 振捣

（1）已铺好的混凝土，应迅速振捣密实，不应过振，以达到表面不再下沉并泛出水泥浆为准。

（2）振动器的振动顺序为：

插入式振捣器→平板式振捣器→振动梁（重）→振动梁（轻）→无缝钢管滚杆提浆赶浆。

5. 抹面养护

（1）现场应采取防风、防晒等措施；抹面时严禁在面板混凝土上洒水、撒水泥粉。

（2）混凝土面层应拉毛、压痕或刻痕，其平均纹理深度应为 1～2mm。

6. 接缝

（1）普通混凝土路面的胀缝应设置胀缝补强钢筋支架、胀缝板和传力杆。胀缝应与路面中心线垂直；缝壁必须垂直；缝宽必须一致，缝中不得连浆。缝上部灌填缝料，下部安装胀缝板和传力杆。当一次铺筑宽度小于面层宽度时，应设置纵向施工缝，纵向施工缝宜采用平缝加拉杆形式。

（2）传力杆安装方法：一种是端头木模固定传力杆安装方法，宜用于混凝土板不连续浇筑时设置的胀缝；另一种是支架固定传力杆安装方法，宜用于混凝土板连续浇筑时设置的胀缝。

（3）切缝：

横向缩缝采用切缝机施工，宜在水泥混凝土强度达到设计强度 25%～30% 时进行，宽度控制在 4～6mm，切缝深度：设传力杆时，不应小于面层厚度的 1/3，且不得小于 70mm；不设传力杆时，不应小于面层厚度的 1/4，且不应小于 60mm。混凝土板养护期满后应及时灌缝。

（4）灌缝：

材料：软质的沥青类或树脂类材料。

作用：防止杂物进入、防止水渗入。

要求：缝隙处理后干燥、洁净、均匀，填缝高度常温宜与板面平，冬期应填为凹液面。

7. 养护

可采取喷洒养护剂或保湿覆盖等方式；在雨天或养护用水充足的情况下，可采用保湿膜、土工毡、麻袋、草袋、草帘等覆盖物洒水湿养护方式，不宜使用围水养护；养护时间一般宜为14～21d。应特别注重前7d的保湿（温）养护。

8. 开放交通

在混凝土达到设计弯拉强度40%以后，可允许行人通过。在面层混凝土完全达到设计弯拉强度且填缝完成前，不得开放交通。

★**拓展知识点：**

水泥混凝土路面质量问题

（1）水泥混凝土路面横向裂缝：

原因分析：水泥干缩性大；混凝土配合比不合理，水灰比大；材料计量不准确。混凝土施工浇筑气温高；振捣不均匀；养护不及时。基础不均匀沉降；基层表面粗糙。连续浇筑长度长；切缝不及时；切缝深度浅。路面板厚度与强度不足，行车荷载大。

（2）水泥混凝土路面起砂：

原因分析：水泥品种不当和水泥用量少；使用的砂石集料级配过细，含泥量高。混凝土、砂浆搅拌时加水过量，或搅拌不均匀。施工过程中的过分振捣。压光时间掌握不好，次数不够，压的不实或在终凝后压光；养护不当。

考点分析

水泥混凝土面层施工考核频率远不及沥青混凝土施工，除水泥混凝土面层切缝考核两次案例分析题以外，其余均为选择题形式考核。案例分析题需要关注模板安装要求、分层浇筑混凝土的要求、切缝要求及水泥混凝土路面质量问题原因分析及预防、处理措施等。

【例题1·单选题】关于水泥混凝土面层施工的说法，错误的是（　　）。

A. 模板的选择应与摊铺施工方式相匹配

B. 摊铺厚度应符合不同的施工方式

C. 常温下应在下层养护 3d 后方可摊铺上层材料

D. 运输车辆要有防止混合料漏浆和离析的措施

【答案】C

【解析】常温下应在下层养护 7d 后方可摊铺上层材料。

【例题2·多选题】水泥混凝土路面的混凝土配合比设计在兼顾技术经济性的同时应满足的指标要求有（　　）。

A. 抗弯强度   B. 抗压强度

C. 工作性   D. 耐久性

E. 安全性

【答案】A、C、D

【解析】混凝土配合比在兼顾经济性的同时应满足抗弯强度、工作性、耐久性三项技术要求。

【例题3·案例分析题】

【背景资料】

A公司中标北方某城市的道路改造工程，合同工期2008年6月1日—9月30日。结构层为：水泥混凝土面层200mm、水泥稳定级配碎石土180mm、二灰碎石180mm……

A公司完成基层后，按合同约定，将面层分包给具有相应资质的B公司。B公司采用三辊轴机组铺筑混凝土面层，严格控制铺筑速度，用排式振捣机控制振捣质量。

为避免出现施工缝，施工中利用施工设计的胀缝处作为施工缝；采用土工毡覆盖洒水养护，在路面混凝土强度达到设计强度40%时做横向切缝，经实测切缝深度为45～50mm。

道路使用4个月后，路面局部出现不规则的横向收缩裂缝，裂缝距缩缝100mm左右。

【问题】

分析说明路面产生裂缝的原因。

【参考答案】

路面产生裂缝的原因可能是：

（1）路面混凝土强度达到设计强度40%时才做做横向切缝，切缝时间过晚；

（2）实测切缝深度为45～50mm，切缝深度应不小于60mm，切缝过浅。

二、水泥混凝土路面季节施工

1. 雨期施工质量控制

搅拌站应具有良好的防水条件与防雨措施；根据天气变化情况及时测定砂、石含水量，准确控制混合料的水胶比；雨天运输混凝土时，车辆必须采取防雨措施；施工前准备好防雨棚等防雨设施；施工遇雨，立即使用防雨设施完成对已铺筑混凝土的振实成型，不再开新作业段，覆盖保护未硬化混凝土面层。

2. 冬期施工质量控制

（1）搅拌站应搭设工棚或其他挡风设备，混凝土拌合物的浇筑温度不应低于5℃。

（2）当昼夜平均气温在0～5℃时，应将水加热至60℃（不得高于80℃）后搅拌；必要时还可以加热砂、石，但不宜高于50℃，且不得加热水泥。

（3）混凝土拌合料的温度应不高于35℃。拌合物中不得使用带有冰雪的砂、石料，可加经优选确定的防冻剂、早强剂，搅拌时间适当延长。

（4）混凝土板浇筑前，基层应无冰冻、不积冰雪，摊铺混凝土温度不应低于5℃。

（5）尽量缩短各工序时间，快速施工。成型后，及时覆盖保温层，减缓热量损失，混凝土面层的最低温度不应低于5℃。

（6）混凝土板弯拉强度低于1MPa或抗压强度低于5MPa时，严禁受冻。

（7）养护时间不少于28d。

3. 高温期施工质量控制

（1）严控混凝土的配合比，保证其和易性，必要时可适当掺加缓凝剂，特高温时段混凝土拌合可掺加降温材料（如冰水）。尽量避开气温过高的时段，一般选择早晨与晚间施工。

（2）加强拌制、运输、浇筑、抹面等各工序衔接，尽量使运输和操作时间缩短。

（3）加设临时罩棚，避免混凝土面板遭日晒，减少蒸发量。及时覆盖，加强养护，多洒水，保证正常硬化过程。

（4）洒水覆盖保湿养护应控制水温与混凝土面层表面温差不大于12℃，不得采用冷水或冰水养护。

（5）高温期水泥混凝土路面切缝宜比常温施工提早。

★拓展知识点：

水泥混凝土路面冬期和高温期施工注意事项

水泥混凝土路面冬期施工和高温期施工所采取的措施是相对应的，此知识点同样适合其他混凝土结构冬期和高温期的施工（见表2K311043）。

水泥混凝土道路冬期、高温期施工注意事项一览　　　表 2K311043

—	冬期	高温期
原材料	粗细集料、水加热	粗细集料降温、冷水拌合
外加剂	防冻剂、早强剂	缓凝剂
运输过程	混凝土运输车覆盖保温	混凝土运输车外喷水、喷雾降温
浇筑现场	浇筑面干燥清洁无冰、雪、霜	浇筑面洒水降温
浇筑过程	快速浇筑、工序衔接紧密	
养护	覆盖保温	保湿遮阳
时间	中午	早晨、夜间

考点分析

水泥混凝土面层季节性施工主要考核冬期或者高温施工，有时也会延伸到所有混凝土结构的冬期施工或高温施工。

【例题·单选题】水泥混凝土面层必须在冬期施工时，应采取的正确措施有（　　　）。

A. 加热砂、石、水泥但不应高于50℃　　B. 浇筑温度不应低于5℃

C. 拌合料温度应不高于40℃　　D. 尽量缩短各工序时间，快速施工

E. 成型后及时覆盖保温层，减缓热量损失

【答案】B、D、E

【解析】可以加热砂、石，但不应高于50℃，且不得加热水泥。混凝土拌合料的温度应不高于35℃。

2K311044　城镇道路养护、大修、改造技术

一、稀浆罩面

1. 稀浆封层及微表处类型、功能及适用范围（见表2K311044-1）

稀浆混合类型	混合料规格	功能	适用范围
稀浆封层	ES-1	封水、防滑和改善路表外观	适用于支路、停车场的罩面
	ES-2		次干路以下的罩面，以及新建道路的下封层
	ES-3		次干路的罩面，以及新建道路的下封层
微表处	MS-2	封水、防滑、耐磨和改善路表外观	中等交通等级快速路和主干路的罩面
	MS-3	封水、防滑、耐磨、改善路表外观和填补车辙	快速路、主干路的罩面

2. 稀浆封层和微表处施工应按下列步骤进行

修补、清洁原路面；放样画线；湿润原路面或喷洒乳化沥青；拌合、摊铺稀浆混合料；手工修补局部施工缺陷；成型养护；开放交通。

3. 稀浆封层质量验收

（1）施工前必须检查原材料的检测报告、稀浆混合料设计报告、摊铺车标定报告，并应确认符合要求。

（2）主控项目：抗滑性能、渗水系数、厚度。

一般项目：表观质量（应平整、密实、均匀，无松散、花白料、轮迹和划痕）、横向接缝、纵向接缝和边线质量。

二、城镇道路旧路大修技术

1. 旧沥青路面作为基层加铺沥青混合料面层

施工要点：填补旧沥青路面凹坑，应按高程控制、分层摊铺，每层最大厚度不宜超过 100mm。

2. 旧水泥混凝土路作为基层加铺沥青混合料面层

施工要点：对旧水泥混凝土路面层的胀缝、缩缝、裂缝应清理干净，并应采取防反射裂缝措施。

三、旧路加铺沥青面层技术要点

1. 面层水平变形反射裂缝预防措施

在沥青混凝土加铺层与旧水泥混凝土路面之间设置应力消减层，具有延缓和抑制反射裂缝产生的效果（采用土工织物预防反射裂缝）。

2. 面层垂直变形破坏预防措施

使用沥青密封膏处理旧水泥混凝土板缝：

剔除缝内杂物至设计深度；用高压空气清除缝内灰尘；用 M7.5 水泥砂浆灌注板体裂缝或用防腐麻绳填实板缝下半部，上部预留 70～100mm 空间，待水泥砂浆初凝后，在砂浆表面及接缝两侧涂抹混凝土接缝粘合剂后，填充密封膏，厚度不小于 40mm。

3. 基底处理两种方法

一种是开挖式基底处理，即换填基底材料；

另一种是非开挖式基底处理，即注浆填充脱空部位的空洞。通过试验确定注浆压力、初凝时间、注浆流量、浆液扩散半径等数。

四、城镇道路路面改造技术

1. 水泥混凝土路面改造加铺沥青混合料面层

（1）原有水泥混凝土路面改造后能作为道路基层使用：

1）人工剔除酥空、空鼓、破损处，露出坚实部分。

2）涂刷界面剂，灌注不低于原道路混凝土强度的早强补偿收缩混凝土。

3）新、旧路面板间应涂刷界面剂。

（2）原水泥混凝土路面发生错台或网状开裂，应首先考虑路基质量问题使原路面不再适合作基层。遇此情况应将整个板块全部凿除，重新夯实道路路基。

2. 加铺沥青混凝土面层

（1）原有水泥混凝土路面作为道路基层时，应注意原有雨水管以及检查井的位置和高程，为配合沥青混凝土加铺应将检查井高程进行调整。

（2）加铺前，可采用洒布沥青粘层油、摊铺土工布等柔性材料的方式对旧路面进行处理。

考点分析

本节考点既可以出选择题，也可以案例分析题的形式出现。考核内容多为记忆考点，如稀浆封层质量验收的主控项目等。

【例题 1·单选题】下列稀浆封层质量验收项目中，属于主控项目的是（　　）。

A. 表观质量　　　　　　　　　B. 横向接缝

C. 边线质量　　　　　　　　　D. 抗滑性能

【答案】D

【解析】稀浆封层质量验收主控项目为：抗滑性能、渗水系数、厚度；而表观质量、横向接缝和边线质量属于一般项目。

【例题 2·案例分析题】

【背景资料】

某公司承建长 1.2km 的城镇道路大修工程，现状路面层为沥青混凝土，主要施工内容包括：对沥青混凝土路面沉陷、碎裂部位进行处理；局部加铺网孔尺寸 10mm 的玻纤网以减少旧路面对新沥青面层的反射裂缝；对旧沥青混凝土路面铣刨拉毛后加铺 40mm 厚 AC-13 沥青混凝土面层……

项目部在处理破损路面时发现挖补深度介于 50～150mm 之间，拟用沥青混凝土一次补平。在采购玻纤网时被告知网孔尺寸 10mm 的玻纤网缺货，拟变更为网孔尺寸 20mm 的玻纤网。

【问题】

指出项目部破损路面处理的错误之处并改正。

【参考答案】

错误之处：项目部在处理破损路面时发现挖补深度介于 50～150mm 之间，拟用沥青混凝土一次补平。改正：填补旧沥青路面，凹坑应按高程控制、分层摊铺，每层最大厚度不宜超过 100mm。

★拓展知识点：

道路工程基础知识

1. 道路结构图示（如图 2K311044-1～图 2K311044-3 所示）

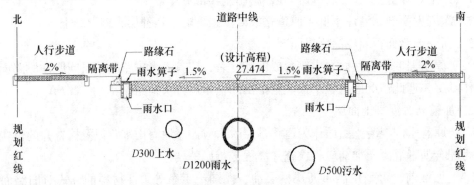

图 2K311044-1　道路横断面示意图（高程单位：m；尺寸单位：mm）

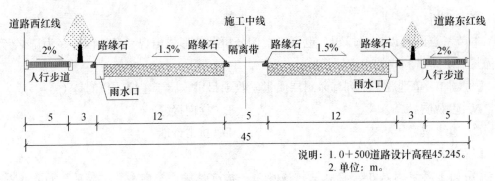

说明：1. 0+500道路设计高程45.245。
　　　2. 单位：m。

图 2K311044-2　道路 0＋500 横断面图

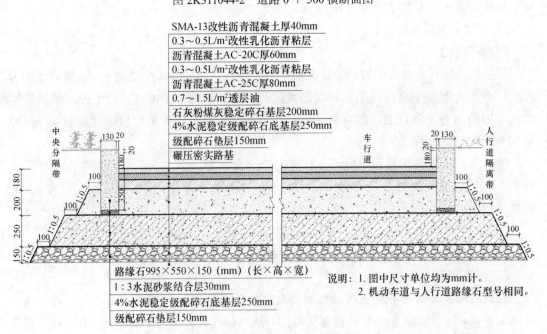

SMA-13改性沥青混凝土厚40mm
0.3～0.5L/m²改性乳化沥青粘层
沥青混凝土AC-20C厚60mm
0.3～0.5L/m²改性乳化沥青粘层
沥青混凝土AC-25C厚80mm
0.7～1.5L/m²透层油
石灰粉煤灰稳定碎石基层200mm
4%水泥稳定级配碎石底基层250mm
级配碎石垫层150mm
碾压密实路基

路缘石995×550×150（mm）（长×高×宽）
1:3水泥砂浆结合层30mm
4%水泥稳定级配碎石底基层250mm
级配碎石垫层150mm

说明：1. 图中尺寸单位均为mm计。
　　　2. 机动车道与人行道路缘石型号相同。

图 2K311044-3　行车道结构图

2. 里程桩号

是表示该路线中线位置某点,沿着路线曲线中线至路线起点(K0 + 000m 处)的水平距离,也称为路线中桩桩号。

例如:K4 + 125.16m 表示距离起点距离为 4000 + 125.16 = 4125.16m。

里程桩号图例(见图 2K311044-4):

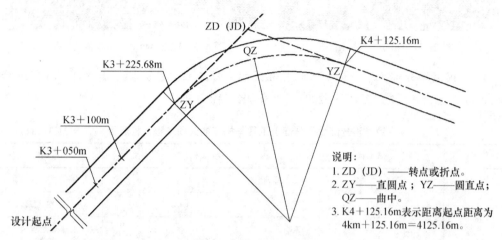

图 2K311044-4　道路曲线要素与里程桩号

3. 道路的横断面形式

(1)单幅路:俗称"一块板"断面,各种车辆在车道上混合行驶。单幅是没有隔离带的,只在路面上的中间画有分隔交通线,来分隔左右两边的路(见图 2K311044-5)。

(2)双幅路:俗称"两块板"断面。在车道中心用分隔带或分隔墩将车行道分为两半,上、下行车辆分向行驶。各自再根据需要决定是否划分快、慢车道(见图 2K311044-6)。

图 2K311044-5　单幅路

图 2K311044-6　双幅路

(3)三幅路:俗称"三块板"断面,中间为双向行驶的机动车道,两侧为靠右侧行驶的非机动车道。只有当红线宽度等于或大于 40m 时才能满足车道布置的要求(见图 2K311044-7)。

(4)四幅路:俗称"四块板"断面,在三幅路的基础上,再将中间机动车道分隔为二,分向行驶(见图 2K311044-8)。

图 2K311044-7　三幅路　　　　　　　　　　　图 2K311044-8　四幅路

4. 城镇道路分部（子分部）工程与相应的分项工程、检验批（摘录自《城镇道路工程施工与质量验收规范》CJJ 1—2008，见表 2K311044-2）

城镇道路分部（子分部）工程与相应的分项工程、检验批　　　表 2K311044-2

分部工程	子分部工程	分项工程	检验批
路基	—	土方路基	每条路或路段
		石方路基	每条路或路段
		路基处理	每条处理段
		路肩	每条路肩
基层	—	石灰土基层	每条路或路段
		石灰粉煤灰稳定砂砾（碎石）基层	每条路或路段
		石灰粉煤灰钢渣基层	每条路或路段
		水泥稳定土类基层	每条路或路段
		级配砂砾（砾石）基层	每条路或路段
		级配碎石（碎砾石）基层	每条路或路段
		沥青碎石基层	每条路或路段
		沥青贯入式基层	每条路或路段
面层	沥青混合料面层	透层	每条路或路段
		粘层	每条路或路段
		封层	每条路或路段
		热拌沥青混合料面层	每条路或路段
		冷拌沥青混合料面层	每条路或路段
	沥青贯入式与沥青表面处治面层	沥青贯入式面层	每条路或路段
		沥青表面处治面层	每条路或路段
	水泥混凝土面层	水泥混凝土面层（模板、钢筋、混凝土）	每条路或路段
	铺砌式面层	料石面层	每条路或路段
		预制混凝土砌块面层	每条路或路段

分部工程	子分部工程	分项工程	检验批
广场与停车场	—	料石面层	每个广场或划分的区段
		预制混凝土砌块面层	每个广场或划分的区段
		沥青混合料面层	每个广场或划分的区段
		水泥混凝土面层	每个广场或划分的区段
人行道	—	料石人行道铺砌面层（含盲道砖）	每条路或路段
		混凝土预制块铺砌人行道面层（含盲道砖）	每条路或路段
		沥青混合料铺筑面层	每条路或路段
人行地道结构	现浇钢筋混凝土人行地道结构	地基	每座通道
		防水	每座通道
		基础（模板、钢筋、混凝土）	每座通道
		墙与顶板（模板、钢筋、混凝土）	每座通道
	预制安装钢筋混凝土人行地道结构	墙与顶部构件预制	每座通道
		地基	每座通道
		防水	每座通道
		基础（模板、钢筋、混凝土）	每座通道
		墙板、顶板安装	每座通道
	砌筑墙体、钢筋混凝土顶板人行地道结构	顶部构件预制	每座通道
		地基	每座通道
		防水	每座通道
		基础（模板、钢筋、混凝土）	每座通道
		墙体砌筑	每座通道或分段
		顶部构件、顶板安装	每座通道或分段
		顶部现浇（模板、钢筋、混凝土）	每座通道或分段
挡土墙	现浇钢筋混凝土挡土墙	地基	每道挡土墙地基或分段
		基础	每道挡土墙基础或分段
		墙（模板、钢筋、混凝土）	每道墙体或分段
		滤层、泄水孔	每道墙体或分段
		回填土	每道墙体或分段
		帽石	每道墙体或分段
		栏杆	每道墙体或分段

分部工程	子分部工程	分项工程	检验批
挡土墙	装配式钢筋混凝土挡土墙	挡土墙板预制	每道墙体或分段
		地基	每道挡土墙地基或分段
		基础（模板、钢筋、混凝土）	每道基础或分段
		墙板安装（含焊接）	每道墙体或分段
		滤层、泄水孔	每道墙体或分段
		回填土	每道墙体或分段
		帽石	每道墙体或分段
		栏杆	每道墙体或分段
	砌筑挡土墙	地基	每道墙体地基或分段
		基础（砌筑、混凝土）	每道基础或分段
		墙体砌筑	每道墙体或分段
		滤层、泄水孔	每道墙体或分段
		回填土	每道墙体或分段
		帽石	每道墙体或分段
	加筋土挡土墙	地基	每道挡土墙地基或分段
		基础（模板、钢筋、混凝土）	每道基础或分段
		加筋挡土墙砌块与筋带安装	每道墙体或分段
		滤层、泄水孔	每道墙体或分段
		回填土	每道墙体或分段
		帽石	每道墙体或分段
		栏杆	每道墙体或分段
附属构筑物	—	路缘石	每条路或路段
		雨水支管与雨水口	每条路或路段
		排（截）水沟	每条路或路段
		倒虹管及涵洞	每座结构
		护坡	每条路或路段
		隔离墩	每条路或路段
		隔离栅	每条路或路段
		护栏	每条路或路段
		声屏障（砌体、金属）	每处声屏障墙
		防眩板	每条路或路段

2K312000 城市桥梁工程

近年真题考点分值分布见表 2K312000：

近年真题考点分值分布表　　　表 2K312000

命题点	题型	2018 年	2019 年	2020 年	2021 年	2022 年
城市桥梁结构形式及通用施工技术	单选题	2	3	2	2	1
	多选题	—	2	2	—	—
	案例分析题	—	4	17	13	12
城市桥梁下部结构施工	单选题	1	—	1	1	1
	多选题	—	—	—	2	—
	案例分析题	—	—	—	2	5
城市桥梁上部结构施工	单选题	—	—	1	—	1
	多选题	2	—	—	—	—
	案例分析题	—	—	—	9	—
管涵和箱涵施工	单选题	1	—	—	—	—
	多选题	—	2	—	—	—
	案例分析题	—	—	—	—	—
城市桥梁工程施工质量检查与检验	单选题	—	—	1	—	1
	多选题	—	—	2	2	—
	案例分析题	4	4	14	—	—
城市桥梁工程施工安全事故预防	单选题	—	—	—	—	—
	多选题	—	—	—	—	—
	案例分析题	4	—	—	—	—

2K312010 城市桥梁结构形式及通用施工技术

核 心 考 点 提 纲

城市桥梁结构形式及通用施工技术 ┤
- 城市桥梁结构组成与类型
- 模板、支架的设计、制作、安装与拆除
- 钢筋施工技术
- 混凝土施工技术
- 预应力混凝土施工技术
- 桥面防水系统施工技术
- 桥梁支座、伸缩装置安装技术

核心考点剖析

2K312011　城市桥梁结构组成与类型

一、桥梁的基本组成

桥梁由上部结构、下部结构、支座系统和附属设施四个基本部分组成（见图 2K312011-1）。

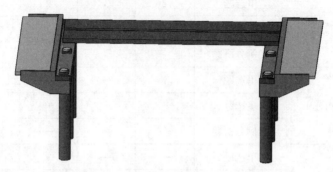

图 2K312011-1　桥梁结构示意图

1. 上部结构

桥跨结构：线路跨越障碍（如江河、山谷或其他线路等）的结构物。

2. 下部结构

（1）桥墩：是在河中或岸上支承桥跨结构的结构物。

（2）桥台：设在桥的两端，一边与路堤相接，以防止路堤滑塌，另一边则支承桥跨结构的端部（见图 2K312011-2）。

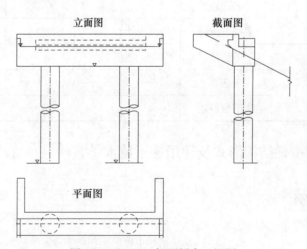

图 2K312011-2　轻型桥台三视图

（3）墩台基础：是保证桥梁墩台安全并将荷载传至地基的结构。

3. 支座系统

在桥跨结构与桥墩或桥台的支承处所设置的传力装置。它不仅要传递很大的荷载，并且还要保证桥跨结构能产生一定的变位。

4. 附属设施

包括桥面铺装（或称行车道铺装）、排水防水系统、栏杆（或防撞栏杆）、伸缩缝、灯光照明等。

二、桥梁相关常用术语（见图 2K312011-3）

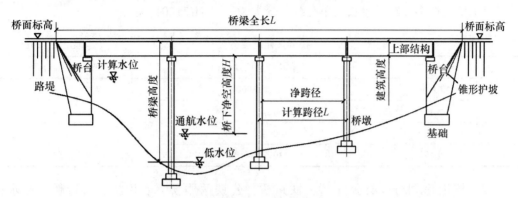

图 2K312011-3　桥梁相关术语

（1）净跨径：相邻两个桥墩（或桥台）之间的净距。

（2）计算跨径：对于具有支座的桥梁，是指桥跨结构相邻两个支座中心之间的距离。

（3）总跨径：多孔桥梁中各孔净跨径的总和，也称桥梁孔径。

（4）桥梁高度：指桥面与低水位之间的高差，或指桥面与桥下线路路面之间的距离，简称桥高。

（5）桥下净空高度：设计洪水位、计算通航水位或桥下线路路面至桥跨结构最下缘之间的距离。

（6）建筑高度：桥上行车路面（或轨顶）标高至桥跨结构最下缘之间的距离。

（7）桥梁全长：是桥梁两端两个桥台的侧墙或八字墙后端点之间的距离，简称桥长。

三、桥梁的主要类型

1. 按受力特点分

在力学上可归结为梁式、拱式、悬吊式三种基本体系以及它们之间的各种组合。

（1）梁式桥：

梁式桥是一种在竖向荷载作用下无水平反力的结构。梁内产生的弯矩最大。

（2）拱式桥：

拱式桥的主要承重结构是拱圈或拱肋。拱桥的承重结构以受压为主。

（3）刚架桥：

刚架桥的主要承重结构是梁或板和立柱或竖墙整体结合在一起的刚架结构。在竖向荷载作用下，梁部主要受弯，而在柱脚处也具有水平反力，其受力状态介于梁桥和拱桥之间。刚架桥施工比较困难，用普通钢筋混凝土修建，梁柱刚结处易产生裂缝。

（4）悬索桥：

悬索桥以悬索为主要承重结构，结构自重较轻，构造简单，受力明确。在车辆动荷载和风荷载作用下有较大的变形和振动。

（5）组合体系桥：

组合体系桥由几个不同体系的结构组合而成，最常见的为连续刚构，梁、拱组合等。斜拉桥也是组合体系桥的一种。

2. 其他分类方式

（1）桥梁按多孔跨径总长或单孔跨径分类（见表 2K312011）：

桥梁按照跨度分类表　　　表 2K312011

桥梁分类	多孔跨径总长 L（m）	单孔跨径 L_0（m）
特大桥	$L > 1000$	$L_0 > 150$
大桥	$1000 \geq L \geq 100$	$150 \geq L_0 \geq 40$
中桥	$100 > L > 30$	$40 > L_0 \geq 20$
小桥	$30 \geq L \geq 8$	$20 > L_0 \geq 5$

（2）按用途划分，有公路桥、铁路桥、公铁两用桥、农用桥、人行桥、运水桥（渡槽）及其他专用桥梁（如通过管路、电缆等）。

（3）按主要承重结构所用的材料来分，有圬工桥、钢筋混凝土桥、预应力混凝土桥、钢桥、钢-混凝土结合梁桥和木桥等。

考点分析

本考点以往多以选择题进行考核，未来考核会发生向案例分析题过渡的趋势，考核形式为通过图形计算桥梁术语当中的净跨径、计算跨径、总跨径、桥梁高度、桥梁全长、桥下净空高度、建筑高度等数值，也可能会通过桥梁图形考核桥台、支座、垫石、伸缩缝等名称和作用等，其中也可能涉及计算。

【例题1·单选题】桥面路面标高到桥跨结构最下缘之间的距离为（　　）。

A. 建筑高度　　　　　　　　　　B. 桥梁高度

C. 桥下净空高度　　　　　　　　D. 计算矢高

【答案】A

【例题2·多选题】根据受力特点桥梁可分为（　　）。

A. 梁式桥　　　　　　　　　　　B. 拱式桥

C. 预应力混凝土桥　　　　　　　D. 悬索桥

E. 组合体系桥

【答案】A、B、D、E

2K312012 模板、支架的设计、制作、安装与拆除

一、模板、支架和拱架的设计与验算

1. 模板、支架和拱架应具有足够的承载能力、刚度和稳定性

模板、支架、拱架搭设和拆除作业前，应根据工程特点编制专项施工方案，并应经审批后实施。专项施工方案应包括下列主要内容：

（1）工程概况和编制依据；

（2）脚手架类型选择；

（3）所用材料、构（配）件类型及规格；

（4）结构与构造设计施工图；

（5）结构设计计算书；

（6）搭设、拆除施工计划；

（7）搭设、拆除技术要求；

（8）质量控制措施；

（9）安全控制措施；

（10）应急预案。

2. 设计模板、支架和拱架的荷载组合（见表 2K312012）

模板、支架和拱架荷载组合一览表　　　　表 2K312012

模板构件名称	荷载组合	
	计算强度用	验算刚度用
梁、板和拱的底模及支承板、拱架、支架等	①+②+③+④+⑦+⑧	①+②+⑦+⑧
缘石、人行道、栏杆、柱、梁板、拱等的侧模板	④+⑤	⑤
基础、墩台等厚大结构物的侧模板	⑤+⑥	⑤

　　注：表中代号代表——① 模板、拱架和支架自重；② 新浇筑混凝土、钢筋混凝土或圬工、砌体的自重力；③ 施工人员及施工材料机具等行走运输或堆放的荷载；④ 振捣混凝土时的荷载；⑤ 新浇筑混凝土对侧面模板的压力；⑥ 倾倒混凝土时产生的水平向冲击荷载；⑦ 设于水中的支架所承受的水流压力、波浪力、流冰压力、船只及其他漂浮物的撞击力；⑧ 其他可能产生的荷载，如风雪荷载、冬期施工保温设施荷载等。

3. 模板、支架和拱架的设计中应设施工预拱度

施工预拱度应考虑下列因素：

（1）设计文件规定的结构预拱度。

（2）支架和拱架承受全部施工荷载引起的弹性变形。

（3）受载后由于杆件接头处的挤压和卸落设备压缩而产生的非弹性变形。

（4）支架、拱架基础受载后的沉降。

二、模板、支架和拱架的制作与安装

（1）支架和拱架搭设之前，应按规范要求预压地基合格并形成记录。

（2）支架立柱必须落在有足够承载力的地基上，立柱底端必须放置垫板或混凝土垫块。支架地基严禁被水浸泡，冬期施工必须采取防止冻胀的措施。

（3）支架通行孔的两边应加护桩，夜间应设警示灯。施工中易受漂流物冲撞的河中支架应设牢固的防护设施。

（4）安设支架、拱架过程中，应随安装随架设临时支撑。采用多层支架时，支架的横垫板应水平，立柱应铅直（竖直），上下层立柱应在同一中心线上。

（5）支架或拱架不得与施工脚手架、便桥相连，施工脚手架禁止采用竹（木）搭设。

（6）门式钢管支撑架不得用于搭设满堂承重支撑架体系，钢管满堂支架搭设完毕后，应按规范要求预压支架合格并形成记录。

（7）支架、拱架安装完毕，经检验合格后方可安装模板；安装模板应与钢筋工序配合进行，妨碍绑扎钢筋的模板，应待钢筋工序结束后再安装；安装墩台模板时，其底部应与基础预埋件连接牢固，上部应采用拉杆固定；模板在安装过程中，必须设置防倾覆设施。

（8）模板与混凝土接触面应平整、接缝严密。

（9）浇筑混凝土和砌筑前，应对模板、支架和拱架进行检查和验收，合格后方可施工。

（10）模板工程及支撑体系施工属于危险性较大的分部分项工程，施工前应编制专项方案；超过一定规模时还应对专项施工方案进行专家论证。

三、模板、支架和拱架的拆除

1. 模板、支架和拱架拆除规定

（1）非承重侧模应在混凝土强度能保证结构棱角不损坏时方可拆除，混凝土强度宜为2.5MPa 及以上。

（2）芯模和预留孔道内模应在混凝土抗压强度能保证结构表面不发生塌陷和裂缝时，方可拆除。

（3）钢筋混凝土结构的承重模板、支架，应在混凝土强度能承受其自重荷载及其他可能的叠加荷载时，方可拆除。

2. 模板、支架和拱架拆除

应遵循"先支后拆、后支先拆"的原则。在横向应同时卸落、在纵向应对称均衡卸落。简支梁、连续梁结构的模板应从跨中向支座方向依次循环卸落；悬臂梁结构的模板宜从悬臂端开始顺序卸落。

3. 预应力混凝土结构的模板拆除

侧模应在预应力张拉前拆除；底模应在结构建立预应力后拆除。

4. 模板支架、脚手架拆除安全措施

（1）现场应设作业区，其边界设警示标志并由专人值守，非作业人员严禁入内。

（2）采用机械作业时应由专人指挥。

（3）应按施工方案或专项方案要求由上而下逐层进行，严禁上下同时作业。

（4）严禁敲击、硬拉模板、杆件和配件。

（5）严禁抛掷模板、杆件、配件。

（6）拆除的模板、杆件、配件应分类码放。

★拓展知识点

支架知识点总结

1. 支架基础涉及采分点总结

（1）支架地基处理方式：夯实、换填、排水、预压、硬化。

（2）支架地基预压目的：检验支架基础处理程度，确保支架预压时支架基础不失稳，防止支架基础沉降导致混凝土结构开裂。

（3）支架地基预压荷载：支架地基预压荷载为：（模板＋支架＋混凝土恒载）×1.2。

（4）地基预压合格标准：各监测点连续 24h 的沉降量平均值小于 1mm；各监测点连续 72h 的沉降量平均值小于 5mm。

（5）支架基础预压范围：不应小于所施工的混凝土结构物实际投影面宽度加上两侧向外各扩大 1m 的宽度。

2. 支架涉及采分点总结：

（1）支架预压目的：检验支架的安全性和收集施工沉降数据，消除支架杆件拼装间隙；检查支架和地基的承载能力。

（2）支架预压：支架预压荷载不应小于支架承受的混凝土结构恒载与模板重量之和的 1.1 倍。

（3）支架预压应按预压单元进行分级加载，且不应少于 3 级。3 级加载依次宜为单元内预压荷载值的 60%、80%、100%。

（4）支架杆件：横杆、立杆、扫地杆、斜撑、抛撑、剪刀撑、可调底座、可调顶托。

（5）支架计算和验算：支架承载力、刚度、稳定性；地基承载力。

3. 门洞支架施工安全保护措施采分点总结

（1）设置限高、限宽、限速及其他安全警示标志。

（2）设置防撞设施。

（3）夜间设置照明设施，反光标志和警示红灯。

（4）洞口上方必须满铺（密铺）脚手板，平台下应设置水平安全网。

（5）专人巡视检查，定期维护。

4. 混凝土浇筑过程中支架倾倒的原因

（1）地基原因：加固不牢固、预压不到位或地基被雨水浸泡。

（2）验算：未对支架承载力、刚度、稳定性进行有效的验算或验算错误（参数）。

（3）未按照方案进行搭设或搭设方案不合理（如：纵横杆件间距大、未设置剪刀撑或扫地杆、底托下未设置垫板、顶托外露过长等）。

（4）未按照方案顺序浇筑混凝土或浇筑方案顺序不合理。

考点分析

本考点为案例分析题超高频考点，并且考试经常会涉及教材以外的知识点，除熟悉教材所列知识点外，还应熟悉相应标准规范内容。考试多围绕着地基处理（换填、夯实、预压、排水、硬化）、支架杆件（横杆、立杆、扫地杆、斜撑、抛撑、剪刀撑、可调底座、可调顶托）、支架验算、支架预压、设置预拱度、门洞支架的安全措施等内容进行考核。

【例题1·多选题】模板、支架和拱架的设计中应根据（　　　）等因素设置施工预拱度。

A. 受载后基础的沉降　　　　　　　B. 受载后杆件接头处的非弹性变形

C. 受载后的弹性变形　　　　　　　D. 结构预拱度的设计值

E. 受载后的稳定性

【答案】A、B、C、D

【解析】施工预拱度考虑下列因素：设计文件规定的结构预拱度；支架和拱架承受全

部施工荷载引起的弹性变形；受载后由于杆件接头处的挤压和卸落设备压缩而产生的非弹性变形；支架、拱架基础受载后的沉降。

【例题2·案例分析题】

【背景资料】

某公司中标污水处理厂升级改造工程，处理规模为70万 m^3/d，其中包括中水处理系统的配水井为矩形钢筋混凝土半地下室结构，平面尺寸17.6m×14.4m，高11.8m，设计水深9m；底板、顶板厚度分别为1.1m、0.25m。

......

【问题】

图2K312012-1中顶板支架缺少哪些重要杆件？

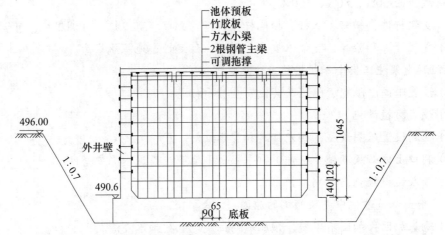

图2K312012-1　配水井顶板支架剖面示意图（标高单位：m；尺寸单位：cm）

【参考答案】

顶板支架缺少：可调底座，水平剪刀撑，竖向剪刀撑，扫地杆、封顶杆。

【例题3·案例分析题】

【背景资料】

某桥梁工程项目的下部结构已全部完成，受政府指令工期的影响，业主将尚未施工的上部结构分成A、B二个标段，将B段重新招标。桥面宽度17.5m，桥下净空6m。上部结构设计为钢筋混凝土预应力现浇箱梁（三跨一联），共40联。

原施工单位甲公司承担A标段，该标段施工现场系既有废弃公路无需处理，满足支架法施工条件，甲公司按业主要求对原施工组织设计进行了重大变更调整；新中标的乙公司承担B标段，因B标施工现场地处闲置弃土场，地域宽广平坦，满足支架法施工部分条件，其中纵坡变化较大部分为跨越既有正在通行的高架桥段，新建桥下净空高度达13.3m（见图2K312012-2）。

甲、乙两公司接受任务后立即组织力量展开了施工竞赛。甲公司利用既有公路作为支架基础，地基承载力符合要求。乙公司为赶工期，将原地面稍作整平后即展开支架搭设工作，很快进度超过甲公司。支架全部完成后，项目部组织了支架质量检查，并批准模板安装，模板安装完成后开始绑扎钢筋。指挥部检查中发现乙公司施工管理存在问题，下发了停工整改通知单。

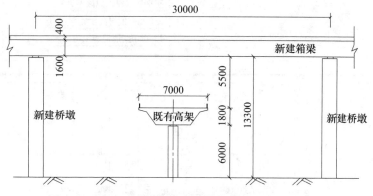

图 2K312012-2　跨越既有高架桥示意图（单位：mm）

【问题】

1. 满足支架法施工的部分条件指的是什么？

2. B 标支架搭设场地是否满足支架的地基承载力？应如何处置？

3. 支架搭设前技术负责人应做好哪些工作？桥下净高 13.3m 部分如何办理手续？

4. 支架搭设完成和模板安装后用什么方法解决变形问题？支架拼装间隙和地基沉降在桥梁建设中属哪一类变形？

【参考答案】

1.（1）地处闲置弃土场，支架法施工不受车辆通行影响；

（2）地域宽广平坦，满足搭设支架范围和支架基础纵横坡度要求。

2. 不满足。

需作以下处理：① 对地基彻底平整后碾压处理；② 地基处理后经预压合格；③ 预压合格后的地基进行硬化处理；④ 支架基础留设横坡、留好排水沟等措施。

3.（1）技术负责人应做好如下工作：

① 验算支架及地基承载力，并核实地基预压结果。② 编写支架方案并送审，经批准后方可施工。③ 进行安全技术交底。

（2）桥下净高 13.3m 部分应编写安全专项施工方案并组织专家论证，根据论证报告修改完善专项方案后实施。

4. 支架搭设完成和模板安装后用预压及预拱度的方法解决变形问题；支架拼装间隙和地基沉降在桥梁建设中属于非弹性变形。

【例题 4·案例分析题】

【背景资料】

某公司承建一座城市桥梁工程。该桥跨越山区季节性流水沟谷，上部结构为三跨式钢筋混凝土结构，重力式 U 形桥台，基础均采用扩大基础；桥面铺装自下而上为 8cm 厚钢筋混凝土整平层＋防水层＋粘层＋7cm 厚沥青混凝土面层；桥面设计高程为 99.630m。桥梁立面布置如图 2K312012-3 所示。

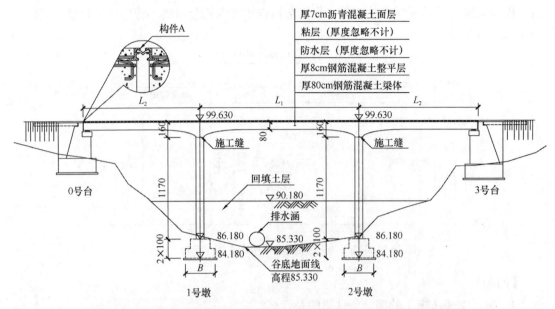

图2K312012-3 桥梁平面布置示意图（高程单位：m，尺寸单位：cm）

项目部编制的施工方案有如下内容：

……

（2）上部结构采用碗扣式钢管满堂支架施工方案。根据现场地形特点及施工便道布置情况，采用杂土对沟谷一次性进行回填，回填后经整平碾压，场地高程为90.180m，并在其上进行支架搭设施工，支架立柱放置于20cm×20cm楞木上。支架搭设完成后采用土袋进行堆载预压。

支架搭设完成后，项目部立即按施工方案要求的预压荷载对支架采用土袋进行堆载预压，期间遇较长时间大雨，场地积水。项目部对支架顶压情况进行连续监测，数据显示各点的沉降量均超过规范规定，导致预压失败。此后，项目部采取了相应整改措施，并严格按规范规定重新开展支架施工与预压工作。

【问题】

1. 根据施工方案（2），列式计算桥梁上部结构施工时应搭设满堂支架的最大高度；根据计算结果，该支架施工方案是否需要组织专家论证？说明理由。

2. 试分析项目部支架预压失败的可能原因？

3. 项目部应采取哪些措施才能顺利地使支架预压成功？

【参考答案】

1.（99.630－0.07－0.08－0.800－90.180）＝8.5m，根据计算结果，该支架需要组织专家论证。

理由：依据《危险性较大的分部分项工程安全管理规定》（中华人民共和国住房和城乡建设部令第37号及其修订文件）和《住房城乡建设部办公厅关于实施〈危险性较大的分部分项工程安全管理规定〉有关问题的通知》（建办质〔2018〕31号）文件规定：搭设高度8m及以上的混凝土模板支撑工程必须组织专家论证。

2. 项目部支架预压失败的原因：

（1）采用杂土回填5m，但未分层碾压密实，造成基础承载力不足；

（2）场地未设置排水沟设施和地面未进行硬化，造成基础承载力下降；

（3）未按规范要求进行支架基础预压；

（4）未进行分级预压，或预压土袋防水效果差，造成预压荷载超重。

3. 项目部应采取的措施有：

（1）流水沟谷地基处理换填；

（2）排水管涵两侧中粗砂人工回填夯实；

（3）采用合格土方分步回填夯实，坡度陡于1:5的地段需要留台阶；

（4）排水沟迎水面一侧填土坡面硬化；

（5）压实面完成后设置排水沟；

（6）对夯实的基础进行预压，预压后进行地面硬化；

（7）采用防水型砂袋分级进行预压。

2K312013　钢筋施工技术

一、一般规定

（1）钢筋应按不同钢种、等级、牌号、规格及生产厂家分批验收，确认合格后方可使用。

（2）钢筋在运输、储存、加工过程中应防止锈蚀、污染和变形。在工地存放时应按不同品种、规格，分批、分别堆置整齐，不得混杂，并应设立标志存放时间不超过6个月；存放场地应有防、排水设施，且钢筋不得直接置于地面，顶部苫盖。

（3）钢筋的级别、种类和直径应按设计要求采用。当需要代换时，应由原设计单位作变更设计。

（4）预制构件的吊环必须采用未经冷拉的热轧光圆钢筋制作，不得以其他钢筋替代。

（5）在浇筑混凝土之前应对钢筋进行隐蔽工程验收，确认符合设计要求并形成记录。

二、钢筋加工

（1）钢筋弯制前应先调直。应用调直机械调直，禁止利用卷扬机拉直钢筋。

（2）钢筋宜在常温状态下弯制，不宜加热。钢筋宜从中部开始逐步向两端弯制，弯钩应一次弯成。

（3）钢筋加工过程中，应采取防止油渍、泥浆等物污染和防止受损伤的措施。

三、钢筋连接

1. 热轧钢筋接头

（1）钢筋接头宜采用焊接接头或机械连接接头。

（2）焊接接头应优先选择闪光对焊。但在非固定的专业预制厂（场）或钢筋加工厂（场）内，对直径大于或等于22mm的钢筋进行连接作业时，不得使用钢筋闪光对焊工艺。

（3）当普通混凝土中钢筋直径等于或小于22mm时，在无焊接条件时，可采用绑扎连接，但受拉构件中的主钢筋不得采用绑扎连接。

（4）钢筋骨架和钢筋网片的交叉点焊接宜采用电阻点焊。

（5）钢筋与钢板的 T 形连接，宜采用埋弧压力焊或电弧焊。

2. 钢筋接头设置

（1）在同一根钢筋上宜少设接头。

（2）钢筋接头应设在受力较小区段，不宜位于构件的最大弯矩处。

（3）在任一焊接或绑扎接头长度区段内，同一根钢筋不得有两个接头。

（4）接头末端至钢筋弯起点的距离不得小于钢筋直径的 10 倍。

（5）施工中钢筋受力分不清受拉、受压的，按受拉办理。

（6）钢筋接头部位横向净距不得小于钢筋直径，且不得小于 25mm。

四、钢筋骨架和钢筋网的组成与安装

1. 现场绑扎钢筋应符合下列规定：

（1）钢筋的交叉点应采用 0.7～2mm 铁丝绑牢，必要时可辅以点焊；铁丝丝头不应进入混凝土保护层内。

（2）钢筋网的外围两行钢筋交叉点应全部扎牢，中间部分交叉点可间隔交错扎牢，但双向受力的钢筋网，钢筋交叉点必须全部扎牢。

（3）矩形柱角部竖向钢筋的弯钩平面与模板面的夹角应为 45°；多边形柱角部竖向钢筋弯钩平面应朝向断面中心；圆形柱所有竖向钢筋弯钩平面应朝向圆心。

（4）绑扎接头搭接长度范围内的箍筋间距：当钢筋受拉时应小于 5d，且不得大于 100mm；当钢筋受压时应小于 l0d，且不得大于 200mm。

（5）钢筋骨架的多层钢筋之间，应用短钢筋支垫，确保位置准确。

2. 钢筋的混凝土保护层厚度

（1）普通钢筋和预应力直线形钢筋的最小混凝土保护层厚度不得小于钢筋公称直径，后张法构件预应力直线形钢筋不得小于其管道直径的 1/2。

（2）当受拉区主筋的混凝土保护层厚度大于 50mm 时，应在保护层内设置直径不小于 6mm、间距不大于 100mm 的钢筋网。

（3）钢筋机械连接件的最小保护层厚度不得小于 20mm。

（4）应在钢筋与模板之间设置垫块，确保钢筋的混凝土保护层厚度，垫块应与钢筋绑扎牢固、错开布置。混凝土浇筑前，应对垫块位置、数量和紧固程度进行检查。

（5）禁止在施工现场采用拌制砂浆，通过切割成型等方法制作钢筋保护层垫块。

考点分析

本考点较为基础，主要以选择题形式出现，但钢筋作为主要建筑材料之一，其现场材料管理（材料进场检验、主控项目）的相关知识点应结合性能要求一并考虑。

【例题 1·单选题】钢筋的级别、种类和直径应按设计要求选用，当需要代换时，应由（　　　）单位作变更设计。

A. 施工　　　　　　　　　　　　B. 建设

C. 监理　　　　　　　　　　　　D. 原设计

【答案】D

【例题 2 · 多选题】关于钢筋接头的说法，正确的有（　　　）。

A. 焊接接头应优先选用闪光对焊　　　B. 受拉主筋宜采用绑扎连接

C. 钢筋接头应优先采用焊接接头　　　D. 同一根钢筋上宜少设接头

E. 钢筋接头应设在构件最大负弯矩处

【答案】A、D

【解析】受拉构件中的主钢筋不得采用绑扎连接。钢筋接头宜采用焊接接头或机械连接接头。钢筋接头应设在受力较小区段，不宜位于构件的最大弯矩处。

2K312014　混凝土施工技术

在进行混凝土强度试配和质量评定时，混凝土的抗压强度应以边长为 150mm 的立方体标准试件测定；试件以同龄期者 3 块为一组，并以同等条件制作和养护（见图 2K312014-1）。

在施工生产中，对首次使用的混凝土配合比（施工配合比）应进行开盘鉴定，开盘鉴定时应检测混凝土拌合物的工作性能，并按规定留取试件进行检测，其检测结果应满足配合比设计要求。

图 2K312014-1　抗压试块

混凝土施工：

1. 混凝土搅拌

混凝土拌合物的坍落度应在搅拌地点和浇筑地点分别随机取样检测。每一工作班或每一单元结构物不应少于两次。评定时应以浇筑地点的测值为准。如混凝土拌合物从搅拌机出料起至浇筑入模的时间不超过 15min 时，其坍落度可仅在搅拌地点检测。

2. 混凝土运输

（1）混凝土的运输能力应满足混凝土凝结速度和浇筑速度的要求，使浇筑工作不间断。

（2）运送混凝土拌合物的容器或管道应不漏浆、不吸水，内壁光滑平整，能保证卸料及输送畅通。

（3）严禁在运输过程中向混凝土拌合物中加水。

（4）采用泵送混凝土时，应保证混凝土泵连续工作，受料斗应有足够的混凝土。泵送间歇时间不宜超过 15min。

3. 混凝土浇筑

（1）浇筑前的检查：

浇筑混凝土前，应检查模板、支架的承载力、刚度、稳定性，检查钢筋及预埋件的位置、规格，并做好记录，符合设计要求后方可浇筑。在原混凝土面上浇筑新混凝土时，相接面应凿毛，并清洗干净，表面湿润但不得有积水。

（2）混凝土浇筑：

混凝土运输、浇筑及间歇的全部时间不应超过混凝土的初凝时间。同一施工段的混凝土应连续浇筑，并应在底层混凝土初凝之前将上一层混凝土浇筑完毕。

采用振捣器振捣混凝土时，每一振点的振捣延续时间，应以使混凝土表面呈现浮浆、不出现气泡和不再沉落为准。

4. 混凝土养护洒水养护的时间，采用硅酸盐水泥、普通硅酸盐水泥或矿渣硅酸盐水泥的混凝土，不得少于 7d。掺用缓凝型外加剂或有抗渗等要求以及高强度混凝土，不少于 14d。采用塑料膜覆盖养护时，应在混凝土浇筑完成后及时覆盖严密，保证膜内有足够的凝结水（见图 2K312014-2）。

图 2K312014-2　覆盖薄膜养护

考点分析

混凝土是各类工程项目的主要建筑材料，选择题和案例分析题均可考核。考试不一定只局限于桥梁工程，内容会涉及浇筑前的检查，浇筑振捣做法的补充，养护措施等内容，后期需要注意混凝土浇筑以后混凝土质量通病的原因分析、预防措施和处理办法（露筋、孔洞、疏松夹渣、有害裂缝、缺棱掉角、蜂窝麻面）。

【例题 1·单选题】下列现浇混凝土需洒水养护不少于 14d 的有（　　　）。

A. 硅酸盐水泥混凝土
B. 缓凝型混凝土
C. 矿渣硅酸盐水泥混凝土
D. 普通硅酸盐水泥混凝土

【答案】B

【例题 2·多选题】浇筑混凝土时，振捣延续时间的判断标准有（　　　）。

A. 持续振捣 5min
B. 表面出现浮浆
C. 表面出现分层离析
D. 表面出现气泡
E. 表面不再沉落

【答案】B、E

2K312015　预应力混凝土施工技术

一、预应力筋及管道（见图 2K312015-1、图 2K312015-2）

图 2K312015-1　精轧螺纹钢筋

图 2K312015-2　钢绞线

1．预应力筋

每批钢丝、钢绞线、钢筋应由同一牌号、同一规格、同一生产工艺的产品组成。

（1）预应力筋进场检验：

1）预应力筋进场时，应对其质量证明文件、包装、标志和规格进行检验。

2）钢丝、钢绞线、精轧螺纹钢筋检验每批重量不得大于 60t。

3）钢丝、钢绞线逐盘进行表面质量、外形尺寸检验以及力学性能及其他试验；精轧螺纹钢筋逐根进行表面质量及拉伸试验。

外观检验：要求预应力筋展开后应平顺，不得有弯折，表面不应有裂纹、小刺、机械损伤、氧化铁皮和油污等。

（2）预应力筋存放：

1）预应力筋必须保持清洁。在存放、搬运、施工操作过程中应避免机械损伤和有害的锈蚀，如长时间存放，必须安排定期的外观检查。

2）存放的仓库应干燥、防潮、通风良好、无腐蚀气体和介质。存放在室外时不得直接堆放在地面上，必须垫高、覆盖、防腐蚀、防雨露，时间不宜超过 6 个月。

（3）预应力筋制作：

1）预应力筋下料长度应通过计算确定，计算时应考虑结构的孔道长度或台座长度、锚夹具长度、千斤顶长度、镦头预留量、冷拉伸长值、弹性回缩值、张拉伸长值和外露长度等因素。

2）预应力筋宜使用砂轮锯或切断机切断，不得采用电弧切割。

3）预应力筋采用镦头锚固时，高强度钢丝宜采用液压冷镦；冷拔低碳钢丝可采用冷冲镦粗；钢筋宜采用电热镦粗，但 HRB500 级钢筋镦粗后应进行电热处理。

2．管道与孔道

（1）后张有粘结预应力混凝土结构中，预应力筋的孔道一般由浇筑在混凝土中的刚性或半刚性管道构成。一般工程可由钢管抽芯、胶管抽芯或金属伸缩套管抽芯预留孔道。浇筑在混凝土中的管道应具有足够强度和刚度，不允许有漏浆现象，且能按要求传递粘结力。

（2）常用管道为金属螺旋管或塑料（化学建材）波纹管。

（3）金属管道在室外存放时，时间不宜超过6个月。

二、锚具、夹具和连接器

1. 基本要求

后张预应力锚具和连接器按照锚固方式不同，可分为夹片式（单孔和多孔夹片锚具）、支承式（镦头锚具、螺母锚具）、握裹式（挤压锚具、压花锚具等）和组合式（热铸锚具、冷铸锚具）。

2. 验收规定

（1）锚具、夹具及连接器进场验收时，应按出厂合格证和质量证明书核查其锚固性能类别、型号、规格、数量，确认无误后进行外观检查、硬度检验和静载锚固性能试验。

（2）静载锚固性能试验：对大桥、特大桥等重要工程、质量证明资料不齐全、不正确或质量有疑点的锚具，在通过外观和硬度检验的同批中抽取6套锚具（夹片或连接器），组成3个预应力筋锚具组装件，由具有相应资质的专业检测机构进行静载锚固性能试验。

对用于中小桥梁的锚具（夹片或连接器）进场验收，其静载锚固性能可由锚具生产厂提供试验报告。

三、预应力混凝土配制与浇筑

配制：

（1）预应力混凝土应优先采用硅酸盐水泥、普通硅酸盐水泥，不宜使用矿渣硅酸盐水泥，不得使用火山灰质硅酸盐水泥及粉煤灰硅酸盐水泥。

（2）混凝土中严禁使用含氯化物的外加剂及引气剂或引气型减水剂。

（3）从各种材料引入混凝土中的水溶性氯离子最大含量不应超过胶凝材料用量的0.06%。

四、预应力张拉施工

1. 基本规定

（1）张拉设备要求：

1）张拉设备的检定期限不得超过半年，且不得超过200次张拉作业。

2）张拉设备应配套校准，配套使用。

（2）预应力筋采用应力控制方法张拉时，应以伸长值进行校核。实际伸长值与理论伸长值的差值应符合设计要求；设计无要求时，实际伸长值与理论伸长值之差应控制在6%以内。否则应暂停张拉，待查明原因并采取措施后，方可继续张拉。

2. 先张法预应力施工

（1）预应力筋连同隔离套管应在钢筋骨架完成后一并穿入就位。就位后，严禁使用电弧焊对梁体钢筋及模板进行切割或焊接。隔离套管内端应堵严。

（2）张拉过程中，预应力筋不得断丝、断筋或滑丝。

（3）放张预应力筋时混凝土强度必须符合设计要求，设计未要求时，不得低于强度设计值的75%；放张顺序应符合设计要求，设计未要求时，应分阶段、对称、交错地放张。放张前，应将限制位移的模板拆除。

★拓展知识点：

先张法预应力施工顺序

清理模板、台座→涂刷隔离剂→钢筋、钢绞线安装→隔离套管封堵→整体张拉→安装模板→浇筑混凝土→拆除模板→养护→整体放张→切除多余钢绞线→吊运存放。

3. 后张法预应力施工

（1）预应力管道安装：

1）管道应采用定位钢筋牢固地定位于设计位置。

2）金属管道接头应采用套管连接，连接套管宜采用大一个直径型号的同类管道，且应与金属管道封裹严密。

3）管道应留压浆孔与溢浆孔；曲线孔道的波峰部位应留排气孔；在最低部位宜留排水孔。

（2）预应力筋安装：

1）先穿束后浇混凝土时，浇筑混凝土之前，必须检查管道并确认完好；浇筑混凝土时应定时抽动、转动预应力筋（见图2K312015-3）。

2）先浇混凝土后穿束时，浇筑后应立即疏通管道，确保其畅通（见图2K312015-4）。

图2K312015-3　先穿钢绞线后浇筑混凝土　　　　图2K312015-4　先浇筑混凝土后穿钢绞线

3）穿束后至孔道灌浆完成应控制在下列时间以内，否则应对预应力筋采取防锈措施：空气湿度大于70%或盐分过大时，7d；空气湿度40%～70%时，15d；空气湿度小于40%时，20d。

（3）预应力筋张拉：

1）混凝土强度应符合设计要求，设计未要求时，不得低于强度设计值的75%；且应将限制位移的模板拆除后，方可进行张拉。

2）预应力筋张拉端的设置应符合设计要求。当设计未要求时，应符合下列规定：

曲线预应力筋或长度大于等于25m的直线预应力筋，宜在两端张拉；长度小于25m的直线预应力筋，可在一端张拉。当同一截面中有多束一端张拉的预应力筋时，张拉端宜均匀交错地设置在结构的两端。

3）张拉前应根据设计要求对孔道的摩阻损失进行实测，以便确定张拉控制应力值，并确定预应力筋的理论伸长值。

4）预应力筋的张拉顺序应符合设计要求；当设计无要求时，可采取分批、分阶段对称张拉。宜先中间，后上、下或两侧。

5）张拉过程中预应力筋不得出现断丝、滑丝、断筋。

（4）预应力筋锚固：

张拉控制应力达到稳定后方可锚固。锚具应用封端混凝土保护，当需较长时间外露时，应采取防锈蚀措施。锚固完毕经检验合格后，方可切割端头多余的预应力筋。

（5）在二类以上市政工程项目预制场内进行后张法预应力构件施工不得使用非数控孔道预应力张拉设备（采用人工手动操作张拉油泵、从压力表读取张拉力，伸长量靠尺量测的张拉设备）。

4. 孔道压浆、封锚

（1）预应力筋张拉后，应及时进行孔道压浆，多跨连续有连接器的预应力筋孔道，应张拉完一段灌注一段；孔道压浆宜采用水泥浆，水泥浆的强度应符合设计要求，设计无要求时不得低于 30MPa。

（2）压浆后应从检查孔抽查压浆的密实情况，如有不实，应及时处理。压浆作业，每一工作班应留取不少于 3 组试块，标养 28d，以其抗压强度作为水泥浆质量的评定依据。

（3）孔道灌浆应填写灌浆记录。

（4）压浆过程中及压浆后 48h 内，结构混凝土的温度不得低于 5℃，否则应采取保温措施。当白天气温高于 35℃时，压浆宜在夜间进行。

（5）埋设在结构内的锚具，压浆后应及时浇筑封锚混凝土。封锚混凝土的强度等级应符合设计要求，不宜低于结构混凝土强度等级的 80%，且不低于 30MPa。

（6）孔道内的水泥浆强度达到设计规定后方可吊移预制构件；设计未要求时，应不低于砂浆设计强度的 75%。

（7）在二类以上市政工程项目预制场内进行后张法预应力构件施工时不得使用采取人工手动操作进行孔道压浆的设备。

考点分析

预应力施工技术作为各类工程项目的主要施工技术之一，属于非常重要的内容，几乎每年必考，选择题和案例分析题形式均可出现。需要重点掌握先张法、后张法预应力张拉程序等技术要点，并注意与现场质量事故防治措施相结合。

【例题1·单选题】预应力筋张拉后，应及时进行孔道压浆。孔道压浆宜采用（　　）。

A. 砂浆　　　　　　　　　　　B. 混凝土砂浆

C. 水泥浆　　　　　　　　　　D. 水泥砂浆

【答案】C

【例题2·多选题】后张法预应力管道安装应满足以下要求（　　）。

A. 管道应采用定位钢筋牢固地定于设计位置

B. 金属管道应采用套管连接

C. 管道检查合格后应及时封堵断面

D. 管道应留压浆孔与溢浆孔

E. 管道安装后附近可进行焊接作业

【答案】A、B、C、D

【解析】管道安装后，需在附近进行焊接作业，必须对管道采取保护措施。

【例题3·案例分析题】

【背景资料】

某公司承建一座城市互通工程，工程内容包括① 主线跨线桥（Ⅰ、Ⅱ）、② 左匝道跨线桥、③ 左匝道一、④ 右匝道一、⑤ 右匝道二这五个子单位工程，平面布置如图 2K312015-5 所示。两座跨线桥均为预应力混凝土连续箱梁桥，其余匝道均为道路工程。

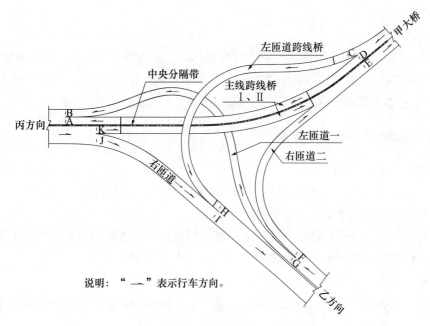

图 2K312015-5　互通工程平面布置示意图

主线跨线桥 Ⅰ 的第 2 联为（30m ＋ 48m ＋ 30m）预应力混凝土连续箱梁，其预应力张拉端钢绞线束横断面布置如图 2K312015-6 所示。预应力钢绞线采用公称直径 φ15.2mm 高强度低松弛钢绞线，每根钢绞线由 7 根钢丝捻制而成。代号 S22 的钢绞线束由 15 根钢绞线组成，其在箱梁内的管道长度为 108.2m。

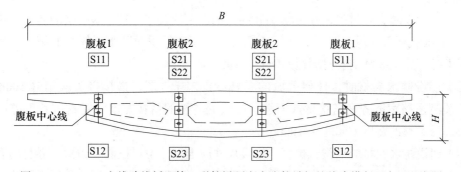

图 2K312015-6　主线跨线桥 Ⅰ 第 2 联箱梁预应力张拉端钢绞线束横断面布置示意图

根据工程特点，施工单位编制的主线跨线桥Ⅰ的第 2 联箱梁预应力的施工方案如下：

（1）该预应力管道的竖向布置为曲线形式，确定了排气孔和排水孔在管道中的位置；

（2）预应力钢绞线的张拉采用两端张拉方式；

（3）确定了预应力钢绞线张拉顺序的原则和各钢绞线束的张拉顺序；

（4）确定了预应力钢绞线张拉的工作长度为 100cm，并计算了钢绞线的用量。

【问题】

1. 写出预应力钢绞线张拉顺序的原则，并给出图 2K312015-6 中各钢绞线束的张拉顺序。（用图 2K312015-6 中所示的钢绞线束的代号"S11～S23"及"→"表示）

2. 结合背景资料，列式计算图 2K312015-6 中代号为 S22 的所有钢绞线束需用多少米钢绞线制作而成？

【参考答案】

1.（1）张拉原则：采取分批、分阶段对称张拉。宜先中间，后上、下或两侧。

（2）张拉顺序为：S22 → S21、S23 → S11、S12。（或：S22 → S21 → S23 → S11 → S12）

2. 代号 S22 所需钢绞线总长度：（108.2 + 2×1）×15×2 = 3306m。

2K312016 桥面防水系统施工技术

一、基层要求

（1）基层混凝土强度应达到设计强度的 80% 以上，方可进行防水层施工。

（2）混凝土的基层平整度符合规范规定。

（3）基层混凝土表面粗糙度处理宜采用抛丸打磨。基层表面的浮灰应清除干净。

（4）基层混凝土的含水率符合要求。

二、基层处理

（1）基层处理剂可采用喷涂法或刷涂法施工，喷涂应均匀，覆盖完全，待其干燥后应及时进行防水层施工。

（2）喷涂基层处理剂前，应采用毛刷对桥面排水口、转角等处先行涂刷，然后再进行大面积基层面的喷涂。

三、防水卷材施工

（1）卷材防水层铺设前应先做好节点、转角、排水口等部位的局部处理，然后再进行大面积铺设。

（2）当铺设防水卷材时，环境气温和卷材的温度应高于 5℃，基面层的温度必须高于 0℃；当下雨、下雪和风力大于或等于 5 级时，严禁进行桥面防水层体系的施工。当施工中途下雨时，应做好已铺卷材周边的防护工作。

（3）铺设防水卷材时，任何区域的卷材不得多于 3 层，搭接接头应错开 500mm 以上，严禁沿道路宽度方向搭接形成通缝。接头处卷材的搭接宽度沿卷材的长度方向应为 150mm，沿卷材的宽度方向应为 100mm。

（4）铺设防水卷材应平整、顺直，搭接尺寸应准确，不得扭曲、皱褶。卷材的展开方向应与车辆的运行方向一致，卷材应采用沿桥梁纵、横坡从低处向高处的铺设方法，高处卷材应压在低处卷材之上。

四、防水涂料施工

（1）防水涂料严禁在雨天、雪天、风力大于或等于5级时施工。

（2）防水涂料配料时，不得混入已固化或结块的涂料。

（3）防水涂料宜多遍涂布。防水涂料应保障固化时间，待涂布的涂料干燥成膜后，方可涂布后一遍涂料。涂刷法施工防水涂料时，每遍涂刷的推进方向宜与前一遍相一致。涂层的厚度应均匀且表面应平整，其总厚度应达到设计要求并应符合规程的规定。

五、桥面防水质量验收

1. 混凝土基层

（1）混凝土基层检测主控项目是含水率、粗糙度、平整度。

（2）混凝土检测一般项目是外观质量，应符合下列要求：

1）表面应密实、平整。

2）蜂窝、麻面面积不得超过总面积的0.5%，并应进行修补。

3）裂缝宽度不大于设计规范的有关规定。

4）表面应清洁、干燥，局部潮湿面积不得超过总面积的0.1%，并应进行烘干处理。

2. 防水层

（1）防水层检测应包括材料到场后的抽样检测和施工现场检测。

（2）防水层施工现场检测主控项目为粘结强度和涂料厚度。

（3）防水层施工现场检测一般项目为外观质量：

1）卷材防水层的外观质量要求：

①基层处理剂：涂刷均匀，漏刷面积不得超过总面积的0.1%，并应补刷。

②防水层不得有空鼓、翘边、油迹、皱褶。

③防水层和雨水口、伸缩缝、缘石衔接处应密封。

④搭接缝部位应有宽为20mm左右溢出热熔的改性沥青痕迹，且相互搭接卷材压薄后的总厚度不得超过单片卷材初始厚度的1.5倍。

2）涂料防水层的外观质量要求：

①涂刷均匀，漏刷面积不得超过总面积的0.1%，并应补刷。

②不得有气泡、空鼓和翘边。

③防水层和雨水口、伸缩缝、缘石衔接处应密封。

3）特大桥、桥梁坡度大于3%等对防水层有特殊要求的桥梁可选择进行防水层与沥青混凝土层粘结强度、抗剪强度检测。

3. 沥青混凝土面层

在沥青混凝土摊铺之前，应对到场的沥青混凝土温度进行检测。摊铺温度应高于卷材防水层的耐热度10～20℃，低于170℃；应低于防水涂料的耐热度10～20℃。

考点分析

本考点是近几年才在考试当中出现的，符合桥梁施工技术要点的现状，可以选择题形式出现。

【例题1·单选题】关于桥面防水施工质量验收规定的说法，错误的是（　　　）。

A. 桥面防水施工应符合设计文件要求

B. 从事防水施工验收检验工作的人员应具备规定的资格

C. 防水施工验收在施工单位自行检查评定的基础上进行

D. 防水施工验收在桥面铺装层完成后一次性进行

【答案】D

【解析】桥面防水施工验收应按施工顺序分阶段验收。

【例题2·多选题】桥梁防水混凝土基层施工质量检验的主控项目包括（　　　）。

A. 含水率
B. 粗糙度

C. 平整度
D. 外观质量

E. 裂缝宽度

【答案】A、B、C

【解析】混凝土基层检测主控项目是含水率、粗糙度、平整度。

2K312017　桥梁支座、伸缩装置安装技术

一、桥梁支座安装技术

1. 桥梁支座的功能要求

（1）必须具有足够的承载能力，以保证可靠的传递支座反力（竖向力和水平力）。

（2）支座对梁体变形的约束尽可能的小，以适应梁体自由伸缩和转动的需要。

（3）支座还应便于安装、养护和维修，并在必要时可以进行更换。

2. 桥梁支座的分类（见表2K312017-1）

桥梁支座分类表　　　　　　　　　　　表 2K312017-1

按支座变形可能性	固定支座、单向活动支座、多向活动支座
按支座所用材料	钢支座、聚四氟乙烯支座（滑动支座）、橡胶支座（板式、盆式）等
按支座的结构形式	弧形支座、摇轴支座、辊轴支座、橡胶支座、球形钢支座、拉压支座等

3. 常用桥梁支座施工

★拓展知识点：

支座施工（安装）采分点总结

（1）垫石混凝土强度合格。

（2）垫石位置（轴线）正确，高程符合设计要求。

（3）盖梁、垫石清理干净。

（4）垫石混凝土凿毛。

（5）支座验收合格，粘结材料合格。

（6）支座与垫石密贴。

4. 支座施工质量检验标准

主控项目：（均为全数检查，见表 2K312017-2）

桥梁支座检查主控项目与方法 表 2K312017-2

检查内容	检验方法
支座应进行进场检验	检查合格证、出厂性能试验报告
支座安装前，应检查跨距、支座栓孔位置和支座垫石顶面高程、平整度、坡度、坡向，确认符合设计要求	用经纬仪、水准仪与钢尺量测
支座与梁底及垫石之间必须密贴；间隙不得大于 0.3mm。垫石材料和强度应符合设计要求	观察或用塞尺检查、检查垫层材料产品合格证
支座锚栓的埋置深度和外露长度应符合设计要求。支座锚栓应在其位置调整准确后固结，锚栓与孔之间隙必须填捣密实	观察
支座的粘结灌浆和润滑材料应符合设计要求	检查粘结灌浆材料的配合比通知单、检查润滑材料的产品合格证、进场验收记录

二、伸缩装置安装技术

1. 伸缩缝设置位置、作用及分类

设置位置：两梁端之间、梁端与桥台之间或桥梁的铰接位置上。

作用：调节由车辆荷载和桥梁建筑材料引起的上部结构之间的位移和连结。要求伸缩装置在平行、垂直于桥梁轴线的两个方向均能自由伸缩，牢固、可靠。车辆行驶过时应平顺、无突跳与噪声；要能防止雨水和垃圾泥土渗入阻塞。

分类：对接式、钢制支承式、组合剪切式（板式）、模数支承式以及弹性装置。

2. 伸缩装置施工安装

（1）安装前，按图核对梁、板端部及桥台处安装伸缩装置的预留槽尺寸，并检查核对梁、板与桥台间的预埋锚固钢筋的规格、数量及位置。

（2）就位前，将预留槽内混凝土凿毛并清扫干净，吊装时应按照厂家标明的吊点位置起吊，必要时做适当加强。

（3）安装总结：应保证伸缩装置中心线与桥梁中心线重合，顺桥向对称放置于伸缩缝的间隙上，顶面标高符合设计及规范要求，将伸缩装置的锚固钢筋与桥梁预埋钢筋焊接牢固。

（4）浇筑混凝土前，应彻底清扫预留槽，并用泡沫塑料将伸缩缝间隙处填塞，安装必要的模板。

考点分析

本考点是最新大纲调整增加内容，既可以考核案例分析题也可以考核选择题。考试内容可以结合图形，案例分析题考核图形中某指定部位名称并简述其作用或施工要求；选择题多以归类型题目进行考核。

【例题 1 · 单选题】在桥梁支座的分类中，固定支座是按（　　）分类的。

A. 变形可能性　　　　　　　　　B. 结构形式

C. 价格的高低　　　　　　　　　D. 所用材料

【答案】A

【解析】按支座变形可能性分类：固定支座、单向活动支座、多向活动支座。

【例题2·案例分析题】

【背景资料】

某公司承建一座城市桥梁。该桥上部结构为6×20m简支预制预应力混凝土空心板梁，每跨设置边梁2片，中梁24片；下部结构为盖梁及φ1000mm圆柱式墩，重力式U形桥台，基础均采用φ1200mm钢筋混凝土钻孔灌注桩。桥墩构造如图2K312017所示。

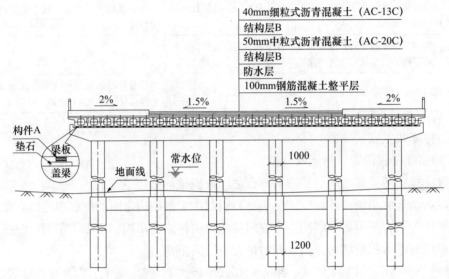

图2K312017 桥墩构造示意图（单位：mm）

【问题】

1. 写出上图中构件A的名称，并说明构件A在桥梁结构中的作用。

2. 列式计算上图中构件A在桥梁中的总数量。

【参考答案】

1. 构件A是桥梁支座。

构件A的作用是传递荷载，保证桥跨结构能产生一定的变位，连接上下部结构，对桥梁上部动载起到缓冲等作用。

2. 全桥空心板数量：（24＋2）×6＝156片；

构件A的总数量：4×156＝624个。

★拓展知识点：

桥梁结构及通用施工技术相关知识

1. 名词解释

渡槽——又称高架渠、输水桥，是一组由桥梁，隧道或沟渠构成的输水系统。通常架设于山谷、洼地、河流之上，用于通水、通行和通航。用来把远处的水引到水量不足的城镇、农村以供饮用和灌溉。

圬工桥——以砖、石、混凝土、圬工材料作为主要建造材料的桥梁。圬工，瓦工的旧称，指砌砖、盖瓦等工作。

挠度——挠度是在受力或非均匀温度变化时，杆件轴线在垂直于轴线方向的线位移或板壳中面在垂直于中面方向的线位移。

预拱度——为抵消梁、拱、桁架等结构在荷载作用下产生的挠度，而在施工或制造时所预留的与位移方向相反的校正量。

钢筋闪光对焊——将两根钢筋安放成对接形式，利用电阻热使接触点金属熔化，产生强烈飞溅，形成闪光，迅速施加顶端力完成的一种压焊方法。

电阻点焊——利用点焊机进行交叉钢筋的焊接，可成型为钢筋网片或骨架，以代替人工绑扎。

电弧焊——是指以电弧作为热源，利用空气放电的物理现象，将电能转换为焊接所需的热能和机械能，从而达到连接金属的目的。主要方法有焊条电弧焊、埋弧焊、气体保护焊等，它是应用最广泛、最重要的熔焊方法。

焊条电弧焊——是工业生产中应用最广泛的焊接方法，它的原理是利用电弧放电（俗称电弧燃烧）所产生的热量将焊条与工件互相熔化并在冷凝后形成焊缝，从而获得牢固接头的焊接过程。

埋弧焊——是一种电弧在焊剂层下燃烧进行焊接的方法。

预埋件钢筋埋弧压力焊——是将下部钢筋与钢板安放T形连接形式，利用焊接电流通过，在焊剂层下产生电弧，形成熔池，加压完成的一种压焊方法。

氩弧焊——是使用氩气作为保护气体的一种焊接技术。就是在电弧焊的周围通上氩气保护气体，将空气隔离在焊区之外，防止焊区的氧化。适用于单面焊双面成形，如打底焊和管子焊接。

静载锚固性能试验——指的是在预应力试件上加置静荷载（不随时间变化的荷载），检测其锚固器具的稳定性。

道桥抛丸打磨——通过机械的方法把丸料（钢丸或砂粒）以很高的速度和一定的角度抛射到工作表面上，让丸料冲击工作表面，然后在机器内部通过配套的吸尘器的气流清洗作用，将丸料和清理下来的杂质分别回收，并且使丸料可以再次利用的技术。

道路桥梁建设中，普遍都是使用沥青结合石子的工艺，在向水泥混凝土路面上喷洒橡胶沥青之前要用到抛丸机这一设备。因为混凝土面过于光滑，直接喷洒橡胶沥青，沥青无法与混凝土面有效粘合，甚至会导致沥青层和混凝土面产生滑落。所以在喷洒沥青前需要用抛丸机对混凝土面进行打磨，使其表面粗糙，然后再喷洒橡胶沥青，达到沥青能够将混凝土与石子有效结合的效果。

胎体增强材料——是在涂膜防水层中增强用的化纤无纺布、玻璃纤维网布等材料。施工时，先在已干燥的涂层上，用刷子将涂料仔细刷匀，然后将成卷的涂膜增强材料平放在屋面上，逐渐推滚铺贴于刚刷上涂料的屋面上，用滚刷滚压一遍，务必使全部布眼浸满涂料，使上下层涂料能良好结合，确保其防水效果。

2. 质量验收主控项目（摘自《城市桥梁工程施工与质量验收规范》CJJ 2—2008）

（1）模板支架：

5.4 检验标准主控项目

5.4.1 模板、支架与拱架制作及安装应符合施工设计图（施工方案）的规定，且稳固牢靠，接缝严密，立柱基础有足够的支撑面和排水、防冻融措施。

（2）混凝土：

主控项目

7.13.1 水泥进场除全数检验合格证和出厂检验报告外，应对其强度、细度、安定性和凝固时间抽样复验。

7.13.2 混凝土外加剂除全数检查合格证和出厂检验报告外，应对其减水率、凝结时间差、抗压强度比抽样检验。

7.13.3 混凝土配合比设计应符合规范规定。

7.13.4 当使用具有潜在碱活性骨料时，混凝土中的总碱含量应符合规范规定和设计要求。

7.13.5 混凝土强度等级应按现行国家标准规定检验评定，其结果必须符合设计要求。用于检查混凝土强度的试件，应在混凝土浇筑地点随机抽取。

7.13.6 抗冻混凝土应进行抗冻性能试验，抗渗混凝土应进行抗渗性能试验。试验方法应符合现行国家标准规定。

（3）预应力混凝土：

主控项目

8.5.1 混凝土质量检验应符合规范有关规定。

8.5.2 预应力筋进场检验应符合规范规定。

8.5.3 预应力筋用锚具、夹具和连接器进场检验应符合规范规定。

8.5.4 预应力筋的品种、规格、数量必须符合设计要求。

8.5.5 预应力筋张拉和放张时。混凝土强度必须符合设计规定；设计无规定时，不得低于设计强度的75%。

8.5.6 预应力筋张拉允许偏差应分别符合规范规定。

8.5.7 孔道压浆的水泥浆强度必须符合设计规定，压浆时排气孔、排水孔应有水泥浓浆溢出。

8.5.8 锚具的封闭保护应符合规范规定。

（4）支座：

主控项目

12.5.1 支座应进行进场检验。

12.5.2 支座安装前，应检查跨距、支座栓孔位置和支座垫石顶面高程、平整度、坡度、坡向，确认符合设计要求。

12.5.3 支座与梁底及垫石之间必须密贴，间隙不得大于0.3mm。垫层材料和强度应符合设计要求。

12.5.4 支座锚栓的埋置深度和外露长度应符合设计要求。支座锚栓应在其位置调整准确后固结，锚栓与孔之间隙必须填捣密实。

12.5.5 支座的粘结灌浆和润滑材料应符合设计要求。

（5）桥面防水：

20.8.2 桥面防水层质量检验应符合下列规定：

主控项目

1 防水材料的品种、规格、性能、质量应符合设计要求和相关标准规定。

2 防水层、粘结层与基层之间应密贴，结合牢固。

（6）伸缩装置：

20.8.4 伸缩装置质量检验应符合下列规定：

主控项目

1 伸缩装置的形式和规格必须符合设计要求，缝宽应根据设计规定和安装时的气温进行调整。

2 伸缩装置安装时焊接质量和焊缝长度应符合设计要求和规范规定，焊缝必须牢固，严禁用点焊连接。大型伸缩装置与钢梁连接处的焊缝应做超声波检测。

3 伸缩装置锚固部位的混凝土强度应符合设计要求，表面应平整，与路面衔接应平顺。

2K312020 城市桥梁下部结构施工

核心考点提纲

城市桥梁下部结构施工 ｛ 各类围堰施工要求
桩基础施工方法与设备选择
钻孔灌注桩施工质量事故预防措施
承台、桥台、墩柱、盖梁施工技术
大体积混凝土浇筑施工质量检查与验收

核心考点剖析

2K312021 各类围堰施工要求

一、围堰施工总结

（1）方案经过审批、办理了相关手续。

（2）材质要求——不能对河道造成污染。

（3）技术要求——上游开始，下游合龙。

（4）施工要求——位置正确，范围、高度（高出最高水位的浪高 0.5～0.7m）满足施工要求，强度满足施工期间河水冲刷要求，保证不渗漏，不能影响河道通航或正常运行。

二、各类围堰适用范围（见表 2K312021）

各类围堰适用范围一览表 表 2K312021

围堰类型		适用条件
土石围堰	土围堰	水深 ≤ 1.5m，流速 ≤ 0.5m/s，河边浅滩，河床渗水性较小

围堰类型		适用条件
土石围堰	土袋围堰	水深≤3.0m，流速≤1.5m/s，河边浅滩，河床渗水性较小，或淤泥较浅
	木桩竹条土围堰、竹篱土围堰	水深1.5～7m，流速≤2.0m/s，河床渗水性较小，能打桩，盛产竹木地区
	竹、铁丝笼围堰	水深4m以内，河床难以打桩，流速较大
	堆石土围堰	河床渗水性小，流速≤3.0m/s，石块能就地取材
板桩围堰	钢板桩围堰	深水或深基坑，流速较大的砂类土、黏性土、碎石土及风化岩等坚硬河床。防水性能好，整体刚度较强
	钢筋混凝土板桩围堰	深水或深基坑，流速较大的砂类土、黏性土、碎石土河床。除用于挡水防水外还可作为基础结构的一部分，亦可采取拔除周转使用，能节约大量木材
钢箱围堰		流速≤2.0m/s，覆盖层较薄，平坦的岩石河床，埋置不深的水中基础，也可用于修建桩基承台
双壁围堰		大型河流的深水基础，覆盖层较薄，平坦的岩石河流

三、土围堰、土袋围堰施工要求

1. 一般要求

（1）筑堰前，必须将筑堰部位河床之上的杂物、石块及树根等清除干净。

（2）堰顶宽度可为1～2m，机械挖基时不宜小于3m；堰外边坡迎水一侧坡度宜为1:2～1:3，背水一侧可在1:2之内。堰内边坡宜为1:1～1:1.5；内坡脚与基坑的距离不得小于1m。

（3）填土（或堆码土袋）应自上游开始至下游合龙。

2. 土围堰

筑堰材料宜用黏性土、粉质黏土或砂质黏土。填出水面之后应进行夯实。

3. 土袋围堰

（1）围堰两侧用草袋、麻袋、玻璃纤维袋或无纺布袋装土堆码。袋中宜装填不渗水的黏性土。围堰中心部分可填筑黏土及黏性土芯墙。

（2）堆码土袋时，上下层和内外层的土袋均应相互错缝，尽量堆码密实、平稳。

四、钢板桩围堰施工要求

（1）有大漂石及坚硬岩石的河床不宜使用钢板桩围堰。

（2）施打前，应对钢板桩的锁口用止水材料捻缝，以防漏水。

（3）施打顺序一般从上游向下游合龙。

（4）钢板桩可用捶击、振动、射水等方法下沉，但在黏土中不宜使用射水下沉办法。

（5）接长的钢板桩，其相邻两钢板桩的接头位置应上下错开。

五、双壁钢围堰施工要求

（1）双壁钢围堰应作专门设计，其承载力、刚度、稳定性、锚锭系统及使用期等应满足施工要求。

（2）双壁钢围堰各节、块拼焊时，应按预先安排的顺序对称进行。拼焊后应进行焊接质量检验及水密性试验。

考点分析

本考点考核形式比较分化，简单的考核方式为依据案例分析题背景资料描述判断拟采用围堰类型；较为复杂的考核方式是综合回答围堰的施工要求等。

【例题1·多选题】关于现场填筑土袋围堰施工说法正确的是（　　）。

A. 堆码土袋应自上游开始至下游合龙

B. 袋中宜装填渗水的黏性土以增加重量

C. 上下和内外层的土袋均应对齐、堆码密实。

D. 围堰部位河床之上的淤泥、石块、杂物应清净

E. 围堰中心部分可填筑黏土及黏性土芯墙

【答案】A、D、E

【解析】袋中宜装填不渗水的黏性土。上下层和内外层的土袋均应相互错缝，尽量堆码密实、平稳。

【例题2·案例分析题】

【背景资料】

某公司承建一座城市快速路跨河桥梁，该桥由主桥、南引桥和北引桥组成，分东、西双幅分离式结构，主桥中跨下为通航航道，施工期间航道不中断……河床地质自上而下为3m厚淤泥质黏土层、5m厚砂土层、2m厚砂层、6m厚卵砾石层等；河道最高水位（含浪高）高程为19.5m，水流流速为1.8m/s。桥梁立面布置如图2K312021所示。

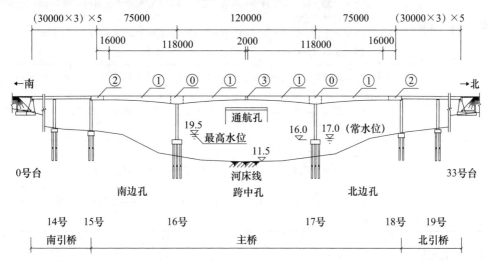

图2K312021　桥梁立面布置及主桥上部结构施工区段划分示意图（高程单位：m，尺寸单位：mm）

项目部编制的施工方案有如下内容：

（1）由于河道有通航要求，在通航孔施工期间采取安全防护措施，确保通航安全。

（2）根据桥位地质、水文、环境保护、通航要求等情况，拟定主桥水中承台的围堰施工方案，并确定了围堰的顶面高程。

【问题】

施工方案（2）中，指出主桥第 16、17 号墩承台施工最适宜的围堰类型；围堰顶高程至少应为多少米？

【参考答案】

（1）承台施工最适宜的围堰类型：钢套箱（筒）围堰（或钢板桩围堰）；

（2）围堰顶高程至少应为 20.0～20.2m。

2K312022　桩基础施工方法与设备选择

城市桥梁工程常用的桩基础通常可分为沉入桩基础和灌注桩基础，按成桩施工方法又可分为：沉入桩、钻孔灌注桩、人工挖孔桩。

一、沉入桩基础

常用的沉入桩有钢筋混凝土桩、预应力混凝土管桩和钢管桩。

1. 桩的制作、吊运与堆放（见表 2K312022-1）

桩的制作、吊运与堆放要点一览表　　　　　　　　表 2K312022-1

施工过程		安全控制要点
桩的制作	混凝土桩制作	（1）吊环必须采用未经冷拉的 HPB300 级热轧钢筋制作，严禁以其他钢筋代替。 （2）钢筋码放时，应采取防止锈蚀和污染的措施，不得损坏标牌；整捆码垛高度不宜超过 2m，散捆码垛高度不宜超过 1.2m。 （3）加工成型的钢筋笼、钢筋网和钢筋骨架等应水平放置。码放高度不得超过 2m，码放层数不宜超过 3 层
	钢桩制作	（1）气割、焊接作业现场必须按消防部门的规定配置消防器材，周围 10m 范围内不得堆放易燃易爆物品。 （2）操作者必须经专业培训，持证上岗，并做好焊接劳动保护。 （3）涂漆作业场所应采取通风措施
	桩的吊运	（1）钢桩吊装应由具有吊装施工经验的施工技术人员主持。吊装作业必须由信号工指挥。 （2）预制混凝土桩起吊时的强度应符合设计要求，设计无要求时，混凝土强度应达到设计强度的 75% 以上
	桩的堆放	（1）桩的堆放场地应平整、坚实、不积水。 （2）混凝土桩支点应与吊点在一条竖直线上，堆放时应上下对准，堆放层数不宜超过 4 层。 （3）钢桩堆放支点应布置合理，防止变形，并应采取防滚动措施，堆放层数不得超过 3 层

2. 沉桩方式

（1）锤击沉桩宜用于砂类土、黏性土。桩锤的选用应根据地质条件、桩型、桩的密集程度、单桩竖向承载力及现有施工条件等因素确定。

（2）振动沉桩宜用于锤击沉桩效果较差的密实的黏性土、砾石、风化岩。

（3）在密实的砂土、碎石土、砂砾的土层中用锤击法、振动沉桩法有困难时，可采用射水作为辅助手段进行沉桩施工。在黏性土中应慎用射水沉桩；在重要建筑物附近不宜采用射水沉桩。

（4）静力压桩宜用于软黏土（标准贯入度 $N < 20$）、淤泥质土。

（5）钻孔埋桩宜用于黏土、砂土、碎石土且河床覆土较厚的情况。

3. 施工技术要点

（1）预制桩的接桩可采用焊接、法兰连接或机械连接。

（2）沉桩时，桩帽或送桩帽与桩周围间隙应为 5～10mm；桩锤、桩帽或送桩帽应和桩身在同一中心线上；桩身垂直度偏差不得超过 0.5%。

（3）沉桩顺序：对于密集桩群，自中间向两个方向或四周对称施打；根据基础的设计高程，宜先深后浅；根据桩的规格，宜先大后小，先长后短。

（4）施工中若锤击有困难时，可在管内助沉。

（5）终止锤击的控制应视桩端土质而定，一般情况下以控制桩端设计高程为主，贯入度为辅。

（6）沉桩过程中应加强邻近建筑物、地下管线等的观测、监护。

二、钻孔灌注桩基础

1. 钻孔灌注桩成桩方式与适用条件（见表 2K312022-2）

钻孔灌注桩成桩方式与适用条件一览表　　　表 2K312022-2

成桩方式与设备		适用土质条件
泥浆护壁成孔桩	正循环回转钻	黏性土、粉砂、细砂、中砂、粗砂、含少量砾石、卵石（含量少于20%）的土、软岩
	反循环回转钻	黏性土、砂类土、含少量砾石、卵石（含量少于20%，粒径小于钻杆内径2/3）的土
	冲抓钻	黏性土、粉土、砂土、填土、碎石土及风化岩层
	冲击钻	
	旋挖钻	
	潜水钻	黏性土、淤泥、淤泥质土及砂土
干作业成孔桩	长螺旋钻孔	地下水位以上的黏性土、砂土及人工填土非密实的碎石类土、强风化岩
	钻孔扩底	地下水位以上的坚硬、硬塑的黏性土及中密以上的砂土风化岩层
	人工挖孔	地下水位以上的黏性土、黄土及人工填土
沉管成孔桩	夯扩	桩端持力层为埋深不超过20m的中、低压缩性黏性土、粉土、砂土和碎石类土
	振动	黏性土、粉土、和砂土
爆破成孔		地下水位以上的黏性土、黄土碎石土及风化岩

2. 泥浆护壁成孔

（1）泥浆制备与护筒埋设：

1）宜选用高塑性黏土或膨润土。

2）护筒顶面宜高出施工水位或地下水位 2m，并宜高出施工地面 0.3m。

3）灌注混凝土前，清孔后的泥浆相对密度应小于 1.10。

4）现场应设置泥浆池和泥浆收集设施，废弃的泥浆、钻渣应进行处理，不得污染环境。

（2）正、反循环钻孔（见图 2K312022-1）：

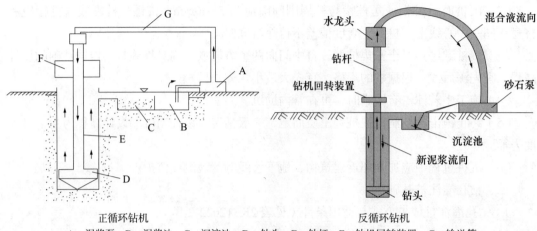

正循环钻机　　　　　　　　反循环钻机
A—泥浆泵；B—泥浆池；C—沉淀池；D—钻头；E—钻杆；F—钻机回转装置；G—输送管
图 2K312022-1　正反循环钻机示意图

1）泥浆护壁成孔时根据泥浆补给情况控制钻进速度；保持钻机稳定。

2）钻进过程中如发生斜孔、塌孔和护筒周围冒浆、失稳等现象时，应先停钻，待采取相应措施后再进行钻进。

3）钻孔达到设计深度，灌注混凝土之前，孔底沉渣厚度应符合设计要求。设计未要求时端承型桩的沉渣厚度不应大于 50mm。摩擦型桩的桩径不大于 1.5m 时，沉渣厚度小于等于 200mm；桩径大于 1.5m 或桩长大于 40m 或土质较差时，沉渣厚度不应大于 300mm。

（3）冲击钻成孔（见图 2K312022-2）：

1）冲击钻开孔时应低锤密击，反复冲击造壁，保持孔内泥浆面稳定。

2）应采取有效的技术措施防止扰动孔壁、塌孔、扩孔、卡钻和掉钻及泥浆流失等事故。

3）每钻进 4~5m 应验孔一次，在更换钻头前或容易缩孔处，均应验孔并应做记录。

4）排渣过程中应及时补给泥浆。

5）稳定性差的孔壁应采用泥浆循环或抽渣筒排渣，清孔后灌注混凝土之前的泥浆指标符合要求。

（4）旋挖成孔：

1）成孔前和每次提出钻斗时，应检查钻斗和钻杆连接销子、钻斗门连接销子以及钢丝绳的状况，并应清除钻斗上的渣土。

2）旋挖钻机成孔应采用跳挖方式，并根据钻进速度同步补充泥浆，保持所需的泥浆面高度不变。

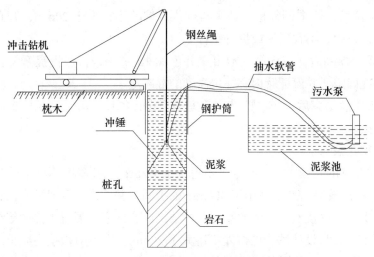

图 2K312022-2　冲击钻孔示意图

3）孔底沉渣厚度控制指标符合要求。

★拓展知识点:

泥浆护壁钻孔桩相关知识

（1）泥浆护壁成孔灌注桩施工流程:

平整场地→测放孔位→埋设护筒→钻机就位→制备泥浆→钻孔→钻孔中故障的处理→成孔→验孔→一次清孔→安放钢筋笼→安放导管及储料漏斗→二次清孔→灌注水下混凝土（起卸导管）→护筒拔出→成桩。

（2）泥浆作用:保护孔壁、携带钻渣、软化地层、润滑钻具、钻头降温。

（3）护筒（见图 2K312022-3）作用:定位;导向;稳定孔口地层;作为验孔基准;防止地表水流入。

（4）泥浆池安全防护（见图 2K312022-4）:防护栏杆,挂密目安全网,下设置踢脚板,悬挂警示标志,夜间有警示灯,有专人巡视。

图 2K312022-3　护筒

图 2K312022-4　泥浆池安全防护

3. 干作业成孔

（1）长螺旋钻孔:

1）钻机定位后，应进行复检，钻头与桩位点偏差不得大于20mm，开孔时下钻速度应缓慢；钻进过程中，不宜反转或提升钻杆。

2）钻至设计标高后，应先泵入混凝土并停顿10～20s，再缓慢提升钻杆。提钻速度应根据土层情况确定，并保证管内有一定高度的混凝土。

3）混凝土压灌结束后，应立即将钢筋笼插至设计深度，并及时清除钻杆及泵（软）管内残留混凝土。

（2）人工挖孔：

1）人工挖孔桩的孔径（不含孔壁）不得小于1.2m；挖孔深度不宜超过15m。

2）孔口处应设置高出地面不小于300mm的护圈，并应设置临时排水沟；采用混凝土或钢筋混凝土支护孔壁技术，护壁的厚度、拉结钢筋、配筋、混凝土强度等级均应符合设计要求；井圈中心线与设计轴线的偏差不得大于20mm；上下节护壁混凝土的搭接长度不得小于50mm；每节护壁必须保证振捣密实，并应当日施工完毕；应根据土层渗水情况使用速凝剂；模板拆除应在混凝土强度大于5MPa后进行。

3）下列区域均不得使用人工挖孔桩：

①地下水丰富、软弱土层、流沙等不良地质条件区域。

②孔内空气污染物超标。

③机械成孔设备可以到达的区域。

4. 钢筋笼与灌注混凝土施工要点

（1）吊装钢筋笼入孔时，不得碰撞孔壁，安装钢筋骨架时，应将其吊挂在孔口的钢护筒上，或在孔口地面上设置扩大受力面积的装置进行吊挂。安装时，应采取有效的定位措施，减小钢筋骨架中心与桩中心的偏差，使钢筋骨架保护层厚度满足要求。

（2）灌注桩各工序应连续施工，钢筋笼放入泥浆后4h内必须浇筑混凝土。

（3）桩顶混凝土浇筑完成后应高出设计高程0.5～1m，确保桩头浮浆层凿除后桩基面混凝土达到设计强度。

（4）钢筋笼吊装机械必须满足要求，并有一定的安全储备。分段制作的钢筋笼入孔后进行竖向焊接时，起重机不得摘钩、松绳，严禁操作工离开驾驶室。骨架焊接完成，经验收合格后，方可松绳、摘钩。

（5）孔口焊接作业时，应在护筒外搭设焊接操作平台，且应支垫平整。

5. 水下混凝土灌注

（1）桩孔检验合格，吊装钢筋笼完毕后，安置导管浇筑混凝土。

（2）混凝土配合比应通过试验确定，坍落度宜为180～220mm。

（3）导管应符合下列要求：

1）导管内壁应光滑圆顺，直径宜为20～30cm，节长宜为2m。

2）导管不得漏水，使用前应试拼、试压，试压压力宜为孔底静水压力的1.5倍。

3）导管轴线偏差不宜超过孔深的0.5%，且不宜大于10cm。

4）导管采用法兰盘接头宜加锥形活套；采用螺旋丝扣接头须有防止松脱装置。

（4）使用的隔水球应有良好的隔水性能，并应保证顺利排出。

（5）开始灌注混凝土时，导管底部至孔底的距离宜为 300～500mm；导管一次埋入混凝土灌注面以下不应少于 1.0m；在灌注过程中，导管埋入混凝土深度宜为 2～6m。

（6）灌注水下混凝土必须连续施工，中途停顿时间不宜大于 30min，并应控制提拔导管速度，严禁将导管提出混凝土灌注面。灌注过程中的故障应记录备案。

【例题·多选题】关于钻孔灌注桩水下混凝土灌注的说法，正确的有（　　　）。

A. 灌注必须连续进行，避免将导管提出混凝土灌注面

B. 灌注首盘混凝土时应使用隔水球

C. 开始灌注混凝土时，导管底部应与孔底保持密贴

D. 混凝土混合料须具有良好的和易性，坍落度可为 200mm

E. 导管安装固定后开始吊装钢筋笼

【答案】A、B、D

三、钻孔灌注桩施工质量事故预防措施

1. 钻孔垂直度不符合规范要求

（1）主要原因：

1）场地平整度和密实度差，钻机安装不平整或钻进过程发生不均匀沉降。

2）钻杆弯曲、钻杆接头间隙太大。

3）钻头翼板磨损不一，钻头受力不均。

4）钻进中遇到软硬土层交界面或倾斜岩面时，钻压过高。

（2）预防措施：

1）压实、平整施工场地。

2）安装钻机时应严格检查钻机的平整度和主动钻杆的垂直度，钻进过程中应定时检查主动钻杆的垂直度，发现偏差立即调整。

3）定期检查钻头、钻杆、钻杆接头，发现问题及时维修或更换。

4）在软硬土层交界面或倾斜岩面处钻进，应低速低钻压钻进。发现钻孔偏斜，应及时回填黏土，冲平后再低速低钻压钻进。

5）在复杂地层钻进，必要时在钻杆上加设扶正器。

2. 塌孔与缩径

（1）主要原因：

地层复杂、钻进速度过快、护壁泥浆性能差、成孔后放置时间过长没有灌注混凝土等。

（2）预防措施：

钻（冲）孔灌注桩穿过较厚的砂层、砾石层时，成孔速度应控制在 2m/h 以内，泥浆性能主要控制其密度为 1.3～1.4g/cm^3、黏度为 20～30s、含砂率不大于 6%，若孔内自然造浆不能满足以上要求时，可采用加黏土粉、烧碱、木质纤维素的方法，改善泥浆的性能。没有特殊原因，钢筋骨架安装后应立即灌注混凝土。

3. 孔底沉渣过厚或灌注混凝土前孔内泥浆含砂量过大

（1）主要原因：

测量方法不当造成误判；清孔泥浆质量差。

（2）预防措施：

应采用丈量钻杆长度的方法测定终孔深度；优先采用泵吸反循环清孔，当采用正循环清孔时，前期应采用高黏度浓浆清孔；专人负责孔口捞渣和测量孔底沉渣厚度。

【例题1·多选题】造成钻孔灌注桩塌孔的主要原因有（　　　）。

A. 地层自立性差 　　　　　　　　B. 钻孔时进尺过快

C. 护壁泥浆性能差 　　　　　　　D. 成孔后没有及时灌注

E. 孔底沉渣过厚

【答案】A、B、C、D

【例题2·案例分析题】

【背景资料】

某市政跨河桥上部结构为长13m单跨简支预制板梁，下部结构由灌注桩基础、承台和台身构成。

在施工过程中，发生了以下事件：

事件一：在进行1号基础灌注桩施工时，由于施工单位操作不当，造成灌注桩钻孔偏斜，为处理此质量事故，造成3万元损失，工期延长了5d。

……

【问题】

事件一中造成钻孔偏斜的原因可能有哪些？

【参考答案】

事件一中造成钻孔偏斜的原因可能是：

（1）钻头磨损未修补更换；

（2）场地不平整未进行找平；

（3）钻杆弯曲、接头间隙较大未进行处理；

（4）遇到软硬交替的地层未降低钻进的速度。

4. 水下混凝土灌注和桩身混凝土质量问题

（1）灌注混凝土时堵管：

主要原因——灌注导管破漏、灌注导管底距孔底深度太小、完成二次清孔后灌注混凝土的准备时间太长、隔水栓不规范、混凝土配制质量差、灌注过程中灌注导管埋深过大等。

预防措施——导管拼接严密；导管距孔底距离适中；二次清孔后马上灌注混凝土；使用规范隔水栓；保证灌注混凝土质量（坍落度不能太小、初凝时间不能太短）；灌注过程中保证导管在混凝土中的合理埋深。

（2）灌注混凝土过程中钢筋骨架上浮：

主要原因——混凝土初凝和终凝时间太短；清孔时孔内泥浆悬浮的砂粒太多；混凝土灌注至钢筋骨架底部时速度太快。

预防措施——清孔要彻底；采用初凝和终凝时间合理的混凝土；灌注至钢筋笼底部时

放慢速度；将钢筋笼吊环固定在护筒或桩机底座上。

（3）桩身混凝土强度低或混凝土离析：

主要原因——施工现场混凝土配合比控制不严、搅拌时间不够和水泥质量差。

预防措施——严格把好进场水泥的质量关，控制好施工现场混凝土配合比，掌握好搅拌时间和混凝土的和易性。

（4）桩身混凝土夹渣或断桩：

主要原因——清孔时孔内泥浆悬浮的砂粒太多；初灌混凝土量不够；灌注过程导管拔出混凝土面；混凝土初凝和终凝时间太短，或灌注时间太长。

预防措施——清孔要彻底；初灌量适中；灌注过程掌握好拔管长度；混凝土初凝时间合理，在规定时间内完成灌注。

（5）桩顶混凝土不密实或强度达不到设计要求：

主要原因——超灌高度不够、混凝土浮浆太多、孔内混凝土面测定不准。

预防措施——桩顶混凝土灌注完成后应高出设计标高 0.5～1m。对大体积混凝土桩，桩顶 10m 内混凝土应适当调整配合比，增大碎石含量，减少桩顶浮浆。在灌注最后阶段，孔内混凝土面测定应采用硬杆筒式取样法测定。

（6）混凝土灌注过程因故中断的处理：

1）若刚开灌不久，孔内混凝土较少，可拔起导管和吊起钢筋骨架，重新钻孔至原孔底，安装钢筋骨架和清孔后再开始灌注混凝土。

2）迅速拔出导管，清理导管内积存混凝土和检查导管后，重新安装导管和隔水栓，然后按初灌的方法灌注混凝土，待隔水栓完全排出导管后，立即将导管插入原混凝土内，此后便可按正常的灌注方法继续灌注混凝土。此法的处理过程必须在混凝土的初凝时间内完成。

考点分析

本考点为桥梁下部结构最重要的考点，曾以多种形式考核过案例分析题。在备考中需要注意以下内容：电气焊人员劳动保护（防护面罩，防护手套，焊接防护服和防护鞋，护目镜）；钻孔垂直度不符合设计要求、塌孔缩颈、灌注混凝土堵管、钢筋笼上浮、夹渣断桩等质量通病的原因分析、预防措施和处理办法；灌注混凝土方量的计算；护筒的作用、泥浆池的安全防护、泥浆护壁成孔的工艺流程等内容。

【例题 1·单选题】沉入桩终止锤击的控制应以控制桩端（　　）为主。

A. 设计标高　　　　　　　　　　B. 承载力

C. 工艺　　　　　　　　　　　　D. 贯入度

【答案】A

【解析】桩终止锤击的控制应视桩端土质而定，一般情况下以控制桩端设计标高为主，贯入度为辅。

【例题 2·案例分析题】

【背景资料】

某公司项目部施工的桥梁基础工程，灌注桩混凝土强度为 C25，直径 1200mm，桩长 18m。承台、桥台的位置如图 2K312022-5 所示，承台的钻孔桩位编号如图 2K312022-6 所示。

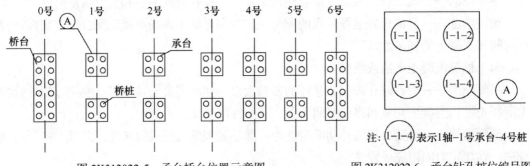

图 2K312022-5 承台桥台位置示意图　　　　图 2K312022-6 承台钻孔桩位编号图

事件一：项目部依据工程地质条件，安排 4 台反循环钻机同时作业，钻机工作效率（1 根桩 /2d）。在前 12d，完成了桥台的 24 根桩，后 20d 要完成 10 个承台的 40 根桩。承台施工前项目部对 4 台钻机作业划分了区域，见图 2K312022-7，并提出了要求：① 每台钻机完成 10 根桩；② 一座承台只能安排 1 台钻机作业；③ 同一承台两桩施工间隙时间为 2d。1 号钻机工作进度安排及 2 号钻机部分工作进度安排如图 2K312022-8 所示。

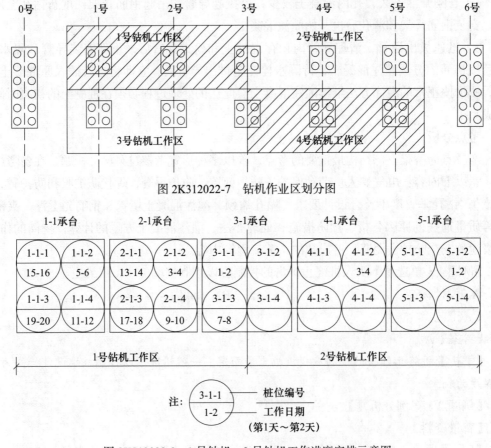

图 2K312022-7 钻机作业区划分图

图 2K312022-8 1 号钻机、2 号钻机工作进度安排示意图

事件二：项目部对已加工好的钢筋笼做了相应标识，并且设置了桩顶定位吊环连接筋，钻机成孔、清孔后，监理工程师验收合格，立刻组织吊车吊放钢筋笼和导管，导管底部距孔底 0.5m。

事件三：经计算，编号为 3-1-1 的钻孔灌注桩混凝土用量为 $A\text{m}^3$，商品混凝土到达现场后施工人员通过在导管内安放隔水球、导管顶部放置储灰斗等措施灌注了首罐混凝土，经测量导管埋入混凝土的深度为 2m。

【问题】

1. 事件一中补全 2 号钻机工作区作业计划，用图 2K312022-8 的形式表示。

2. 钢筋笼标识应有哪些内容？

3. 事件二中吊放钢筋笼入孔时桩顶高程定位连接筋长度如何确定，用计算公式（文字）表示。

4. 按照灌注桩施工技术要求，事件三中 A 值和首罐混凝土最小用量各为多少？

【答案】

1. 补全后的 2 号钻机工作区作业计划见图 2K312022-9。

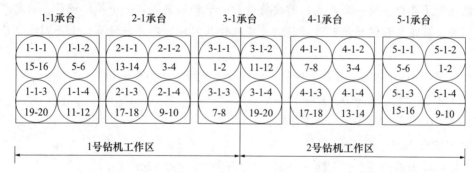

图 2K312022-9　补全后的 2 号钻机工作区作业计划图

【解析】背景资料中给出条件："钻机工作效率（1 根桩 /2d）"；"一座承台只能安排 1 台钻机作业，并且同一承台两桩施工间隙时间为 2d"。通过这两个条件可知，每一个承台施工 2d 后，必须再间隔 2d 施工。本题需要注意 3-1 承台，因为受到 1 号钻机施工的影响，所以 2 号钻机在施工 3-1-2 和 3-1-4 两根桩时不能在 "5～10d" 任一时间段内进行施工。

本题答案有几十种排列方式，只要满足背景资料中条件即可。例如 3-1 承台和 4-1 承台安排时间不变，5-1 承台的打桩时间可以将 5-1-1 与 5-1-4 对调、也可以将 5-1-1 与 5-1-3 对调、还可以将 5-1-3 与 5-1-4 对调。当然也可以 3-1 与 5-1 承台不变，4-1 承台打桩时每根桩施工时间进行更换。考试时只要回答出符合条件的一种形式即可。

2. 钢筋笼标识应有轴号、承台（桥台）编号、桩号、钢筋笼节段号；检验合格的标识牌。

3. 连接筋长度为：孔口垫木顶高程－桩顶高程－预留筋长度＋钢筋搭接焊缝长度（见图 2K312022-10）。

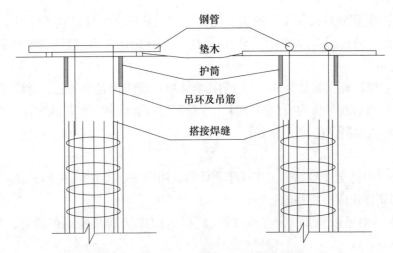

图 2K312022-10　桩顶定位吊环连接筋示意图

【解析】什么是"桩顶高程定位吊环连接筋"呢？钢筋笼最下端距离孔底有一部分距离，而钻孔灌注桩桩顶是部分嵌入到承台当中，且承台多为埋地式承台。所以桩顶位置距离现况地面（孔口）有一定距离，需要将最后一节钢筋笼焊接一个吊环钢筋，固定在孔口位置。那么桩顶高程定位吊环连接筋的长度从钢筋笼顶标高开始计算，上面到孔口垫木顶标高。

4. A 值：$A = \pi R^2 h$，而 $h =$ 桩长＋超灌量（超灌量为 0.5～1m）；

$3.14 \times 0.6^2 \times (18 + 0.5) = 20.9 m^3$；

$3.14 \times 0.6^2 \times (18 + 1) = 21.5 m^3$；

故 A 值为 20.9～21.5m³。

首罐混凝土最小用量：$3.14 \times 0.6^2 \times (2 + 0.5) = 2.83 m^3$。

【例题 3·案例分析题】

【背景资料】

某公司承接给水厂升级改造工程，其中新建容积 10000m³ 清水池一座，钢筋混凝土结构，混凝土设计强度等级 C35、抗渗等级 P8，底板厚 650mm；垫层厚 100mm，混凝土设计强度等级为 C15；底板下设抗拔混凝土灌注桩，直径 φ800mm，满堂布置。

事件一：桩基首个验收批验收时，发现个别桩有如下施工质量缺陷：桩基顶面设计高程以下约 1.0m 范围混凝土不够密实，达不到设计强度。监理工程师要求项目部提出返修处理方案和预防措施。项目部获准的返修处理方案所附的桩头与杯口细部做法如图 2K312022-11 所示。

……

【问题】

依据桩头与图 2K312022-11 给出返修处理步骤。（请用文字叙述）

【参考答案】

（1）按照方案中所给高程和坡度挖出桩头、形成杯口；

（2）凿除桩顶不密实混凝土并清理，浇筑混凝土垫层；

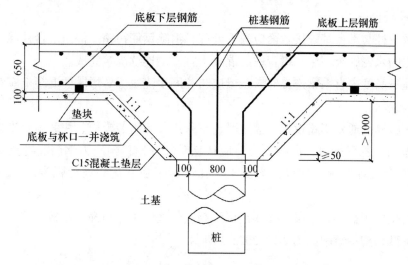

图 2K312022-11　桩头与杯口细部做法示意图（尺寸单位：mm）

（3）清除桩头钢筋污、锈，并按照设计要求弯曲；

（4）底板与垫层间设置垫块并绑扎底板钢筋；

（5）桩头钢筋与底板上层钢筋焊接或绑扎；

（6）进行混凝土浇筑并养护。

【解析】由图 2K312022-11 可知，杯口需要与地板一同浇筑，那么按施工顺序应为：确定基坑开挖形式及深度，对密实度不足的桩头进行处理、桩基承载力检测，垫层施工，桩基混凝土新旧结合面处理及钢筋绑扎、混凝土浇筑等。通过识图确定施工工艺，先由上而下完成开挖处理，再由下而上完成混凝土地基、垫层、桩基础及顶板混凝土的施工。

2K312023　承台、桥台、墩柱、盖梁施工技术

一、承台施工

★拓展知识点：

承台施工流程（如图 2K312023-1 所示）

图 2K312023-1　承台施工流程图

二、现浇混凝土墩台、盖梁

1. 重力式混凝土墩台施工

（1）墩台混凝土浇筑前应对基础混凝土顶面做凿毛处理，并清除锚筋污、锈。

（2）墩台混凝土宜水平分层浇筑，每层高度宜为 1.5～2m。

（3）墩台混凝土分块浇筑时，接缝应与墩台水平截面尺寸较小的一边平行，邻层分块接缝应错开，接缝宜做成企口形。

2. 柱式墩台施工

（1）墩台柱与承台基础接触面应凿毛处理，清除钢筋污锈。浇筑墩台柱混凝土时，应铺同配合比的水泥砂浆一层。墩台柱的混凝土宜一次连续浇筑完成。

（2）柱身高度内有系梁连接时，系梁应与柱同步浇筑。V形墩柱混凝土应对称浇筑。

3. 盖梁施工

（1）在城镇交通繁华路段施工盖梁时，宜采用整体组装模板、快装组合支架。

（2）盖梁为悬臂梁时，混凝土浇筑应从悬臂端开始；预应力钢筋混凝土盖梁拆除底模时间应符合设计要求；如设计无要求，孔道压浆强度达到设计强度后，方可拆除底模板。

（3）禁止使用盖梁（系梁）无漏油保险装置的液压千斤顶卸落模板工艺。

桥梁下部结构示意图如图 2K312023-2 所示：

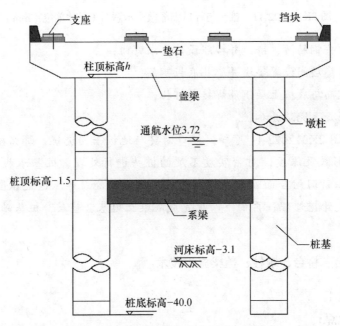

图 2K312023-2　桥梁下部结构示意图（高程单位：m）

三、大体积混凝土浇筑施工质量检查与验收

1. 大体积混凝土施工组织设计内容

（1）大体积混凝土浇筑体温度应力和收缩应力计算结果。

（2）施工阶段主要抗裂构造措施和温控指标的确定。

（3）原材料优选、配合比设计、制备与运输计划。

（4）主要施工设备和现场总平面布置。

（5）温控监测设备和测试布置图。

（6）浇筑顺序和施工进度计划。

（7）保温和保湿养护方法。

（8）应急预案和应急保障措施。

（9）特殊部位和特殊气候条件下的施工措施。

2. 大体积混凝土裂缝分类及原因（见表 2K312023）

大体积混凝土裂缝分类及原因一览表 　　　　表 2K312023

分类	特点	原因
表面裂缝	主要是温度裂缝，一般危害性较小，但影响外观质量	（1）水泥水化热影响； （2）内外约束条件影响； （3）外界气温变化的影响； （4）混凝土的收缩变形； （5）混凝土的沉陷裂缝
深层裂缝	部分地切断了结构断面，对结构耐久性产生一定危害	
贯穿裂缝	由混凝土表面裂缝发展为深层裂缝，最终形成贯穿裂缝，它切断了结构的断面，可能破坏结构的整体性和稳定性，危害性较为严重	

3. 大体积混凝土施工质量控制措施总结

（1）采用水化热低的水泥，并尽可能降低用量。

（2）控制集料的级配及其含泥量。

（3）选用合适的缓凝剂、减水剂等外加剂。

（4）控制好混凝土坍落度，不宜大于 180mm，一般在 120±20mm。

（5）避免过振和漏振，并做好二次振捣。

（6）整体连续浇筑层厚宜为 300～500mm；整体分层或推移式连续浇筑层间间歇时间不大于混凝土初凝时间。

（7）分层间歇浇筑施工缝应进行凿毛、清理、保持湿润且不积水。

（8）新浇筑混凝土振捣密实，清除混凝土表面泌水，浇筑面多次抹压。

（9）混凝土养护与拆模时，中心与表面之间，表面与外界气温之间的温差均不超过 20℃。

（10）在混凝土内部预埋水管通冷却水降温；模板和混凝土外部采用覆盖薄膜、土工布、麻袋等措施保温，且应经常检查、保持湿润，养护时间不少于 14d，拆模后立即回填或再覆盖养护。

考点分析

本考点属于较为重要的内容，主要以选择题形式出现，案例分析题如系梁、挡块、桥台等部位也可以通过图形考核其名称、作用和施工要求等，重点掌握柱式墩台施工、盖梁施工技术要点。大体积混凝土的考核主要是防止裂缝产生的措施，形式会以补充题为主。

【例题1·单选题】预制钢筋混凝土盖梁安装时，盖梁就位确定合格固定后浇筑杯口混凝土，待杯口混凝土达到设计强度（　　　）后方可拆除拆除斜撑。

A. 70%　　　　　　　　　　　　B. 75%

C. 80%　　　　　　　　　　　　D. 85%

【答案】B

【解析】安装后应及时浇筑杯口混凝土，待杯口混凝土达到设计强度75%后方可拆除斜撑。

【例题2·案例分析题】

【背景资料】

某城市桥梁工程，采用钻孔灌注桩基础，承台最大尺寸为：长8m，宽6m，高3m，梁体为现浇预应力钢筋混凝土箱梁。跨越既有道路部分，梁跨度30m，支架高20m……

在后续的承台、梁体施工中，施工单位采取了以下措施：

（1）针对承台大体积混凝土施工编制了专项方案，采取了如下防裂缝措施：

1）混凝土浇筑安排在一天中气温较低时进行；

2）根据施工正值夏季的特点，决定采用浇水养护；

……

【问题】

补充大体积混凝土裂缝防治措施。

【参考答案】

选用水化热低的水泥，并尽可能降低水泥用量；冷却集料并控制含泥量；选用缓凝、减水等外加剂；控制混凝土坍落度（不宜大于180mm，一般在120±20mm）；分层浇筑；浇筑时避免过振和漏振，做好二次振捣；在混凝土中预埋水管通冷却水降温；混凝土浇筑完毕及时覆盖或喷雾养护，加强测温。

★拓展知识点：

桥梁下部结构知识

1. 名词解释

坍落度：是混凝土和易性的测定方法与指标，工地与试验室中，通常做坍落度试验测定拌合物的流动性，并辅以直观经验评定粘聚性和保水性。

坍落度的测试方法：用一个上口100mm、下口200mm、高300mm喇叭状的坍落度桶，灌入混凝土分三次填装，每次填装后用捣锤沿桶壁均匀由外向内击25下，捣实后，抹平。然后拔起桶，混凝土因自重产生坍落现象，用桶高（300mm）减去坍落后混凝土最高点的高度，称为坍落度。如果差值为10mm，则坍落度为10。

贯入度：是指在地基土中用重力击打贯入体时，贯入体进入土中的深度。贯入体可以是桩，也可以是一定规格的钢钎。贯入度一般是指锤击桩每10击进入的深度，用"mm/10击"表示。进行贯入测试的目的，是通过贯入度判断地基土的软硬程度，从而确定桩基或地基土的承载能力。

大体积混凝土：（《大体积混凝土施工规范》GB 50496—2018 第2.1.1条）

混凝土结构物实体最小几何尺寸不小于1m的大体量混凝土，或预计会因混凝土中胶凝材料水化引起的温度变化和收缩而导致有害裂缝产生的混凝土。

2. 质量验收主控项目

（1）混凝土灌注桩（《城市桥梁工程施工与质量验收规范》CJJ 2—2008）

10.7.4 混凝土灌注桩质量检验应符合下列规定：

主控项目

1 成孔达到设计深度后，必须核实地质情况，确认符合设计要求。

2 孔径、孔深应符合设计要求。

3 混凝土抗压强度应符合设计要求。

4 桩身不得出现断桩、缩径。

2K312030 城市桥梁上部结构施工

核心考点提纲

城市桥梁上部结构施工 { 装配式梁（板）施工技术
现浇预应力（钢筋）混凝土连续梁施工技术

核心考点剖析

2K312031 装配式梁（板）施工技术

一、装配式梁（板）的预制、场内移运和存放

1. 构件预制

（1）场地应平整、坚实；设置必要的排水设施；砂石料场的地面宜进行硬化处理。

（2）预制台座的地基应具有足够的承载力。当用于预制后张预应力混凝土梁、板时，宜对台座两端及适当范围内的地基进行特殊加固处理。

★**拓展知识点：**

混凝土梁预制相关知识

（1）预制箱梁流程：

底板腹板钢筋及预应力孔道→安装侧模→安装端模→安装内（芯）模→顶板钢筋及预应力孔道→浇筑混凝土→拆除内模、侧模和端模→养护→张拉→吊移存放

（2）预制 T 梁流程：

绑扎钢筋及预应力孔道（腹板、顶板、横隔板）→支设模板→浇筑混凝土→拆模→养护→穿钢绞线束→张拉→压浆→封锚→吊移存放

（3）预制空心板（多为先张法）：

类似于预制箱梁，一般内模多采用橡胶充气内模。

2. 构件的场内移运

（1）后张预应力混凝土梁、板在孔道压浆后移运的，其压浆浆体强度应不低于设计强度的 80%。

（2）梁、板构件移运时，吊绳与起吊构件的交角小于 60° 时，应设置吊架或起吊扁担，使吊环垂直受力。吊移板式构件时，不得吊错上、下面。

3. 构件的存放

（1）不得将构件直接支承在坚硬的存放台座上。

（2）构件应按其安装的先后顺序编号存放，预应力混凝土梁、板的存放时间不宜超过3个月，特殊情况下不应超过5个月。

（3）当构件多层叠放时，层与层之间应以垫木隔开，各层垫木的位置应设在设计规定的支点处，上下层垫木应在同一条竖直线上。

二、装配式梁（板）的安装

1. 吊运方案

吊装考点总结：

（1）验算（计算）：验算地基承载力；验算被吊构件强度、刚度、稳定性；验算吊具（起重夹角、最大起重量等）；验算吊点位置。

（2）试吊：检查地基承载力；检查被吊构件有无变形破损；检查钢丝绳捆扎情况和制动性能；吊具异常情况。

（3）双机抬吊：同步、垂直、相似。

（4）操作人员：持证、培训、考试、交底。

（5）严格三定（定机、定人、定岗）制度，不得违章指挥、违章作业。

（6）起重机大臂下不得站人或有行人通行，与高压线保持安全距离。

（7）发生事故后，遵循四不放过原则。

2. 技术准备

（1）按照有关规定进行技术安全交底。

（2）对操作人员进行培训和考核。

（3）测量放线，给出高程线、结构中心线、边线和端头线，并加以清晰地标识。

3. 架设方法

（1）起重机架梁法：多用于梁数量较少，需要定时吊装和其他设备不适用的时候。

（2）跨墩龙门吊架梁法：多用于梁数量较多，施工场地相对宽阔的情况。

（3）穿巷式架桥机架梁法：多用于跨越铁路，轻轨、河流和高架桥。

4. 简支梁、板安装

（1）安装构件前，支承结构（墩台、盖梁等）的强度应符合设计要求，支承结构和预埋件的尺寸、标高及平面位置应符合设计要求且验收合格。桥梁支座的安装质量应符合要求，其规格、位置及标高应准确无误。墩台、盖梁、支座顶面清扫干净。

（2）梁板就位后，应及时设置保险垛或支撑将构件临时固定，对横向自稳性较差的T形梁和I形梁等，应与先安装的构件进行可靠的横向连接，防止倾倒。

（3）梁、板之间的横向湿接缝，应在一孔梁、板全部安装完成后方可进行施工。

5. 先简支后连续梁的安装

（1）临时支座顶面的相对高差不应大于2mm。

（2）应在一联梁全部安装完成后再浇筑湿接头混凝土。

（3）永久支座应在设置湿接头底模之前安装。

（4）湿接头的混凝土宜在一天中气温相对较低的时段浇筑，且一联中的全部湿接头应一次浇筑完成。湿接头混凝土的养护时间应不少于14d（见图2K312031-1）。

（5）同一片梁的临时支座应同时拆除（见图2K312031-2）。

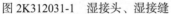

图2K312031-1　湿接头、湿接缝

图2K312031-2　临时支座永久支座

考点分析

本考点以选择题为主，后期需注意案例分析题的考核，备考中需注意以下内容：梁板吊装要求；预制梁（构件）场地要求（平整、坚实、有良好排水设施、台座基础经过加固处理）；梁板吊装前测量准备工作（盖梁上测放并标识梁板中线、边线、端头线，待吊装梁板端头也进行中线标识）。

【例题1·单选题】关于装配式预制混凝土梁存放的说法，正确的是（　　）。

A. 预制梁可直接支承在混凝土存放台座上

B. 构件应按其安装的先后顺序编号存放

C. 多层叠放时，各层垫木的位置在竖直线上应错开

D. 预应力混凝土梁存放时间最长为6个月

【答案】B

【解析】不得将构件直接支承在坚硬的存放台座上。预应力混凝土梁、板的存放时间不宜超过3个月，特殊情况下不应超过5个月。构件多层叠放时，上下层垫木应在同一条竖直线上。

【例题2·案例分析题】

【背景资料】

某公司承建一座城市桥梁工程。该桥上部结构为16×20m预应力混凝土空心板，每跨布置空心板30片。

进场后，项目部编制了实施性总体施工组织设计，内容包括：

（1）根据现场条件和设计图纸要求，建设空心板预制场。预制台座采用槽式长线台座，横向连续设置8条预制台座，每条台座1次可预制空心板4片，预制台座构造如图2K312031-3所示。

（2）计划每条预制台座的生产（周转）效率平均为10d，即考虑各条台座在正常流水作业节拍的情况下，每10d每条预制台座均可生产4片空心板。

（3）依据总体进度计划空心板预制80d后，开始进行吊装作业，吊装进度为平均每天吊装8片空心板。

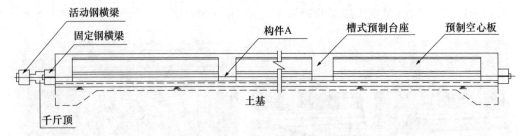

图 2K312031-3　预制台座纵断面示意图

【问题】

1. 根据图 2K312031-3 预制台座的结构形式，指出该空心板的预应力体系属于哪种形式? 写出构件 A 的名称。

2. 列式计算完成空心板预制所需天数。

3. 空心板预制进度能否满足吊装进度的需要? 说明原因。

【参考答案】

1.（1）空心板的预应力体系属于预应力先张法体系。

（2）构件 A 的名称：钢绞线（或预应力筋）。

2. 全桥空心板的数量：$16 \times 30 = 480$ 片;

每 10d 预制板数量：$4 \times 8 = 32$ 片;

空心板预制所需天数：$480 \div 32 \times 10 = 150d$。

3.（1）空心板的预制进度不能满足吊装进度的需要。

（2）原因说明：

1）全桥梁板安装所需时间：$480 \div 8 = 60d$;

2）空心板总预制时间为 150d，预制 80d 后，剩余空心板可在 $150 - 80 = 70d$ 内预制完成，比吊装进度延迟 10d 完成，因此，空心板的预制进度不能满足吊装进度的需要。

【例题 3·案例分析题】

【背景资料】

某公司承接了某市高架桥工程，桥幅宽 25m，共 14 跨，跨径为 16m，为双向六车道，上部结构为预应力空心板梁，半幅桥断面示意图如图 2K312031-4 所示，合同约定 4 月 1 日开工，国庆通车，工期 6 个月。

其中，预制梁场（包括底模）建设需要 1 个月，预应力空心板梁预制（含移梁）需要 4 个月，制梁期间正值高温，后续工程施工需要 1 个月。每片空心板梁预制只有 7d 时间，项目部制定的空心板梁施工工艺流程依次为：钢筋安装→C→模板安装→钢绞线穿束→D→养护→拆除边模→E→压浆→F，移梁让出底模。项目部采购了一批钢绞线共计 50t，抽取部分进行了力学性能试验及其他试验，检验合格后用于预应力空心板梁制作。

【问题】

1. 列式计算预应力空心板梁加工至少需要的模板数量。（每月按 30d 计算）

2. 补齐项目部制定的预应力空心板梁施工工艺流程，写出 C、D、E、F 的工序名称。

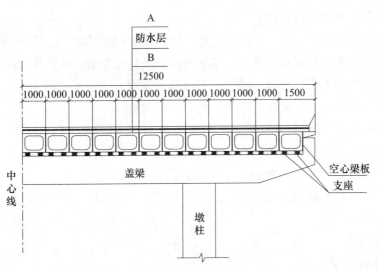

图 2K312031-4　半幅桥断面示意图（单位：mm）

【参考答案】

1. 空心板总数为（12×2）×14 = 336 片；

空心板预制时间为：4×30 = 120d；

每片需要预制 7d，120÷7 = 17.14（取 17 次）；

即：120d 模板只能周转 17 次。

模板数量：336÷17 = 19.76（取 20 套）；

即：至少需要模板 20 套。

【解析】本小问看似简单，但很多考生作答时经常会出现逻辑上的错误。例如有人这样计算：（336×7）÷120 = 19.6，答案是至少需要 20 套模板。这种算法其实是有问题的，假如每片梁预制需要 11d，按照这种方法计算：（336×11）÷120 = 30.8，答案是需要 31 套模板。我们来验算一下：120÷11 = 10.9，也就是说模板周转次数是 10 次，而 31 套模板周转 10 次，仅能完成 310 片梁（31×10 = 310 片），远远小于 336 片，显然不符合题意。作答这类题目应按照本小问答案给出的方法，分步计算，两次取整。第一步先计算预制梁需要周转的次数：120÷11 = 10.9，即可以周转 10 次；第二步计算模板用量：336÷10 = 33.6，即需要模板 34 套。也就是说，这类题目的解答并不是纯粹的数字计算，因为这里涉及两次取整，取整时不能简单地"四舍五入"，周转次数取整只能取小值（小数点后的数字无论大小全部"舍"），模板数量取整只能取大值（小数点后的数字无论大小都要"入"）。

2. 工序名称为：C——预应力孔道安装；D——混凝土浇筑；E——预应力张拉；F——封锚。

2K312032　现浇预应力（钢筋）混凝土连续梁施工技术

一、支（模）架法

1. 支架法现浇预应力混凝土连续梁

（1）支架的地基承载力应符合要求，必要时应采取加固处理或其他措施。

（2）应有简便可行的落架拆模措施。

（3）各种支架和模板安装后，宜采取预压方法消除拼装间隙和地基沉降等非弹性变形。

（4）安装支架时，应根据梁体和支架的弹性、非弹性变形，设置预拱度。

（5）支架底部应有良好的排水措施，不得被水浸泡。

（6）浇筑混凝土时应采取防止支架不均匀下沉的措施。

2. 移动模架上浇筑预应力混凝土连续梁

（1）模架应利用专用设备组装。

（2）浇筑分段工作缝，必须设在弯矩零点附近。

（3）箱梁内、外模板在滑动就位时，模板平面尺寸、高程、预拱度的误差必须控制在容许范围内。

二、悬臂浇筑法

1. 浇筑顺序及要求

（1）浇筑顺序：墩顶零号段→对称悬浇段→边跨合龙段→中跨合龙段。

（2）浇筑要求：

1）浇筑前，应对挂篮（托架或膺架）、模板、预应力筋管道、钢筋、预埋件，混凝土材料、配合比、机械设备、混凝土接缝处理等情况进行全面检查，经有关方签认后方准浇筑。

2）悬臂浇筑混凝土时，宜从悬臂前端开始，最后与前段混凝土连接。

2. 张拉及合龙

（1）预应力混凝土连续梁合龙顺序一般是先边跨、后次跨、再中跨。

（2）连续梁（T构）的合龙、体系转换和支座反力调整应符合下列规定：

1）合龙段的长度宜为2m。

2）合龙前应观测气温变化与梁端高程及悬臂端间距的关系。

3）合龙前应按设计将两悬臂端合龙口临时连接，并将合龙跨一侧墩的临时锚固放松或改成活动支座。

4）合龙前，在两端悬臂预加压重，并于浇筑混凝土过程中逐步撤除，以使悬臂端挠度保持稳定。

5）合龙宜在一天中气温最低时进行。

6）合龙段的混凝土强度宜提高一级，以尽早施加预应力。

7）连续梁的梁跨体系转换，应在合龙段及全部纵向连续预应力筋张拉、压浆完成，并解除各墩临时固结后进行。

8）梁跨体系转换时，支座反力的调整应以高程控制为主，反力作为校核。

3. 高程控制

确定悬臂浇筑段前段高程时应考虑：

（1）挂篮前端的垂直变形值。

（2）预拱度设置。

（3）施工中已浇段的实际标高。

（4）温度影响。

施工过程中的监测项目为前三项；必要时结构物的变形值、应力也应进行监测。

★拓展知识点：

桥梁上部结构施工

1. 名词解释

反拱：多在桥梁工程中使用，与预拱相对。

桥梁在建成后，由于汽车，行人等荷载的作用，会产生一个向下的位移，这个位移也叫挠度；这会导致桥面实际高程与设计时的高程不符。为了消除或降低不相符的程度，需要设置一个预拱，即让桥梁在建造的过程中向上做高一定的高度，让建成的桥面高程比设计高程高一个数值，这样行人和车辆上桥后，桥面高度就可以和设计高程基本一致。这个预拱的幅度叫作预拱值。

但是上述情况是对于普通桥梁而言，对于采用预应力结构的桥梁，它在预应力的作用下，桥面会慢慢向上拱，经过一段时间使用后，将发生桥面高于设计高程的情况。这时为了让桥面高程满足使用要求，需要让桥梁在建造的过程中向下做低一定的高度，这个做法与预拱相反，就叫反拱，其幅度叫作反拱值。

桥梁的一联或一跨：相邻伸缩缝之间的桥梁叫作一联，两相邻桥墩之间的桥梁就叫作一跨，每一联一般包括两跨及两跨以上，而市政桥梁一般又包括很多联，只有连续梁才存在几跨一联的说法。例如某连续梁桥，跨径组合为"（30m×3）×5"，意思是该桥为5联，每一联由三跨组成，每一跨的长度是30m。

2. 质量验收主控项目（摘自《城市桥梁工程施工与质量验收规范》CJJ 2—2008）

（1）支架上浇筑梁（板）：

13.7.2 支架上浇筑梁（板）质量检验应符合规范规定，且应符合下列规定：

主控项目

1 结构表面不得出现超过设计规定的受力裂缝。

……

（2）悬臂浇筑预应力混凝土梁：

13.7.4 悬臂浇筑预应力混凝土梁质量检验应符合规范规定，且应符合下列规定：

主控项目

1 悬臂浇筑必须对称进行，桥墩两侧平衡偏差不得大于设计规定，轴线挠度必须在设计规定范围内。

2 梁体表面不得出现超过设计规定的受力裂缝。

3 悬臂合龙时，两侧梁体的高差必须在设计允许范围内。

考点分析

本考点属于非常重要的内容，出题频率很高，选择题和案例分析题均可出现。支架法考核方式见前面章节介绍。悬臂浇筑法主要考核形式：四大浇筑段落施工顺序；每施工段施工工序；图形基础知识；合龙段施工要求等。

【例题1·单选题】关于桥梁悬臂浇筑法施工的说法，错误的是（   ）。

A. 浇筑混凝土时宜从与前段混凝土连接端开始，结束于悬臂前端

B. 中跨合龙段应最后浇筑，混凝土强度宜提高一级

C. 桥墩两侧梁段悬臂施工应对称进行

D. 连续梁的梁跨体系转换应在解除各墩临时固结后进行

【答案】A

【解析】悬臂浇筑混凝土时，宜从悬臂前端开始，最后与前段混凝土连接。

【例题2·多选题】采用悬臂浇筑法施工的预应力混凝土连续梁，确定悬臂浇筑前段标高时，应考虑的因素有（   ）。

A. 挂篮前端的垂直变形值   B. 预留拱度

C. 桥梁纵坡度   D. 施工中已浇段的实际标高

E. 温度影响

【答案】A、B、D、E

【解析】预应力混凝土连续梁施工，确定悬臂浇筑段前端标高时应考虑：挂篮前端的垂直变形值；预拱度设置；施工中已浇段的实际标高；温度影响。

【例题3·案例分析题】

【背景资料】

某施工单位中标承建一座三跨预应力混凝土连续钢构桥，桥高30m，跨度为80m＋136m＋80m，箱梁宽14.5m，底板宽8m，箱梁高度由根部的7.5m渐变到跨中的3.0m。根据设计要求，0号、1号段混凝土为托架浇筑，然后采用挂篮悬臂浇筑法对称施工，挂篮采用自锚式桁架结构。

施工项目部根据该桥的特点，编制了施工组织设计，经项目总监理工程师审批后实施。项目部在主墩的两侧安装托架并预压施工0号、1号段，在1号段混凝土浇筑完成后在节段上拼装挂篮。

【问题】

补充挂篮进入下一节施工前的必要工序。

【参考答案】

挂篮进入下一节施工前的必要工序：①拆除限制位移的模板；②张拉预应力钢绞线（预应力筋）；③孔道压浆；④拆除底模和部分托架；⑤挂篮按规范性能检查。

【例题4·案例分析题】

【背景资料】

某公司中标承建该市城乡接合部交通改扩建高架工程，该高架上部结构为现浇预应力钢筋混凝土连续箱梁，桥梁底板距地面高15m、宽17.5m，主线长720m，桥梁中心轴线位于既有道路边线，在既有道路中心线附近有埋深1.5m的现状DN500mm自来水管道和光纤线缆，平面布置如图2K312032所示，高架桥跨越132m鱼塘和菜地，设计跨径组合为41.5m＋49m＋41.5m，其余为标准联，跨径组合为（28＋28＋28）m×7联，支架法施工，下部结构为：H形墩身下接10.5m×6.5m×3.3m承台（深埋在光纤线缆下0.5m），

承台下设有直径 1.2m，深 18m 的人工挖孔灌注桩。

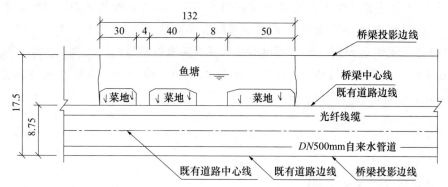

图 2K312032　某市城郊改扩建高架桥平面布置示意图（单位：m）

项目部进场后编制的施工组织设计中提出了"支架地基加固处理"和"满堂支架设计"两个专项方案。在"支架地基加固处理"专项方案中，项目部认为在支架地基预压时的荷载应不小于支架地基承受的混凝土结构物恒载的 1.2 倍即可，并根据相关规定组织召开了专家论证会，邀请了含本项目技术负责人在内的 4 位专家对方案内容进行了论证，专项方案经论证后，专家组提出了应补充该工程上部结构施工流程及支架地基预压荷载验算需修改完善的指导意见。项目部未按专家组要求补充该工程上部结构施工流程和支架地基预压荷载验算，只将其他少量问题做了修改，上报项目总监和建设单位项目负责人审批时未能通过。

【问题】

1. 写出该工程上部结构施工流程。（自箱梁钢筋验收完成到落架结束，混凝土采用一次浇筑法）

2. 编写"支架地基加固处理"专项方案的主要因素是什么？

3. "支架地基加固处理"后的合格判定标准是什么？

4. 项目部在支架地基预压方案中，还有哪些因素应进入预压荷载计算？

【参考答案】

1. 浇筑混凝土→养护→拆除内模和侧模→预应力张拉→孔道压浆→封锚→封闭人孔→拆除底模→拆除支架。

【解析】本题目括号中的钢筋验收已指明是箱梁的钢筋工程验收，所以这里的施工流程只要写箱梁钢筋验收以后的工序即可。可从钢筋、模板、混凝土这样的常规施工工序，联想教材中详细介绍的后张法施工工序，综合得出本题相关答案，其中封闭人孔这一考点没有现场施工经验的考生很容易忽略，该点是一个重要的采分点。

2. 编写"支架地基加固处理"专项方案的主要因素：

（1）鱼塘抽水、清淤后回填夯实；

（2）菜地表层土换填夯实；

（3）光纤线缆、自来水管道保护；

（4）桥梁中心轴线两侧支架基础承载力不对称，软硬不均匀，对道路以外支架基础预压处理。

【解析】背景资料介绍了鱼塘和菜地，那么抽水、清淤、换填、夯实是必不可少的。背景资料中还有"在既有道路中心线附近有埋深1.5m的现状*DN*500mm自来水管道和光纤线缆"，那么搭设支架前就需要对既有光纤线缆和管线进行专门保护。另外从图2K312032上也可看出来，桥梁的中心线位置在既有道路边线处，那么桥梁支架轴线两侧就存在着地基承载力不对称、软硬不均匀现象，需要分别采取不同的处理方式（既有道路以外位置支架基础进行预压和硬化）。

3. "支架地基加固处理"后的合格判定标准是：

（1）各监测点连续24h的沉降量平均值小于1mm；

（2）各监测点连续72h的沉降量平均值小于5mm；

（3）支架基础预压报告合格；

（4）排水系统正常。

【解析】根据《钢管满堂支架预压技术规程》JGJ/T 194—2009第4.1.6条："对支架基础的预压监测过程中，当满足下列条件之一时，应判定支架基础预压合格：① 各监测点连续24h的沉降量平均值小于1mm；② 各监测点连续72h的沉降量平均值小于5mm。"

4. 还有支架和模板自重应进入预压荷载计算。

【解析】根据《钢管满堂支架预压技术规程》JGJ/T 194—2009第4.2.1条："支架基础预压荷载不应小于支架基础承受的混凝土结构恒载与钢管支架、模板重量之和的1.2倍。"

此类案例分析题作答时必须清楚题目问的是支架预压目的还是支架基础预压目的。

2K312040 管涵和箱涵施工

核心考点提纲

管涵和箱涵施工 {管涵施工技术 ; 箱涵顶进施工技术

核心考点剖析

2K312041 管涵施工技术

一、管涵施工技术要点

（1）管涵采用工厂预制钢筋混凝土管，管节断面形式分为圆形、椭圆形、卵形、矩形等。

（2）管涵设计为混凝土或砌体基础时，基础上面应设混凝土管座，其顶部弧形面应与管身紧密贴合，使管节均匀受力。

（3）当管涵为无混凝土（或砌体）基础、管体直接设置在天然地基上时，应按照设计要求将管底土层夯压密实，并做成与管身弧度密贴的弧形管座，安装管节时应注意保持完整。

（4）管涵的沉降缝应设在管节接缝处。

二、拱形涵、盖板涵施工技术要点

（1）遇有地下水时，应先将地下水降至基底以下 500mm 方可施工，且降水应连续进行直至工程完成到地下水位 500mm 以上且具有抗浮及防渗漏能力后方可停止降水。

（2）拱圈和拱上端墙应由两侧向中间同时、对称施工。

（3）涵洞两侧的回填土，应在主结构防水层的保护层完成，且保护层砌筑砂浆强度达到 3MPa 后方可进行。回填时，两侧应对称进行，高差不宜超过 300mm。

2K312042 箱涵顶进施工技术

一、箱涵顶进工艺流程与施工技术要点

1. 工艺流程

现场调查→工程降水→工作坑开挖→后背制作→滑板制作→铺设润滑隔离层→箱涵制作→顶进设备安装→既有线加固→箱涵试顶进→吃土顶进→监控量测→箱体就位→拆除加固设施→拆除后背及顶进设备→工作坑恢复。

2. 施工安全保护

（1）铁道线路加固方法与措施：

1）小型箱涵，可采用调轨梁或轨束梁的加固法。

2）大型即跨径较大的箱涵，可用横梁加盖、纵横梁加固、工字轨束梁或钢板脱壳法。

（2）施工安全保护措施：

1）设置施工警戒区域护栏和警示装置，实行封闭管理，严禁非施工人员入内。

2）在列车运行间隙或避开交通高峰期开挖和顶进；列车通过时，严禁挖土作业。

3）箱涵顶进过程中，任何人不得在顶铁、顶柱布置区内停留。

4）箱涵顶进过程中，当液压系统发生故障时，严禁在工作状态下检查和调整。

3. 箱涵顶进前检查工作

总结：箱涵本身合格；降水合格；后背施工、线路加固合格；顶进设备液压系统合格；人、材、机准备就绪；做好应急预案。

4. 箱涵顶进启动

（1）液压千斤顶顶紧后（顶力在 0.1 倍结构自重），应暂停加压，检查顶进设备、后背和各部位，无异常时可分级加压试顶。

（2）每当油压升高 5～10MPa 时，需停泵观察，应严密监控顶镐、顶柱、后背、滑板、箱涵结构等部位的变形情况，如有异常立即停止顶进；找出原因采取措施解决后重新顶进。

5. 顶进挖土

（1）一般宜选用小型反铲挖掘机按侧刃脚坡度自上而下开挖，每次开挖进尺宜为 0.5m。侧刃脚进土应在 0.1m 以上。

（2）开挖面的坡度不得大于 1：0.75，不得逆坡、超前挖土，不得扰动基底土体。应设专人监护。

（3）列车通过时严禁继续挖土。

6. 顶进作业

（1）每次顶进应检查液压系统、传力设备、刃脚、后背和滑板等变化情况，发现问题及时处理。

（2）挖运土方与顶进作业循环交替进行。每前进一顶程，即应切换油路，并将顶进千斤顶活塞回复原位；按顶进长度补放小顶铁，更换长顶铁，安装横梁。

（3）箱涵身每前进一顶程，应观测轴线和高程，发现偏差及时纠正。

7. 监控与检查

（1）箱涵顶进前，应对箱涵原始（预制）位置的里程、轴线及高程测定原始数据并记录。顶进过程中，每一顶程要观测并记录各观测点左、右偏差值，高程偏差值和顶程及总进尺。

（2）箱涵顶进过程中，每天应定时观测箱涵底板上设置观测标钉的高程，分析结构竖向变形。对中边墙应测定竖向弯曲，当底板侧墙出现较大变位及转角时应及时分析研究采取措施。

（3）顶进过程中重点监测底板、顶板、中边墙，中继间牛腿或剪力铰和顶板前、后悬臂板，发现问题应及时研究采取措施。

二、季节性施工技术措施（略）

内容参照基坑雨期施工总结。

★拓展知识点：

箱涵顶进质量验收相关知识

箱涵顶进（质量验收主控项目）

19.4.2 滑板质量检验应符合规范规定，且应符合下列规定：

主控项目

1 滑板轴线位置、结构尺寸、顶面坡度、锚梁、方向墩等应符合施工设计要求。

考点分析

本考点在建造师考试初期进行过重点考核，当时集中考核教材内重要知识点。后期多以选择题形式进行考核。未来需注意考点：雨期施工要求（与基坑雨期施工要求相同）；箱涵顶进整体施工顺序，箱涵预制（钢筋混凝土构件预制）；箱涵吊装（属于吊装通用知识）；箱涵顶进过程中的监测与检查等内容。

【例题1·单选题】关于箱涵顶进挖土施工错误的是（　　　）。

A. 用小型反铲按侧刃脚坡度自上而下开挖，每次开挖进尺0.5m

B. 开挖面的坡度不得大于1:0.75

C. 逆坡、超前挖土不得扰动基底土体

D. 专人监护

【答案】C

【解析】开挖面的坡度不得大于1:0.75，不得逆坡、超前挖土，不得扰动基底土体。

【例题2·多选题】关于箱涵顶进施工的说法，错误的是（　　　）。

A. 箱涵主体结构混凝土强度必须达到设计强度的75%

B. 当顶力达到 0.8 倍结构自重时箱涵未启动，应立即停止顶进

C. 箱涵顶进必须避开雨期

D. 每前进一顶程，应观测轴线和高程，发现偏差及时纠正

E. 挖运土方与顶进作业宜同时进行

【答案】A、C、E

【解析】箱涵顶进前主体结构混凝土强度必须达到设计强度。箱涵顶进应尽可能避开雨期。需在雨期施工时，应采取切实有效的防护措施。挖运土方与顶进作业循环交替进行。

【例题 3·案例分析题】

【背景资料】

某公司承建一项城市主干路工程，长度 2.4km，在桩号 K1＋180～K1＋196 位置与铁路斜交，采用四跨地道桥顶进下穿铁路的方案，为保证铁路正常通行，施工前由铁路管理部门对铁路线进行加固。顶进工作坑顶进面采用放坡加网喷混凝土方式支护，其余三面采用钻孔灌注桩加桩间网喷支护，施工平面及剖面图如图 2K312042-1、图 2K312042-2 所示。

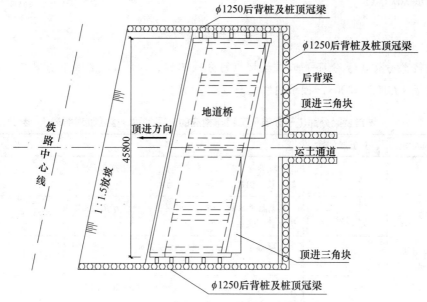

图 2K312042-1　地道桥施工平面示意图（单位：mm）

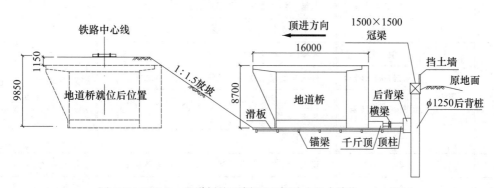

图 2K312042-2　地道桥施工剖面示意图（尺寸单位：mm）

项目部编制了地道桥基坑降水、支护、开挖、顶进方案并经过相关部门审批。

【问题】

1. 地道桥每次顶进，除检查液压系统外，还应检查哪些部位的使用状况？

2. 在每一顶程中测量的内容是哪些？

3. 地道桥顶进施工应考虑的防水排水措施是哪些？

【参考答案】

1. 还应检查传力部分、后背梁、后背桩与冠梁、滑板、地道桥结构、刃脚（钢刃脚）、三角块的变形情况。

2. 轴线偏差，高程（标高）偏差，中边墙竖向弯曲值，顶程及总进尺。

3.（1）坑顶地面硬化并设防淹墙（挡水围堰）、排水沟（截水沟）。

（2）坑底设排水沟、集水井、水泵（排水设施）和应急供电设施。

（3）工作坑上方设置作业棚（防雨棚）。

（4）加强基坑巡视检查。

★拓展知识点：

桥梁工程基础知识

城市桥梁分部（子分部）工程与相应的分项工程、检验批（《城市桥梁工程施工与质量验收规范》CJJ 2—2008，摘录内容见表 2K312042）

城市桥梁分部（子分部）工程与相应的分项工程、检验批对照表 表 2K312042

序号	分部工程	子分部工程	分项工程	检验批
1	地基与基础	扩大基础	基坑开挖、地基、土方回填、现浇混凝土（模板与支架、钢筋、混凝土）、砌体	每个基坑
		沉入桩	预制桩（模板、钢筋、混凝土、预应力混凝土）、钢管桩、沉桩	每根桩
		灌注桩	机械成孔、人工挖孔、钢筋笼制作与安装、混凝土灌注	每根桩
		沉井	沉井制作（模板与支架、钢筋、混凝土、钢壳）、浮运、下沉就位、清基与填充	每节、座
		地下连续墙	成槽、钢筋骨架、水下混凝土	每个施工段
		承台	模板与支架、钢筋、混凝土	每个承台
2	墩台	砌体墩台	石砌体、砌块砌体	每个砌筑段、浇筑段、施工段或每个墩台、每个安装段（件）
		现浇混凝土墩台	模板与支架、钢筋、混凝土、预应力混凝土	
		预制混凝土柱	预制柱（模板、钢筋、混凝土、预应力混凝土）、安装	
		台背填土	填土	
3		盖梁	模板与支架、钢筋、混凝土、预应力混凝土	每个盖梁
4		支座	垫石混凝土、支座安装、挡块混凝土	每个支座

序号	分部工程	子分部工程	分项工程	检验批
5		索塔	现浇混凝土索塔（模板与支架、钢筋、混凝土、预应力混凝土）、钢构件安装	每个浇筑段、每根钢构件
6		锚锭	锚固体系制作、锚固体系安装、锚碇混凝土（模板与支架、钢筋、混凝土）、锚索张拉与压浆	每个制作件、安装件、基础
7	桥跨承重结构	支架上浇筑混凝土梁（板）	模板与支架、钢筋、混凝土、预应力钢筋	每孔、联、施工段
		装配式钢筋混凝土梁（板）	预制梁（板）（模板与支架、钢筋、混凝土、预应力混凝土）、安装梁（板）	每片梁
		悬臂浇筑预应力混凝土梁	0号段（模板与支架、钢筋、混凝土、预应力混凝土）、悬浇段（挂篮、模板、钢筋、混凝土、预应力混凝土）	每个浇筑段
		悬臂拼装预应力混凝土梁	0号段（模板与支架、钢筋、混凝土、预应力混凝土）、梁段预制（模板与支架、钢筋、混凝土）、拼装梁段、施加预应力	每个拼装段
		顶推施工混凝土梁	台座系统、导梁、梁段预制（模板与支架、钢筋、混凝土、预应力混凝土）、顶推梁段、施加预应力	每节段
		钢梁	现场安装	每个制作段、孔、联
		结合梁	钢梁安装、预应力钢筋混凝土梁预制（模板与支架、钢筋、混凝土、预应力混凝土）、预制梁安装、混凝土结构浇筑（模板与支架、钢筋、混凝土、预应力混凝土）	每段、孔
		拱部与拱上结构	砌筑拱圈、现浇混凝土拱圈、劲性骨架混凝土拱圈、装配式混凝土拱部结构、钢管混凝土拱（拱肋安装、混凝土压注）、吊杆、系杆拱、转体施工、拱上结构	每个砌筑段、安装段、浇筑段、施工段
		斜拉桥的主梁与拉索	0号段混凝土浇筑、悬臂浇筑混凝土主梁、支架上浇筑混凝土主梁、悬臂拼装混凝土主梁、悬拼钢箱梁、支架上安装钢箱梁、结合梁、拉索安装	每个浇筑段、制作段、安装段、施工段
		悬索桥的加劲梁与缆索	索鞍安装、主缆架设、主缆防护、索夹和吊索安装、加劲梁段拼装	每个制作段、安装段、施工段
8		顶进箱涵	工作坑、滑板、箱涵预制（模板与支架、钢筋、混凝土）、箱涵顶进	每坑、每制作节、顶进节
9		桥面系	排水设施、防水层、桥面铺装层（沥青混合料铺装、混凝土铺装－模板、钢筋、混凝土）、伸缩装置、地袱和缘石与挂板、防护设施、人行道	每个施工段、每孔
10		附属结构	隔声与防眩装置、梯道（砌体；混凝土－模板与支架、钢筋、混凝土；钢结构）、桥头搭板（模板、钢筋、混凝土）、防冲刷结构、照明、挡土墙▲	每砌筑段、浇筑段、安装段、每座构筑物
11		装饰与装修	水泥砂浆抹面、饰面板、饰面砖和涂装	每跨、侧、饰面
12		引道▲	—	—

注：表中"▲"项应符合国家现行标准《城镇道路工程施工与质量验收规范》CJJ 1—2008 的有关规定。

2K313000 城市轨道交通工程

近年真题考点分值分布见表 2K313000：

近年真题考点分值分布表   表 2K313000

命题点	题型	2018 年	2019 年	2020 年	2021 年	2022 年
城市轨道交通工程结构与施工方法	单选题	1	1	—	2	1
	多选题	—	—	—	—	2
	案例分析题	—	—	—	—	4
明挖基坑施工	单选题	2	—	2	—	1
	多选题	2	—	—	—	2
	案例分析题	—	4	12	24	—
喷锚暗挖（矿山）法施工	单选题	—	—	1	—	1
	多选题	—	—	2	—	—
	案例分析题	—	—	—	—	—
城市轨道交通工程施工质量检查与检验	单选题	1	1	—	—	—
	多选题	—	—	—	—	2
	案例分析题	—	—	3	—	—
明挖基坑与隧道施工安全事故预防	单选题	—	—	—	—	—
	多选题	—	—	—	—	—
	案例分析题	4	—	—	—	—

2K313010 城市轨道交通工程结构与施工方法

核心考点提纲

$$城市轨道交通工程结构与施工方法\begin{cases}地铁车站结构与施工方法\\地铁区间隧道结构与施工方法\end{cases}$$

核心考点剖析

2K313011 地铁车站结构与施工方法

一、地铁车站形式与结构组成

1. 地铁车站形式分类（见表 2K313011）

分类依据	分类情况
所处位置	高架车站、地面车站和地下车站
运营性质	中间站、区域站、换乘站、枢纽站、联运站以及终点站
结构横断面形式	矩形、拱形、圆形及其他形式（如马蹄形、椭圆形等）
站台形式	岛式站台、侧式站台及岛侧混合站台

2. 结构组成

地铁车站通常由车站主体（站台、站厅、设备用房、生活用房），出入口及通道，附属建筑物（通风道、风亭、冷却塔等）三大部分组成。

【例题·多选题】地铁车站通常由车站主体及（　　　）组成。

A. 出入口及通道　　　　　　　　B. 通风道

C. 风亭　　　　　　　　　　　　D. 冷却塔

E. 轨道及道床

【答案】A、B、C、D

【解析】地铁车站通常由车站主体（站台、站厅、设备用房、生活用房），出入口及通道，附属建筑物（通风道、风亭、冷却塔等）三大部分组成。

二、施工方法（工艺）与选择条件

1. 明挖法施工

（1）在地面建筑物少、拆迁少、地表干扰小的地区修建浅埋地下工程通常采用明挖法。明挖法按开挖方式分为放坡明挖和不放坡明挖两种。放坡明挖法主要适用于埋深较浅、地下水位较低的城郊地段，边坡通常进行坡面防护、锚喷支护或土钉墙支护；不放坡明挖是指在围护结构内开挖，主要适用于场地狭窄及地下水丰富的软弱围岩地区。

（2）明挖法优点：具有施工作业面多、速度快、工期短、易保证工程质量、工程造价低等优点。

（3）明挖法施工工序：围护结构施工→降水（或基坑底土体加固）→第一层开挖→设置第一层支撑→……→第 n 层开挖→设置第 n 层支撑→最底层开挖→底板混凝土浇筑→自下而上逐步拆支撑（局部支撑可能保留在结构完成后拆除）→随支撑拆除逐步完成结构侧墙和中板→顶板混凝土浇筑。

2. 盖挖法施工

（1）盖挖法可分为盖挖顺作法及盖挖逆作法。目前，城市中施工采用最多的是盖挖逆作法。

（2）盖挖顺作法施工流程：构筑连续墙→构筑中间支撑桩→构筑连续墙及覆盖板→开挖及支撑安装→开挖及构筑底板→构筑侧墙、柱→构筑侧墙及顶板→构筑内部结构及路面恢复。

（3）盖挖逆作法施工流程：构筑围护结构→构筑主体结构中间立柱→构筑顶板→回填土、恢复路面→开挖中层土→构筑上层主体结构→开挖下层土→构筑下层主体结构。

（4）针对盖挖法逆作法施工混凝土水平施工缝问题，可采用直接法、注入法或充填法处理。注入法是通过预先设置的注入孔向缝隙内注入水泥浆或环氧树脂；充填法是在下部混凝土浇筑到适当高度，清除浮浆后再用无收缩或微膨胀的混凝土或砂浆充填。

3. 喷锚暗挖法

（1）新奥法：

"新奥法"：以维护和利用围岩的自承能力为基础。要求初期支护有一定柔度，以利用和充分发挥围岩的自承能力，从减少地表沉陷的城市要求出发，还要求初期支护有一定刚度。

（2）浅埋暗挖法：

1）浅埋暗挖法施工步骤是：将小导管或管棚打入地层→注入水泥或化学浆液加固地层→进行短进尺开挖（一般每个循环在 0.5～1.0m）→施做初期支护→施做防水层→完成二次衬砌。

2）浅埋暗挖法适用条件：

① 浅埋暗挖法不允许带水作业。

② 要求开挖面具有一定的自立性和稳定性。

【例题·单选题】在软土地层修建地铁车站，需要尽快恢复上部路面交通时，车站基坑施工方法宜选择（　　　）。

A. 明挖法   B. 盖挖法

C. 盾构法   D. 浅埋暗挖法

【答案】B

三、不同方法施工的地铁车站结构

1. 明挖法施工车站结构

明挖法施工的车站主要采用矩形框架结构或拱形结构。

其中矩形框架结构是明挖车站中采用最多的一种形式。明挖地铁车站结构由底板、侧墙及顶板等结构和楼板、梁、柱及内墙等内部构件组合而成。

矩形框架结构：

顶板和楼板：可采用单向板（或梁式板）、井字梁式板、无梁板或密肋板等形式。

底板：几乎都采用以纵梁和侧墙为支承的梁式板结构，这有利于整体道床和站台下纵向管道的铺设。

侧墙：当采用放坡开挖或用工字钢桩、钢板桩等作基坑的围护结构时，侧墙多采用以顶、底板及楼板为支承的单向板，装配式构件也可采用密肋板。

当采用地下连续墙时，可利用它们作为主体结构侧墙的一部分或全部。

2. 盖挖法施工车站结构

（1）结构形式：

盖挖法施工的地铁车站多采用矩形框架结构。

软土地区地铁车站一般采用地下连续墙或钻孔灌注桩作为施工阶段的围护结构。

（2）侧墙：

地下连续墙按其受力特性可分为四种形式：临时墙；单层墙；叠合墙；复合墙。

3. 喷锚暗挖（矿山）法施工车站结构

喷锚暗挖（矿山）法施工的地铁车站，可采用单拱式车站、双拱式车站或三拱式车站。

四、地铁车站工程质量控制与验收

1. 结构施工

（1）底板混凝土应沿线路方向分层留台阶灌注，灌注至高程初凝前，应用表面振捣器振捣一遍后抹面；墙体混凝土左右对称、水平、分层连续灌注，至顶板交界处间歇1～1.5h，然后再灌注顶板混凝土；顶板混凝土连续水平、分台阶由边墙、中墙分别向结构中间方向灌注。灌注至高程初凝前，应用表面振捣器振捣一遍后抹面；混凝土柱可单独施工，并应水平、分层灌注。

（2）垫层混凝土养护期不得少于7d，结构混凝土养护期不得少于14d。

（3）应落实防水层基面、每层防水层铺贴和保护层施工以及结构混凝土灌注前的模板（支架）、钢筋施工质量的查验和隐蔽前的查验。

2. 主体结构防水施工（车站、水池均适用）

（1）防水卷材铺贴的基层面应洁净、干燥、坚实、平整，阴、阳角处做成圆弧或钝角。

（2）防水卷材在以下部位必须铺设附加层：阴阳角处；变形缝处；穿墙管周围。

（3）底板底部防水卷材与基层面应按设计确定采用点粘法、条粘法或满粘法粘贴；立面和顶板的卷材与基层面、附加层与基层面、附加层与卷材及卷材之间必须全粘贴。

（4）结构顶板采用涂膜防水层时，防水基层面必须坚实、平整、清洁，不得有渗水、结露、凸角、凹坑及起砂现象。涂膜防水层施工前应先在基层面上涂一层基层处理剂。

3. 特殊部位防水处理

（1）结构变形缝处的端头模板应钉填缝板，填缝板与嵌入式止水带中心线应和变形缝中心线重合，并用模板固定牢固。止水带不得穿孔或用铁钉固定。

（2）结构变形缝处设置嵌入式止水带时，灌注混凝土规定：

1）止水带位置正确、平直、无卷曲，表面干净，固定牢固。

2）顶、底板结构止水带的下侧混凝土应振实。

3）边墙处内外侧混凝土应均匀、水平灌注。

（3）结构外墙穿墙管处防水施工规定：

1）穿墙管止水环和翼环应与主管连续满焊，并做防腐处理。

2）预埋防水套管内的管道安装完毕，应在两管间嵌防水填料，内侧用法兰压紧，外侧铺贴防水层。

考点分析

本考点是地铁车站主体结构施工重要内容。选择题多以车站形式与结构组成、施工方法的优缺点以及适用性作为考点，案例分析题需要注意盖挖法施工流程（盖挖顺作法、盖挖逆作法）；车站盖挖法侧墙几种形式；主体结构施工要求（混凝土开盘鉴定要求及浇筑顺序，主体结构施工中应落实的检查内容）；主体结构防水要求等内容。

【例题1·单选题】关于隧道浅埋暗挖法施工的说法，错误的是（　　）。

A. 施工时不允许带水作业

B. 要求开挖面具有一定的自立性和自稳性

C. 常采用预制装配式衬砌

D. 与新奥法相比，初期支护允许变形量较小

【答案】C

【例题2·案例分析题】

【背景资料】

某市政企业中标一城市地铁车站项目，该项目地处城乡接合部，场地开阔，建筑物稀少，车站设计为地下连续墙围护结构，采用钢筋混凝土支撑与钢管支撑，明挖法施工。

后浇带设置在主体结构中间部位，要求两侧混凝土强度达到100%设计值时，开始浇筑混凝土。施工过程中，质检员对到达现场的商品混凝土检查合格后，施工人员及时浇筑混凝土。

【问题】

混凝土灌注桩前项目部质检员对到达现场商品混凝土应做哪些工作？

【参考答案】

检查混凝土的开盘鉴定书（包括混凝土的等级、强度等级、配合比）；查验混凝土出厂时间、到场时间和混凝土外观；测试混凝土的坍落度；留置混凝土试块等工作。

【解析】商品混凝土进场的检查检验教材中未涉及，但是任何市政（土建、公路、水利也涉及）工程项目中，只要涉及商品混凝土进场，均会涉及混凝土的检查检验。检查检验项目可以本着多个角度展开的原则。

2K313012　地铁区间隧道结构与施工方法

隧道一般结构示意图如下所示：

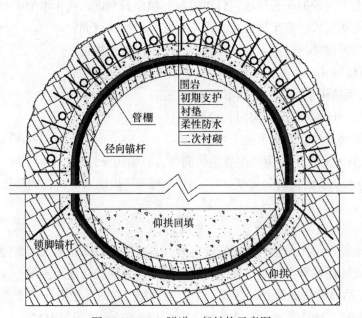

图 2K313012　隧道一般结构示意图

一、施工方法比较与选择

1. 喷锚暗挖法

浅埋暗挖技术多用于第四纪软弱地层，由于围岩自承能力比较差，初期支护要刚度大，支护要及时。初期支护必须从上向下施工，二次衬砌模筑必须通过变形量测确认初期支护结构基本稳定时才能施工，而且必须从下往上施工，绝不允许先拱后墙施工。

（1）地层预加固和预支护：

常用的预加固和预支护方法有：小导管超前预注浆和管棚超前支护等。

（2）初期支护形式：

隧道初期支护施做的及时性及支护的强度和刚度，对保证开挖后隧道的稳定性、减少地层扰动和地表沉降，都具有决定性的影响。在诸多支护形式中，钢拱锚喷混凝土支护是满足上述要求的最佳支护形式。

（3）二次衬砌：

在浅埋暗挖法中，初期支护的变形达到基本稳定，且防水结构施工验收合格后，可以进行二次衬砌施工。二次衬砌模板可以采用临时木模板或金属定型模板，更多情况则使用模板台车。衬砌所用的模板、墙架，拱架均应式样简单、拆装方便、表面光滑、接缝严密。

（4）监测：

监测的费用应纳入工程成本。经验证明拱顶沉降是控制稳定较直观的和可靠的判断依据，水平收敛和地表沉降有时也是重要的判断依据。对于地铁隧道来讲，地表沉降测量显得尤为重要。

2. 盾构法

（1）优点：

不影响地面交通，可减少对附近居民的噪声和振动影响；施工易于管理，施工人员也较少；隧道的施工费用不受覆土量影响，适宜于建造覆土较深的隧道；施工不受风雨等气候条件影响；当隧道穿过河底或其他建筑物时，不影响航运通行、建（构）筑物正常使用；土方及衬砌施工安全、掘进速度快；在松软含水地层中修建埋深较大的长隧道往往具有技术和经济方面的优越性。

（2）盾构法施工存在的问题：

隧道曲线半径过小时，覆土太浅，结构断面尺寸多变的区段，施工较为困难。

二、不同方法施工的地铁区间隧道结构

1. 明挖法施工隧道

在场地开阔、建筑物稀少、交通及环境允许的地区，应优先采用施工速度快、造价较低的明挖法施工。

2. 喷锚暗挖（矿山）法施工隧道

（1）采用喷锚暗挖法的隧道衬砌又称为支护结构，其作用是加固围岩并与围岩一起组成一个有足够安全度的隧道结构体系，共同承受可能出现的各种荷载，保持隧道断面的使用净空，防止地表沉降，提供空气流通的光滑表面，堵截或引排地下水。

（2）衬砌的基本结构类型——复合式衬砌：

这种衬砌结构是由初期支护、防水隔离层和二次衬砌所组成。复合式衬砌外层为初期支护，其作用是加固围岩，控制围岩变形，防止围岩松动失稳，是衬砌结构中的主要承载单元。

3. 盾构法隧道

（1）盾构法隧道衬砌：

1）管片类型：管片按材质分为钢筋混凝土管片、钢管片、铸铁管片、钢纤维混凝土管片和复合材料管片。其中，钢管片和铸铁管片一般用于负环管片或联络通道部位，但由于铸铁管片成本较高现已很少采用。钢筋混凝土管片是盾构法隧道衬砌中最常用的管片类型。

2）管环构成：盾构隧道衬砌的主体是管片拼装组成的管环，管环通常由 A 型管片（标准块）、B 型管片（邻接块）和 K 型管片（封顶块）构成，管片之间一般采用螺栓连接。

（2）联络通道：

联络通道是设置在两条地铁隧道之间的一条横向通道，起到乘客的安全疏散、隧道排水及防火、消防等作用。

考点分析

本考点以选择题为主，重点关注盾构法、明挖法施工的优缺点及联络通道的作用等。

【例题1·单选题】两条单线区间地铁隧道之间应设置横向联络通道，其作用不包括（　　）。

A. 隧道排水　　　　　　　　　　B. 隧道防火消防

C. 安全疏散乘客　　　　　　　　D. 机车转向调头

【答案】D

【例题2·多选题】盾构法施工隧道的优点有（　　）。

A. 不影响地面交通　　　　　　　B. 对附近居民干扰少

C. 适宜于建造覆土较深的隧道　　D. 不受风雨气候影响

E. 对结构断面尺寸多变的区段适应能力较好

【答案】A、B、C、D

2K313020　明挖基坑施工

核心考点提纲

明挖基坑施工 {
地下水控制
地基加固处理方法
深基坑支护结构与变形控制
基槽土方开挖及护坡技术
防止基坑坍塌、淹埋的安全措施
开挖过程中地下管线的安全保护措施
}

核心考点剖析

2K313021 地下水控制

一、基本规定

（1）地下水控制应包括工程勘察、地下水控制设计、工程施工与工程监测等工作内容。

（2）地下水控制方法可划分为降水、隔水和回灌三类。各种地下水控制方法可单独或组合使用。

二、降水

1. 工程降水方法及适用条件（见表 2K313021-1）

工程降水方法及适用条件一览表　　　　　　　表 2K313021-1

降水方法		土质类别	渗透系数（m/d）	降水深度（m）
集水明排		填土、黏性土、粉土、砂土、碎石土	—	—
降水井	真空井点	粉质黏土、粉土、砂土	0.01～20.0	单级＜6，多级＜12
	喷射井点	粉土、砂土	0.1～20.0	≤20
	管井	粉土、砂土、碎石土、岩石	＞1	不限
	渗井	粉质黏土、粉土、砂土、碎石土	＞0.1	由下伏含水层的埋藏条件和水头条件确定
	辐射井	黏性土、粉土、砂土、碎石土	＞0.1	4～20
	电渗井	黏性土、淤泥、淤泥质黏土	≤0.1	≤6
	潜埋井	粉土、砂土、碎石土	＞0.1	≤2

（1）基坑范围内地下水位应降至基础垫层以下不小于 0.5m。

（2）地下水控制应采取集水明排措施，拦截、排除地表（坑顶）、坑底和坡面积水。

（3）当采用渗井或多层含水层降水时，应采取措施防止下部含水层水质恶化。

（4）对风化岩、黏性土等富水性差的地层，可采用降、排、堵等多种地下水控制方法。

2. 降水系统布设

（1）降水系统平面布置规定：

1）面状降水工程降水井点宜沿降水区域周边呈封闭状均匀布置。

2）线状、条状降水工程降水井宜采用单排或双排布置，两端应外延条状或线状降水井点围合区域宽度的 1～2 倍布置降水井。

3）在运土通道出口两侧应增设降水井。

4）对于多层含水层降水宜分层布置降水井点。

（2）真空井点布设规定：

1）当真空井点孔口至设计降水水位的深度不超过 6.0m 时，宜采用单级真空井点；当大于 6.0m 且场地条件允许时，可采用多级真空井点降水，多级井点上下级高差宜取 4.0～5.0m。

2）井点系统的平面布置应根据降水区域平面形状、降水深度、地下水的流向以及土的性质确定，可布置成环形、U形和线形（单排、双排）（见图 2K313021-1）。

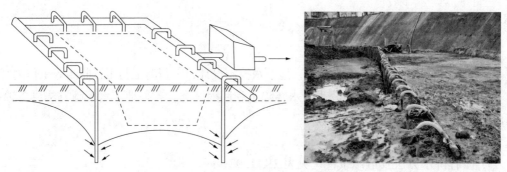

图 2K313021-1　轻型井点（真空井点）

3）井点间距宜为 0.8～2.0m，距开挖上口线的距离不应小于 1.0m；集水总管宜沿抽水水流方向布设，坡度宜为 0.25%～0.5%。

4）降水区域四角位置井点宜加密。

3. 降水施工

真空井点成孔规定：

（1）垂直井点：对易产生塌孔、缩孔的松软地层，成孔施工宜采用泥浆钻进、高压水套管冲击钻进；对于不易产生塌孔、缩孔的地层，可采用长螺旋钻进、清水或稀泥浆钻进。

（2）水平井点：钻探成孔后，将滤水管水平顶入，通过射流喷砂器将滤砂送至滤管周围；对容易塌孔地层可采用套管钻进。

（3）倾斜井点：宜按水平井点施工要求进行，并应根据设计条件调整角度，穿过多层含水层时，井管应倾向基坑外侧。

★拓展知识点：

井点施工流程

钻孔→清孔→安放井管→投放滤料→黏土封堵→井管与总管连接→试运行

4. 验收与运行维护

降水工程单井验收规定：

1）单井的平面位置、成孔直径、深度应符合设计要求。

2）成井直径、深度、垂直度等应符合设计要求，井内沉淀厚度不应大于成井深度的 5‰。

3）洗井应符合设计要求。

4）降深、单井出水量等应符合设计要求。

5）成井材料和施工过程应符合设计要求。

三、隔水帷幕

1. 一般规定

隔水帷幕方法分类（见表 2K313021-2）：

隔水帷幕方法分类表 表 2K313021-2

分类方式	帷幕方式
按布置方式	悬挂式竖向隔水帷幕、落底式竖向隔水帷幕、水平向隔水帷幕
按结构形式	独立式隔水帷幕、嵌入式隔水帷幕、支护结构自抗渗式隔水帷幕
按施工方法	高压喷射注浆（旋喷、摆喷、定喷）隔水帷幕、压力注浆隔水帷幕、水泥土搅拌桩隔水帷幕、冻结法隔水帷幕、地下连续墙或咬合式排桩隔水帷幕、钢板桩隔水帷幕、沉箱

2. 隔水帷幕施工方法及适用条件（见表 2K313021-3）

隔水帷幕施工方法的选择应根据工程地质条件、水文地质条件、场地条件、支护结构形式、周边工程环境保护要求综合确定。

隔水帷幕施工方法及适用条件表 表 2K313021-3

隔水方法 ＼ 适用条件	土质类别	注意事项与说明
高压喷射注浆法	适用于黏性土、粉土、砂土、黄土、淤泥质土、淤泥、填土	坚硬黏性土、土层中含有较多的大粒径块石或有机质，地下水流速较大时，高压喷射注浆效果较差
注浆法	适用于除岩溶外的各类岩土	用于竖向帷幕的补充，多用于水平帷幕
水泥土搅拌法	适用于淤泥质土、淤泥、黏性土、粉土、填土、黄土、软土，对砂、卵石等地层有条件使用	不适用于含大孤石或障碍物较多且不易清除的杂填土，欠固结的淤泥、淤泥质土，硬塑、坚硬的黏性土，密实的砂土以及地下水渗流影响成桩质量的地层
冻结法	适用于地下水流速不大的土层	电源不能中断，冻融对周边环境有一定影响
地下连续墙	适用于除岩溶外的各类岩土	施工技术环节要求高，造价高，泥浆易造成现场污染、泥泞，墙体刚度大，整体性好，安全稳定
咬合式排桩	适用于黏性土、粉土、填土、黄土、砂、卵石	对施工精度、工艺和混凝土配合比均有严格要求
钢板桩	适用于淤泥、淤泥质土、黏性土、粉土	对土层适应性较差，多应用于软土地区
沉箱	适用于各类岩土层	适用于地下水控制面积较小的工程，如竖井等

3. 隔水帷幕施工

隔水帷幕的施工应与支护结构施工相协调，施工顺序应符合下列规定：

（1）独立的、连续性隔水帷幕宜先施工帷幕，后施工支护结构。

（2）对嵌入式隔水帷幕，当采用搅拌工艺成桩时，可先施工帷幕桩，后施工支护结构；当采用高压喷射注浆工艺成桩或可对支护结构形成包覆时，可先施工支护结构，后施工帷幕。

（3）当采用咬合式排桩帷幕时，宜先施工非加筋桩，后施工加筋桩。

4. 验收

（1）对封闭式隔水帷幕，宜通过坑内抽水试验，观测抽水量、坑内外水位变化等检验其可靠性。

（2）对设置在支持结构外侧的独立式隔水帷幕，可通过开挖后的隔水效果判定其可靠性。

（3）对嵌入式隔水帷幕，应在开挖过程中检查固结体的尺寸、搭接宽度，检查点应随机选取，对施工中出现异常和漏水部位应检查并采取封堵、加固措施。

考点分析

本考点为超高频考点，一二级建造师在本章节写法上有较大不同，但考核方式均以案例分析题为主，部分年份也会考核选择题。早期案例分析题考核主要围绕着轻型井点（真空井点）的布置和数字内容进行考核，之后考核点比较分散，如轻型井点施工流程、降水设施维护、降水深度的简单计算等内容。针对案例分析题目考核形式，后期需注意如下考点：管井周围滤料的要求，降水系统识图，隔水帷幕采用施工形式及施工顺序、基坑内管井作用、基坑外观察井回灌井作用等内容。

【例题1·多选题】明挖基坑真空井点系统的平面布置应根据基坑的（　　）来确定。

A. 地下水的流向
B. 土的性质
C. 土方设备施工效率
D. 降水深度
E. 降水区域平面形状

【答案】A、B、D、E

【解析】井点系统的平面布置应根据降水区域平面形状、降水深度、地下水的流向以及土的性质确定，可布置成环形、U形和线形（单排、双排）。

【例题2·案例分析题】

【背景资料】

某市区城市主干道改扩建工程，标段总长1.72km。本标段地下水位较高，属富水地层，有多条现状管线穿越地下隧道段，需进行拆改挪移。

围护结构采用U形槽敞开段围护结构为直径φ1.0m的钻孔灌注桩，外侧桩间采用高压旋喷桩止水帷幕，内侧挂网喷浆。地下隧道段围护结构为地下连续墙及钢筋混凝土支撑。工程平面示意图如图2K313021-2所示。

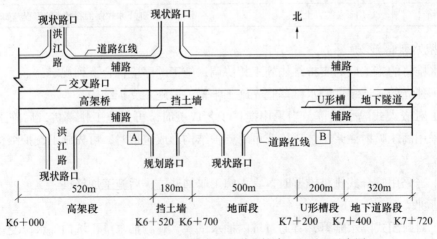

图2K313021-2　某市区城市主干道改扩建工程平面示意图

降水措施采用止水帷幕外侧设置观察井、回灌井，坑内设置管井降水，配轻型井点辅助降水。

【问题】

观察井、回灌井、管井的作用分别是什么？

【参考答案】

（1）观察井用于观测围护结构外侧地下水位变化。

（2）回灌井用于通过观察井观测发现地下水位异常变化时补充地下水。

（3）管井用于围护结构内降水，利于土方开挖。

2K313022 地基加固处理方法

一、基坑地基加固的目的与方法选择

1. 基坑地基加固的目的

（1）基坑外加固的目的主要是止水，并可减少围护结构承受的主动土压力。

（2）基坑内加固的目的主要有：提高土体的强度和土体的侧向抗力，减少围护结构位移，保护基坑周边建筑物及地下管线；防止坑底土体隆起破坏；防止坑底土体渗流破坏；弥补围护墙体插入深度不足等。

2. 基坑地基加固的方式

（1）基坑内被动土压区加固形式主要有墩式加固、裙边加固、抽条加固、格栅式加固和满堂加固。采用墩式加固时，土体加固一般多布置在基坑周边阳角位置或跨中区域；长条形基坑可考虑采用抽条加固；基坑面积较大时，宜采用裙边加固；地铁车站的端头井一般采用格栅式加固；环境保护要求高，或为了封闭地下水时可采用满堂加固。

（2）换填材料加固处理法，以提高地基承载力为主，适用于较浅基坑，方法简单，操作方便。

（3）采用水泥土搅拌、高压喷射注浆、常规注浆或其他方法对地基掺入一定量的固化剂或使土体固结，以提高土体的强度和土体的侧向抗力为主，适用于深基坑。

二、常用方法与技术要点

1. 注浆法

注浆法适用范围见表2K313022：

不同注浆法的适用范围表   表2K313022

注浆方法	适用范围
渗透注浆	只适用于中砂以上的砂性土和有裂隙的岩石
劈裂注浆	适用于低渗透性的土层
压密注浆	常用于中砂地基，黏土地基中若有适宜的排水条件也可采用。如遇排水困难而可能在土体中引起高空隙压力时，就必须采用很低的注浆速率。压密注浆可用于非饱和的土体，以调整不均匀沉降以及在大开挖或隧道开挖时对邻近土进行加固
电动化学注浆	地基土的渗透系数 $k < 10^{-4}$cm/s，只靠一般静压力难以使浆液注入土的空隙的地层

注浆加固土的强度具有较大的离散性，注浆检验应在加固后 28d 进行。可采用标准贯入、轻型静力触探法或面波等方法检测加固地层均匀性。

2. 水泥土搅拌法

水泥土搅拌法适用于加固饱和黏性土和粉土等地基。可分为浆液搅拌和粉体喷射搅拌两种。

3. 高压喷射注浆法

（1）高压喷射注浆法对淤泥、淤泥质土、黏性土（流塑、软塑和可塑）、粉土、砂土、黄土、素填土和碎石土等地基都有良好的处理效果，但对于硬黏性土，含有较多的块石或大量植物根茎的地基，因喷射流可能受到阻挡或削弱，使冲击破碎力急剧下降，造成切削范围小或影响处理效果。

（2）高压喷射三种基本形状：旋喷（固结体为圆柱状）、定喷（固结体为壁状）、和摆喷（固结体为扇状）。

高压喷射三种方法：单管法（喷射高压水泥浆液一种介质）；双管法（喷射高压水泥浆液和压缩空气两种介质）；三管法（喷射高压水流、压缩空气及水泥浆液三种介质）。

高压喷射有效处理范围：三管法最大，双管法次之，单管法最小。

实践表明，旋喷形式可采用单管法、双管法和三管法中的任何一种方法。定喷和摆喷注浆常用双管法和三管法。

（3）高压喷射注浆的全过程为钻机就位、钻孔、置入注浆管、高压喷射注浆和拔出注浆管等基本工序。

考点分析

本考点案例分析题考核内容包括：地基加固的目的；注浆方法的选择、流程等。

【例题 1·单选题】单管高压喷射注浆法，喷射的介质为（   ）。

A. 水泥浆液　　　　　　　　　　B. 净水

C. 空气　　　　　　　　　　　　D. 膨润土泥浆

【答案】A

【例题 2·多选题】基坑内被动区加固常用的形式有（   ）。

A. 墩式加固　　　　　　　　　　B. 岛式加固

C. 裙边加固　　　　　　　　　　D. 抽条加固

E. 满堂加固

【答案】A、C、D、E

2K313023　深基坑支护结构与变形控制

一、围护结构

1. 深基坑围护结构类型（见表 2K313023-1）

不同类型围护结构的特点　　　　表 2K313023-1

类型		特点
排桩	预制混凝土板桩	① 预制混凝土板桩施工较为困难，对机械要求高，而且挤土现象很严重； ② 桩间采用槽榫接合方式，接缝效果较好，有时需辅以止水措施； ③ 自重大，受起吊设备限制，不适合大深度基坑
	钢板桩	① 成品制作，可反复使用； ② 施工简便，但施工有噪声； ③ 刚度小，变形大，与多道支撑结合，在软弱土层中也可采用； ④ 新的时候止水性尚好，如有漏水现象，需增加防水措施
	钢管桩	① 截面刚度大于钢板桩，在软弱土层中开挖深度大； ② 需有防水措施相配合
	灌注桩	① 刚度大，可用在深大基坑； ② 施工对周边地层、环境影响小； ③ 需降水或和止水措施配合使用，如搅拌桩、旋喷桩等
	SMW 工法桩	① 强度大，止水性好； ② 内插的型钢可拔出反复使用，经济性好； ③ 具有较好发展前景，国内上海等城市已有工程实践； ④ 用于软土地层时，一般变形较大
地下连续墙		① 刚度大，开挖深度大，可适用于所有地层； ② 强度大，变位小，隔水性好，同时可兼作主体结构的一部分； ③ 可邻近建筑物、构筑物使用，环境影响小； ④ 造价高
重力式水泥土挡墙／水泥土搅拌桩挡墙		① 无支撑，墙体止水性好，造价低； ② 墙体变位大

【例题·单选题】主要材料可反复使用，止水性好的基坑围护结构是（　　　）。

A. 钢管桩　　　　　　　　　　　　　B. 灌注桩

C. SMW 工法桩　　　　　　　　　　D. 型钢桩

【答案】C

2. 钢板桩与钢管桩

优点：钢板桩强度高、隔水效果好、施工灵活、可重复使用等。是基坑常用的一种挡土结构。

钢板桩常用断面形式多为 U 形或 Z 形。我国地下铁道施工中多用 U 形钢板桩。

3. 钻孔灌注桩围护结构

钻孔灌注桩围护结构经常与止水帷幕联合使用，止水帷幕一般采用深层搅拌桩。如果基坑上部受环境条件限制，也可采用高压旋喷桩止水帷幕。素混凝土桩与钢筋混凝土桩间隔布置的钻孔咬合桩也有较多应用，此类结构可直接作为止水帷幕。

4. SMW 桩（型钢水泥搅拌墙）

（1）SMW 工法工艺流程（见图 2K313023-1）：

（2）型钢水泥土搅拌墙中常用的内插型钢布置形式可采用密插型、插二跳一型和插一跳一型三种。单根型钢中焊接接头不宜超过两个，焊接接头的位置应避免设在支撑位置或开挖面附近等型钢受力较大处；相邻型钢的接头竖向位置宜相互错开，错开距离不宜小于1m 且型钢接头距离基坑底面不宜小于 2m。

（3）拟拔出回收的型钢插入前处理：干燥、除锈、表面涂刷减摩材料。

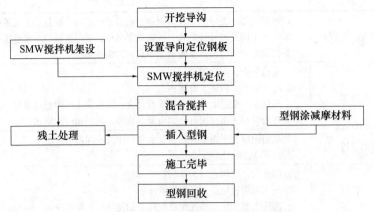

图 2K313023-1　SMW 工法工艺流程图

5. 地下连续墙

（1）现浇钢筋混凝土壁式地下连续墙施工工艺流程（见图 2K313023-2）：

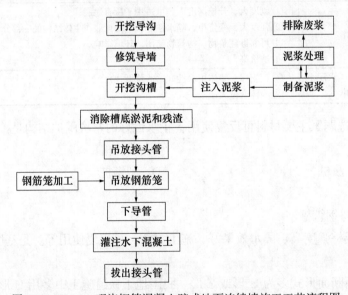

图 2K313023-2　现浇钢筋混凝土壁式地下连续墙施工工艺流程图

【例题·单选题】采用锁口管接头的地下连续墙的施工工序包括：① 开挖沟槽、
② 吊放钢筋笼、③ 下导管、④ 吊放接头管、⑤ 拔出接头管、⑥ 灌注水下混凝土、⑦ 导
墙施工。正确的地下连续墙施工顺序是（　　　）。

A. ⑤→⑦→①→④→②→③→⑥　　　　B. ①→⑦→②→④→③→⑤→⑥

C. ⑦→④→①→③→②→⑥→⑤　　　　D. ⑦→①→④→②→③→⑥→⑤

【答案】D

（2）地下连续墙的槽段接头选用原则：地下连续墙宜采用圆形锁口管接头、波纹管接
头、楔形接头、工字形钢接头或混凝土预制接头等柔性接头；当地下连续墙作为主体地下
结构外墙，且需要形成整体墙时，宜采用刚性接头；刚性接头可采用一字形或十字形穿孔

钢板接头、钢筋承插式接头等；在采取地下连续墙墙顶设置通长的冠梁、墙壁内侧槽段接缝位置设置结构壁柱、基础底板与地下连续墙刚性连接等措施时，也可采用柔性接头。

（3）导墙是控制挖槽精度的主要构筑物，地下连续墙导墙作用：挡土、基准作用、承重、存蓄泥浆。

二、支撑结构类型

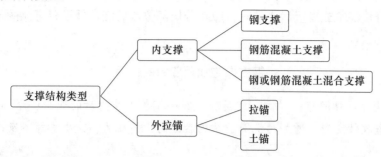

（1）支撑结构挡土的应力传递路径：围护（桩）墙→围檩（冠梁）→支撑。

（2）现浇钢筋混凝土支撑体系由围檩（圈梁）、对撑及角撑、立柱和其他附属构件组成。

（3）钢结构支撑（钢管、型钢支撑）体系通常为装配式的，由围檩、角撑、对撑、预应力设备（包括千斤顶自动调压或人工调压装置）、轴力传感器、支撑体系监测监控装置、立柱及其他附属装配式构件组成。

现浇钢筋混凝土及钢结构支撑特点与示意图见表 2K313023-2 及图 2K313023-3。

两类内支撑体系的特点　　　　表 2K313023-2

材料	特点
现浇钢筋混凝土	混凝土结硬后刚度大，变形小，强度的安全、可靠性强，施工方便，但支撑浇制和养护时间长，围护结构处于无支撑的暴露状态的时间长、软土中被动区土体位移大，如对控制变形有较高要求时，需对被动区软土加固。施工工期长，拆除困难，爆破拆除对周围环境有影响
钢结构	安装、拆除施工方便，可周转使用，支撑中可加预应力，可调整轴力而有效控制围护墙变形；施工工艺要求较高，如节点和支撑结构处理不当，或施工支撑不及时不准确，会造成失稳

现浇钢筋混凝土支撑

钢支撑

图 2K313023-3　现浇钢筋混凝土支撑及钢支撑示意图

（4）内支撑体系的施工

1）必须坚持先支撑后开挖的原则。

2）围檩与围护结构之间紧密接触，不得留有缝隙。如有间隙，应用强度不低于 C30 的细石混凝土填充密实或采用其他可靠连接措施。

3）钢支撑应按设计要求施加预应力，当监测到预应力出现损失时，应再次施加预应力。

4）支撑拆除应在替换支撑的结构构件达到换撑要求的承载力后进行。当主体结构的底板和楼板分块浇筑或设置后浇带时，应在分块部位或后浇带处设置可靠的传力构件。

★拓展知识点

钢支撑施加预应力的作用

消除钢构件拼接间隙；方便后期拆除；减小钢构件受力后的变形；增加支撑的刚度；抑制基坑坑壁收敛变形；增加对抗围护结构后方的土体压力；减小支撑不及时引起的围护结构变形。

三、基坑的变形控制

1. 基坑变形特征

（1）土体变形：

基坑周围地层移动主要是由于围护结构的水平位移和坑底土体隆起造成的。

（2）围护结构水平变形：

当基坑开挖较浅，还未设支撑时，刚性墙体及柔性墙体均表现为墙顶位移最大，向基坑方向水平位移，呈三角形分布。随着基坑开挖深度的增加，刚性墙体继续表现为向基坑内的三角形水平位移或平行刚体位移，而一般柔性墙如果设支撑，则表现为墙顶位移不变或逐渐向基坑外移动，墙体腹部向基坑内凸出。

（3）围护墙体竖向变位：

当围护桩或地下连续墙底因清孔不净有沉渣时，围护墙在开挖中会下沉，另外，当围护结构下方有顶管和盾构等穿越时，也会引起围护结构突然沉降。

（4）基坑底部的隆起：

过大的坑底隆起可能是两种原因造成的：① 基坑底不透水土层由于其自重不能承受不透水土层下承压水水头压力而产生突然性的隆起；② 由于围护结构插入基坑底土层深度不足而产生坑内土隆起破坏。一般通过监测立柱变形来反映基坑底土体隆起情况。

2. 控制基坑变形的主要方法

（1）增加围护结构和支撑的刚度。

（2）增加围护结构的入土深度。

（3）加固基坑内被动土压区土体。

（4）减小每次开挖围护结构处土体的尺寸和开挖后未及时支撑的暴露时间。

（5）控制降水对环境变形的影响（调整围护结构或隔水帷幕深度和降水井布置）。

如：增加隔水帷幕深度甚至隔断透水层、提高管井滤头底高度、降水井布置在基坑内均可减少降水对环境的影响。

3. 坑底稳定控制

（1）加深围护结构入土深度、坑底土体加固、坑内井点降水等。

（2）适时施做底板结构。

考点分析

本考点多以案例分析题形式进行考核，例如围护结构（SMW工法桩、地下连续墙、咬合桩、土钉墙等）的特点或施工流程；钻孔灌注桩的施工参数；地下连续墙划分施工段的依据；施工中围护结构发生质量问题的原因分析和预防措施（如SMW工法桩型钢压入或拔出困难的原因分析等）；钢支撑或钢筋混凝土支撑组成；钢支撑施加预应力的目的；通过案例分析题中背景资料（地下水位、开挖深度、场地、地下土质等）以及各类支撑特点，分析该工程采用何种形式支撑等。另外，基坑变形控制及坑底稳定控制可以选择题或案例分析题中补充题的形式进行考核。

【例题1·多选题】基坑开挖时防止坑底土体过大隆起可采取的措施（　　）。

A. 增加围护结构刚度　　　　　　　B. 增加围护结构入土深度

C. 坑底土体加固　　　　　　　　　D. 坑内井点降水

E. 适时施做底板

【答案】B、C、D、E

【例题2·案例分析题】

【背景资料】

某公司承建一项城市污水管道工程，管道全长1.5km，采用DN1200mm的钢筋混凝土管，管道平均覆土深度约6m。考虑现场地质水文条件，项目部准备采用"拉森钢板桩＋钢围檩＋钢管支撑"的支护方式，沟槽支护情况详见图2K313023-4。

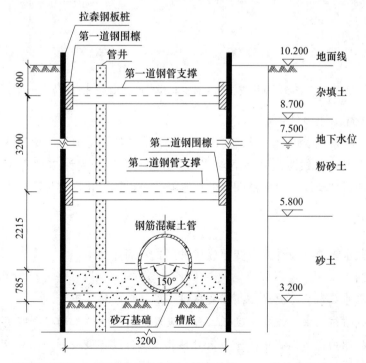

图2K313023-4　沟槽支护示意图（标高单位：m；尺寸单位：mm）

【问题】

写出钢板桩围护方式的优点。

【参考答案】

优点：钢板桩强度高、桩与桩之间连接紧密、隔水效果好（止水性能好）、施工方便（或施工灵活）、可重复（反复）使用。

【例题3·案例分析题】

【背景资料】

某公司承建城市主干道的地下隧道工程，长520m，为单箱双室箱型钢筋混凝土结构，采用明挖顺作法施工。隧道基坑深10m，侧壁安全等级为一级，基坑支护与结构设计断面如图2K313023-5所示。围护桩为钻孔灌注桩，截水帷幕为双排水泥土搅拌桩，两道内支撑中间设立柱支撑，基坑侧壁与隧道侧墙的净距为1m。

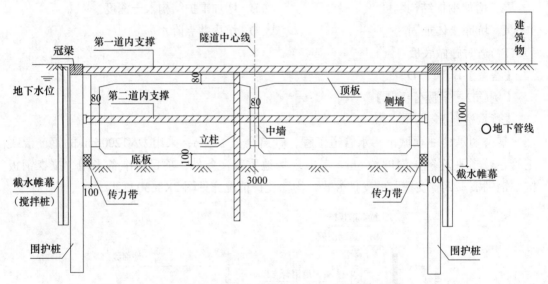

图2K313023-5　基坑支护与主体结构设计断面示意图（单位：cm）

施工过程发生如下事件：

事件一：进场踏勘发现有一条横跨隧道的架空高压线无法改移，鉴于水泥土搅拌桩机设备高度较大，与高压线距离处在危险范围，导致高压线两侧计20m范围内水泥土搅拌桩无法施工。项目部建议变更此范围内的截水帷幕桩设计，建设单位同意设计变更。

……

【问题】

事件一中截水帷幕桩设计可以变更成哪种形式？简述理由。

【参考答案】

本工程截水帷幕桩应变更成"高压旋喷桩"或"咬合桩"形式。

采用高压旋喷桩理由：设备高度低，可以满足高压线下施工的安全距离；

采用咬合桩理由：本工程中高压线未对钻孔灌注桩设备造成影响，且咬合桩围护结构可以兼做止水帷幕。

【例题 4 · 案例分析题】

【背景资料】

某施工单位中标承建过街地下通道工程，周边地下管线较复杂，设计采用明挖顺作法施工。通道基坑总长 80m、宽 12m、开挖深度 10m；基坑围护结构采用 SMW 工法桩，基坑沿深度方向设有 2 道支撑，其中第一道支撑为钢筋混凝土支撑，第二道支撑为 $\phi609 \times 16$（mm）钢管支撑（见图 2K313023-6）。基坑场地地层自上而下依次为：2m 厚素填土、6m 厚黏质粒土、10m 厚砂质粉土，地下水位埋深约 1.5m。在基坑内布置了 5 座管井降水。

【问题】

1. 给出上图中 A、B 构（部）件名称，并分别简述其功用。

2. 根据两类支撑的特点分析围护结构设置不同类型支撑的理由。

3. 列出基坑围护结构施工的大型工程机械设备。

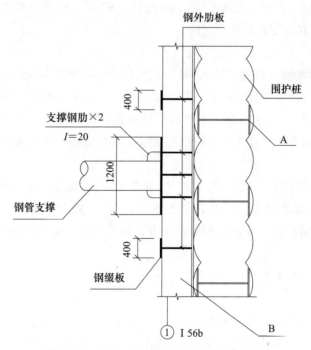

图 2K313023-6　第二道支撑节点平面示意图

【参考答案】

1. A 是 H 形钢（工字钢）；作用：在水泥土搅拌桩中起到骨架作用、加强围护结构韧性，提高围护结构抗剪能力。

B 是围檩（腰梁、圈梁）；作用：整体受力、将挡墙的力传递给支撑、避免集中受力。

2.（1）第一道采用钢筋混凝土支撑理由：混凝土支撑具有刚度大、变形小、可承受拉应力、整体性强，在地面施工方便的优点。

（2）第二道采用钢管支撑理由：钢管支撑具有施工速度快、装拆方便、可以周转使用，可施加预应力控制墙体变形等优点。

3．本工程基坑围护结构施工的大型机械设备包括：三轴水泥土搅拌机、起重机（吊车）、挖掘机（或振动锤）、拔桩机（型钢拔除）、混凝土泵车、罐车。

2K313024　基槽土方开挖及护坡技术

一、基（槽）坑土方开挖

1．基本要求

（1）基坑周围地面应设排水沟，基坑也应设置必要的排水设施；放坡开挖时，应对坡顶、坡面、坡脚采取降（排）水措施。

（2）软土基坑必须分层、分块、均衡地开挖，分块开挖后必须及时支护，对于有预应力要求的钢支撑或锚杆，还必须按设计要求施加预应力。

（3）基坑开挖过程中，必须采取措施防止开挖机械等碰撞支护结构、格构柱、降水井点或扰动基底原状土。

（4）基底经勘察、设计、监理、施工单位验收合格后，应及时施工混凝土垫层。

2．基坑开挖前安全交底和技术交底

（1）安全交底：

1）本施工项目的施工作业特点和危险点；针对危险点的具体预防措施；应注意的安全事项；相应的安全操作规程和标准；发生事故后应及时采取的避难和急救措施。

2）对机械安全操作要求；施工人员的防护设施；开挖边坡满足方案要求；边坡堆载的要求；施工监测的要求；降水井运行状态要求；安全防护设施；预警；应急预案。

（2）技术交底：

1）包括工具及材料准备、施工技术要点、质量要求及检查方法、常见问题及预防措施。

2）降水形式、降水井布置、地下水已降至高程；开挖上口线，开挖坡度；分层开挖每层高度；开挖机械组合；开挖顺序以及土方运输车路线；基底预留人工清理土方厚度；环保文明施工的要求。

二、基坑（槽）的土方开挖方法

1．开挖方法

浅层土方开挖：采用短臂挖掘机及长臂挖掘机直接开挖、出土，自卸运输车运输。

深层土方开挖：采用长臂挖机或小型挖掘机开挖，吊车提升出土，自卸车辆运输。

长处：水平挖掘或运输和垂直运输分离，可以多点垂直运输，缓解了纵坡问题、支撑延迟安装问题，提高了挖土速度，可以有效保证基坑的安全。

2．基坑分块开挖顺序

地铁车站的长条形基坑开挖应遵循"分段分层、由上而下、先支撑后开挖"的原则，兼作盾构始发井的车站，一般从两端或一端向中间开挖，以方便端头井的盾构始发。

三、基坑回填要求

1．基坑回填料

不应使用淤泥、粉砂、杂土、有机质含量大于8%的腐殖土、过湿土、冻土和大于150mm粒径的石块，并应符合设计文件要求。

2. 基坑回填质量验收的主控项目

（1）基坑回填土的土质、含水率应符合设计文件要求。

（2）基坑回填宜分层、水平机械压实，压实后的厚度应根据压实机械确定，且不应大于0.3m；结构两侧应水平、对称同时填压；基坑分段回填接槎处，已填土坡应挖台阶，其宽度不应小于1.0m，高度不应大于0.5m。

（3）基坑位于道路下方时，基坑回填碾压密实度应符合现行行业标准《城镇道路工程施工与质量验收规范》CJJ 1—2008的规定。

四、护坡技术

1. 基坑边坡基本要求

在场地土质较好、基坑周围具备放坡条件、不影响相邻建筑物的安全及正常使用的情况下，宜采用全深度放坡或部分深度放坡。分级放坡时，宜设置分级过渡平台。下级放坡坡度宜缓于上级放坡坡度。

2. 基坑边坡稳定控制措施总结

（1）坡度设计合理，留置平台。

（2）依据设计开挖。

（3）控制好地表水、地下水和管线水。

（4）控制好基坑周边动载和静载。

（5）做好坡脚、坡面防护。

（6）做好监测和应急预案。

3. 护坡措施

（1）叠放砂包或土袋。

（2）水泥砂浆或细石混凝土抹面（抹面应预留泄水孔）。

（3）挂网喷浆或喷混凝土。

（4）其他措施：包括锚杆喷射混凝土护面、塑料膜或土工织物覆盖坡面等。

五、基坑开挖高频考点

1. 高压线

挖机、吊车、打桩设备和堆放土方材料均应与高压线保持安全距离。

2. 堆土注意事项

覆盖，验算，高度、距离不能超过规范规定，且不得掩埋（雨水口、闸井、消火栓、测量标志），不影响排水。

3. 基坑安全防护

防护栏杆，挂密目式安全网，下设踢脚板，悬挂警示标志，夜间有警示红灯，有专人巡视。

4. 基坑雨期施工措施

（1）基坑顶：防淹墙，地面硬化，排水沟；

（2）坡面：硬化或覆盖；

（3）基坑底：排水沟，集水坑，抽水设备。

考点分析

本考点考核形式比较灵活。土方开挖一般会结合图形进行考核，需注意验槽单位（建设单位组织，勘察、设计、监理、施工单位参加），验槽内容［地基承载力、基坑平面（轴线）位置、几何尺寸、高程（标高）］，基坑边坡稳定措施，基坑周围堆放物品的规定以及基坑回填的中间验收等内容。

【例题1·案例分析题】

【背景资料】

某地铁盾构工作井，平面尺寸为18.6m×18.8m，深28m，位于砂性土、卵石地层，地下水埋深为地表以下23m。施工影响范围内有现状给水、雨水、污水等多条市政管线。盾构工作井采用明挖法施工，围护结构为钻孔灌注桩加钢支撑，盾构工作井周边设降水管井。设计要求基坑土方开挖分层厚度不大于1.5m，基坑周边2～3m范围内堆载不大于30MPa，地下水位需在开挖前1个月降至基坑底以下1m。

项目部编制的施工组织设计有如下事项：

（1）施工现场平面布置如图2K313024所示，搅拌设施及堆土场设置于基坑外缘1m处；布置了临时用电、临时用水等设施，场地进行硬化等。

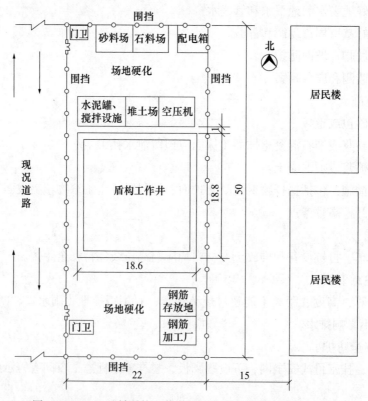

图2K313024　地铁盾构工作井平面布置示意图（单位：m）

（2）考虑盾构工作井基坑施工进入雨期，基坑围护结构上部设置挡水墙，防止水浸入基坑。

（3）应急预案分析了基坑土方开挖过程中可能引起基坑坍塌的因素，包括钢支撑架设不及时、未及时喷射混凝土支护等。

【问题】

基坑坍塌应急预案还应考虑哪些危险因素？

【参考答案】

还应考虑：

（1）每层开挖深度超出设计要求；

（2）基坑周边堆载超限或行驶的车辆距离基坑边缘过近；

（3）支撑中间立柱不稳；

（4）基坑周边长时间积水；

（5）基坑周边给水排水现况管线渗漏；

（6）降水措施不当引起基坑周边土粒流失。

【例题 2·案例分析题】

【背景资料】

某公司承建的地下水池工程，设计采用薄壁钢筋混凝土结构，长×宽×高为 30m×20m×6m，池壁顶面高出地表 0.5m，池体位置地质分布自上而下分别为回填土（厚 2m）、粉砂土（厚 2m）、细砂土（厚 4m），地下水位于地表下 4m 处。

水池基坑支护设计采用 ϕ800mm 灌注桩及高压旋喷桩止水帷幕，第一层钢筋混凝土支撑，第二层钢管支撑，井点降水采用 ϕ400mm 无砂管和潜水泵。当基坑支护结构强度满足要求及地下水位降至满足施工要求后，方可进行基坑开挖施工。

【问题】

本工程除了灌注桩支护方式外还可以采用哪些支护形式？基坑水位应降至什么位置才能满足基坑开挖和水池施工要求？

【参考答案】

（1）本工程除了灌注桩支护方式外还可以采用 SMW 工法桩、地下连续墙。

（2）基坑水位应降至基坑底以下不小于 0.5m。

2K320151　防止基坑坍塌、淹埋的安全措施（考试用书 2K320000 章中相关内容）

一、基坑工程的防坍塌安全管理

基坑施工防范暴雨措施：

（1）施工现场应确保场地排水系统排水能力满足规范要求，定期检查，确保无淤积、堵塞等现象。抽水排水设施管（孔）口应设置防水倒灌措施。雨期，通往基坑的所有可能进水管（口）应进行可靠封堵。并设专人检查，及时疏浚排水系统，确保施工现场排水畅通。

（2）避免在汛期进行新建线与既有线相接部位的开洞连通施工；若必须施工应制定汛期施工保障措施。

（3）基坑（竖井、斜井）、车站出入口等周边挡水墙强度、相对高度应满足防汛要求，并定期检查及时修补。

（4）雨期开挖基坑（槽、沟）时，应注意边坡稳定，应加强对边坡坡脚、支撑等的处理，暴雨期间应停止土石方作业。

（5）汛期前，应做好周边河流、管线渗漏情况摸排，对隐患部位及时进行处理。汛期施工时，应落实值班巡查制度，加强监测，与气象、防汛等部门建立防汛联动机制，及时掌握气象、水文等信息。根据当地防汛预警等级要求，及时启动防汛应急预案。

二、施工单位基坑工程防坍塌的安全管理行为

（1）负责施工阶段的坍塌风险辨识、分析评价和动态管控，排查治理坍塌隐患，建立应急制度，完善应急措施。

（2）配备相关专业人员，对施工过程中的地质风险进行日常巡查，评估现场风险状况，及时采取处置措施。

（3）严格按照设计文件、施工方案及相关技术标准进行施工，深入辨识工程自身、不良地质、周边环境和自然灾害等可能造成的坍塌风险，明确风险等级和管控措施，形成风险分析报告并进行专家评审。

（4）对工程周边环境进行核查。按照相关规范规定，做好工程自身监测和地表水、地下水位监测工作，编制施工监测方案并组织实施；做好施工场地地面硬化，完善排水设施；加强工程邻近海域、河流、湖泊、渡槽等巡视排查；对于不良地质段及有可能发生地质变化的区段，必须组织开展超前地质探测。

（5）基坑、隧道工程施工方案的编制、审批、专家论证及实施、验收等应符合《危险性较大的分部分项工程安全管理规定》（中华人民共和国住房和城乡建设部令第37号）相关规定。施工方案的编制论证应将防坍塌作为重点内容之一。

（6）开工前应详细核查施工区域周边地下管线情况，做好废弃管线排查并与管线产权单位会签确认。施工过程中应随时检查地下管线渗漏水情况，发现地面出现沉降、开裂、渗涌水等情况应及时启动应急预案并协调会商相关部门妥善处理。

（7）应采用探地雷达法等先进适用方法对施工影响范围内的地下空洞及疏松体、管线渗漏等进行探测，由专业工程师对探测结果进行分析、验证、评估。

三、基坑工程施工坍塌防范

1. 一般规定

（1）采用连续墙作为围护结构的，拐角处连续墙不得采用"一"字形结构，连续墙接缝处宜采用旋喷桩、预留注浆管等止水措施。连续墙接缝处宜"先探后挖"，发现渗漏及时注浆堵漏，连续墙接缝渗漏治理方案应纳入危大工程管理。

（2）加强围护结构施工质量检测，采用声波透射法、钻芯法、低应变法等方法对围护桩、连续墙等围护结构进行完整性检测。

（3）宜采用声呐、超声波、光纤维、电位差等方法对围护结构（含止水帷幕）进行渗漏水检测。

2. 施工准备阶段

（1）基坑工程在设计前必须调查地质水文、周边环境及地下管线等情况，严禁情况不明开展设计工作；基坑围护结构设计选型应与地质情况匹配；应保证围护结构坚固可靠，

嵌入深度满足稳定性和强度要求，确保基坑围护结构止水措施到位。

（2）基坑工程设计应进行坍塌风险辨识、分析，编制风险清单并制定相应措施，计算围护（支撑）体系内力和变形，结合当地工程经验判断设计成果合理性。

（3）基坑施工必须有可靠的地下水控制方案，邻河道、湖泊的基坑应做好防汛措施，应在确保地下水得到有效控制的前提下开挖。

（4）基坑施工前应按照相关规定编制专项施工方案并组织专家论证，确保按照经审查合格的设计文件和方案组织实施，做好方案交底，严禁擅自改变施工方法。

（5）围护结构施工前，做好地上及地下建（构）筑物、管线等周边环境调查和变形监测点布设等工作。

3. 施工阶段

（1）基坑开挖前应组织开展关键节点施工前安全条件核查，包括钻孔、成槽等动土作业和土方开挖施工，重点核查可能出现渗漏的围护体系施工质量。未经安全条件核查或条件核查不合格的，不得开挖施作。

（2）土方开挖时严格遵循自上而下分层分段进行，严格控制开挖与支撑之间的时间、空间间隔，严禁超挖；软弱地层支撑应采用钢筋混凝土支撑等加强措施；应先撑后挖，采用换撑方案时应先撑后拆；支撑不到位严禁开挖土体；严格换撑、拆撑验收，严禁支撑架设滞后、违规换撑、拆撑。

（3）基坑内土坡坡度和支护方法应符合施工方案规定，基坑开挖分层分段时，应做好超前降水、排水，确保坑内土体安全坡度，基坑分段分期开挖时，必须保证临时隔离结构及支护的工程质量。对周边环境要求严格的地区，可采用伺服式钢支撑。

（4）钢支撑架设必须设置防坠落装置；钢支撑架设时严格按规范要求分级施加预应力，做好钢支撑预应力锁定，钢支撑出现应力损失应及时查明原因并进行应力补偿。

（5）基坑分段开挖长度应符合施工方案要求。基坑开挖见底后尽早施作底板结构，确保基底及时封闭，严禁长距离、长时间暴露。

（6）严格控制基坑边堆载，不得超过设计文件和施工方案规定允许值；加强设备、车辆管理，车辆通行尽量远离基坑，严禁重型机械在基坑边长时间停放；应对基坑两侧的不对称荷载进行专项风险分析。

（7）基坑（槽）开挖后及时进行地下结构和安装工程施工，基坑（槽）开挖或回填应连续进行。施工过程中应随时检查坑（槽）壁稳定情况。

（8）应防止地表水流入基坑（槽）内造成边坡塌方或土体破坏，基坑施工时应做好坑内和地表排水组织，调查基坑周边的管网渗漏情况，避免地表水流入基坑或给水排水管网渗漏、爆管。场地周围出现地表水汇流、排泄或地下水管渗漏时，应组织排水，对基坑采取保护措施。

（9）采用爆破施工时，应编制专项方案，防止爆破震动影响边坡及周边建（构）筑物稳定，并符合当地管理部门要求。

（10）基坑工程应按照设计文件规定进行支撑轴力、围护结构变形、地下水位、地面沉降等监控量测，监控量测数据超过预警值应科学分析并及时处置，超过控制值时应分析查明原因并制定有效处置措施，未采取处置措施前，严禁组织后续施工。

四、应急响应

（1）施工单位应建立健全生产安全事故应急工作责任制，根据自身工程特点和内容，编制基坑防坍塌专项应急预案和现场处置方案，建立应急抢险队伍，配备必要的应急救援装备和物资并进行经常性维护保养；作业人员进入有限空间作业应做好防范坍塌措施。

（2）建设、施工单位与工程周边产权单位建立联动机制，发生坍塌事件，第一时间通知影响区范围内的房屋、管线产权单位，及时启动应急响应，保证社会人员安全。

五、抢险支护与堵漏

1. 围护结构缺陷造成的渗漏一般采用下面方法处理

（1）在缺陷处插入引流管引流，然后采用双快水泥封堵缺陷处，等封堵水泥形成一定强度后再关闭导流管。

（2）如果渗漏较为严重时直接封堵困难时，则应首先在坑内回填土封堵水流，然后在坑外打孔灌注聚氨酯或水泥－水玻璃双液浆等封堵渗漏处，封堵后再继续向下开挖基坑。

2. 基坑坍塌预防处理

（1）加强监测，加强降水，加强支护。

（2）坡脚堆载，坡顶卸载。

（3）回填土，回填砂，灌水。

考点分析

本考点属于案例分析题高频考点，考核最多的是基坑漏水的处理措施。

【例题1·单选题】基坑开挖过程中的最主要风险是（　　　）。

A. 造价过高　　　　　　　　　B. 降水井密集

C. 人工清理土层过薄　　　　　D. 坍塌和淹埋

【答案】D

【解析】基坑工程施工过程中的主要风险是基坑坍塌和淹埋，防止基坑坍塌和淹埋是基坑施工的重要任务。

【例题2·案例分析题】

【背景资料】

某施工单位中标承建过街地下通道工程，周边地下管线较复杂。设计采用明挖法施工。隧道基坑总长80m、宽12m、开挖深度10m，基坑围护结构采用SMW工法施工。

项目部选用坑内小挖机与坑外长臂挖机相结合的土方开挖方案，在挖土过程中发现围护结构有两处出现渗漏，渗漏水为清水，项目部立即采取堵漏措施予以处理。堵漏处理造成直接经济损失20万元，工期拖延10d。项目部为此向业主提出索赔。

【问题】

给出项目部堵漏措施的具体步骤。

【参考答案】

（1）因为渗漏水为清水，说明渗水不严重，可在缺陷处插入引流管引流，然后采用双快水泥封堵缺陷处，待封堵水泥形成一定强度后再关闭导流管。

（2）当双快水泥封堵困难时，应首先在坑内回填土封堵水流，然后在坑外打孔灌注聚氨酯或水泥—水玻璃双液浆等材料封堵渗漏处。

2K320152　开挖过程中地下管线的安全保护措施（考试用书 2K320000 章中相关内容）

开挖过程中地下管线安全保护措施总结：

（1）管线调查：查阅建设方提供的资料（保证资料真实、准确、完整），掌握管线的施工年限、使用状况、位置、埋深、管材、管径等数据信息。

（2）资料未反映、反映不详、与实际情况不符的，应向规划部门、管线管理单位查询，通过挖探坑对现有管线进行调查（实际位置、埋深，结构形式，完好度）。

（3）内业做好图纸标记、外业做好现场标识。

（4）在对管线分析和计算的基础上做好管线加固保护方案，并经管理单位审核。

（5）基坑内管线开挖前拆改，或开挖过程中进行保护（悬吊加固）。

（6）基坑开挖影响区内管线临时加固，验收合格后开挖。

（7）开挖前再次现场确认，开挖过程专人监督检查管线及建（构）筑物，维护加固设施。

（8）开挖及后期施工过程中均应监控测量，数据异常时停止施工，采取安全技术措施。

（9）备有应急预案（组织体系，抢险人员、物资和设备，演练），异常情况，及时抢修。

考点分析

本考点出题概率较高，主要以案例分析题形式出题。

【例题 1·案例分析题】

【背景资料】

某公司承包一座雨水泵站工程，泵站结构尺寸 23.4m（长）×13.2m（宽）×9.7m（高），地下部分深度 5.5m，位于粉土、砂土层，地下水位为地面下 3.0m。设计要求基坑采用明挖放坡，每层开挖深度不大于 2.0m，坡面采用锚杆喷射混凝土支护，基坑周边设置轻型井点降水。

由于基坑周边地下管线比较密集，项目部针对地下管线距基坑较近的现况制定了管理保护措施，设置了明显的标识。

【问题】

项目部除了编制地下管线保护措施外，在施工过程中还需具体做哪些工作？

【参考答案】

（1）基坑开挖前挖探坑，探明管线走向高程，并标记在施工总平面图上。

（2）对可以改移的管线进行改移。

（3）对探明后不能拆改的管线进行支架、吊架、托架保护。

（4）施工过程中派专人对管线进行看护。

（5）开挖过程中对管线进行沉降变形监测。

【解析】管线调查保护在实际施工中分为两个环节，一个是在开挖前需要做哪些工作（查图纸、挖探坑、图纸标记、现场标识、保护方案），另外就是在开挖过程中需要做哪些工作（改移、支架、吊架或托架加以保护、专人监督、监控测量）。而本小问是问施工过程中还需做哪些工作，主要围绕开挖过程展开即可。

【例题2·案例分析题】

【背景资料】

项目部承建的污水管道改造工程全长 2km。管道位于非机动车道下方，穿越 5 个交通路口。管底埋深 12m，设计采用顶管法施工。

管道施工范围内有地下水，全线采用单侧降水，降水井间距为 10 m。

施工过程中发生下列事件：

事件一：降水井施工时，在埋设护筒时发现钻孔部位有过路电缆管，项目部及时调整了降水井位置。

……

【问题】

事件一中，反映出项目部管线调查可能存在哪些不足？

【参考答案】

事件一中，项目部管线调查可能存在以下不足：

（1）未对现况管线进行坑探，或调查有遗漏；

（2）未对资料反映不详、与实际不符的管线进一步同有关单位核实；

（3）未将调查的管线的位置、埋深等实际情况标注在施工平面图上；

（4）未在现场管线实际位置做出醒目标志。

2K313030 喷锚暗挖（矿山）法施工

核心考点提纲

喷锚暗挖（矿山）法施工

- 喷锚暗挖法的掘进方式选择
- 喷锚加固支护施工技术
- 衬砌及防水施工要求
- 小导管注浆加固技术
- 管棚施工技术
- 工作井施工技术
- 喷锚支护施工质量检验
- 喷锚暗挖法施工安全措施

核心考点剖析

2K313031 喷锚暗挖法的掘进方式选择

一、浅埋暗挖法掘进方式及特点（见表 2K313031）

施工方法	特点
全断面开挖法	（1）适用于土质稳定、断面较小的隧道施工，适宜人工开挖或小型机械作业。 （2）全断面开挖法采取自上而下一次开挖成形，沿着轮廓开挖，按施工方案一次进尺并及时进行初期支护。 （3）优点：可以减少开挖对围岩的扰动次数，有利于围岩天然承载拱的形成，工序简便；缺点：对地质条件要求严格，围岩必须有足够的自稳能力
台阶开挖法	（1）适用于土质较好的隧道施工，软弱围岩、第四纪沉积地层隧道。 （2）台阶开挖法将结构断面分成两个以上部分，即分成上下两个工作面或几个工作面，分步开挖。台阶法可分为正台阶法和中隔壁台阶法等。 （3）台阶开挖高度宜为 2.5～3.5m。台阶数量可采用二台阶或三台阶，不宜大于三台阶。土质隧道台阶长度不宜超过隧道宽度的 1 倍。 （4）优点：具有足够的作业空间和较快的施工速度，灵活多变，适用性强。
环形开挖预留核心土法	（1）适用于一般土质或易坍塌的软弱围岩、断面较大的隧道施工。是城市第四纪软土地层浅埋暗挖法最常用的一种标准掘进方式。 （2）施工作业流程：开挖环形拱部→架立钢支撑→挂钢筋网→喷混凝土。 （3）优点：能迅速及时地建造拱部初次支护，所以开挖工作面稳定性好；施工安全性好
单侧壁导坑法	（1）适用于断面跨度大，地表沉降难以控制的软弱松散围岩中隧道施工。 （2）一般情况下侧壁导坑宽度不宜超过 0.5 倍洞宽，高度以到起拱线为宜，这样导坑可分二次开挖和支护，不需要架设工作平台，人工架立钢支撑也较方便。 （3）施工顺序：开挖侧壁导坑，并进行初次支护（锚杆＋钢筋网或锚杆＋钢支撑或钢支撑，喷射混凝土），应尽快使导坑的初次支护闭合→开挖上台阶，进行拱部初次支护，使其一侧支承在导坑的初次支护上，另一侧支承在下台阶上→开挖下台阶，进行另一侧的初次支护，并尽快建造底部初次支护，使全断面闭合→拆除导坑临空部分的初次支护→建造内层衬砌
双侧壁导坑法	（1）又称眼镜工法。适用于隧道跨度很大，地表沉陷要求严格，围岩条件特别差，单侧壁导坑法难以控制围岩变形时的隧道施工。 （2）施工顺序：开挖一侧导坑，并及时地将其初次支护闭合→相隔适当距离后开挖另一侧导坑，并建造初次支护→开挖上部核心土，建造拱部初次支护，拱脚支承在两侧导坑的初次支护上→开挖下台阶，建造底部的初次支护，使初次支护全断面闭合→拆除导坑临空部分的初次支护→施做内层衬砌
中隔壁法	也称 CD 工法，主要适用于地层较差、岩体不稳定且地面沉降要求严格的地下工程施工
交叉中隔壁法	交叉中隔壁法即 CRD 工法，是在 CD 工法基础上加设临时仰拱以满足要求
中洞法、侧洞法、柱洞法、洞桩法	当地层条件差、断面特大时，一般设计成多跨结构，跨与跨之间有梁、柱连接，其核心思想是变大断面为中小断面，提高施工安全度

二、掘进（开挖）方式及其选择条件总结

（1）防水效果差的：双侧壁导坑法、中洞法、侧洞法、柱洞法、洞桩法。

（2）初期支护无须拆除的：全断面法（工期最短）、正台阶法（工期短）、环形开挖预留核心土法（工期短）。

（3）初期支护拆除量小的（同工期较短的）：单侧壁导坑法、CD 工法。

（4）初期支护拆除量大的（同工期长的）：双侧壁导坑法、CRD 工法、中洞法、侧洞法、柱洞法。

（5）沉降大：侧洞法、柱洞法；沉降小：中洞法；沉降较小：CRD 工法。

（6）施工顺序排序题型：环形开挖预留核心土法、单侧壁导坑法、中隔壁法（CD）、交叉中隔壁法（CRD），如图 2K313031 所示。

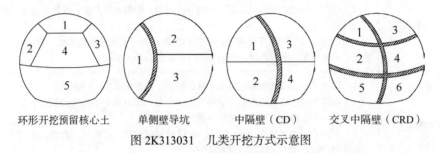

环形开挖预留核心土　　单侧壁导坑　　中隔壁（CD）　　交叉中隔壁（CRD）

图 2K313031　几类开挖方式示意图

考点分析

本考点较为重要，早期考试以选择题为主要出题方式，未曾出现过案例分析题，选择题主要考核喷锚暗挖法各种掘进方式的特点及优缺点。后期案例分析题可能出现内容：隧道开挖支护施工顺序（单侧壁导坑、双侧壁导坑、环形开挖预留核心土法、中隔壁法、交叉中隔壁法）。

【例题 1·单选题】浅埋暗挖法开挖方式中，将结构断面分成上下多个工作面、分步开挖的是（　　）。

A. 侧洞法　　　　　　　　　　　　B. 台阶法

C. 中洞法　　　　　　　　　　　　D. 全断面开挖法

【答案】B

【例题 2·多选题】下列喷锚暗挖开挖方式中，结构防水效果差的是（　　）。

A. 全断面法　　　　　　　　　　　B. 环形开挖预留核心土法

C. 交叉中隔壁（CRD）法　　　　　D. 双侧壁导坑法

E. 中洞法

【答案】D、E

【解析】暗挖施工中防水效果差的工法有双侧壁导坑法、中洞法、侧洞法、柱洞法、洞桩法。

2K313032　喷锚加固支护施工技术

一、喷锚暗挖与初期支护

1. 喷锚暗挖与支护加固

喷锚暗挖施工地下结构需采用喷锚初期支护，主要包括喷混凝土、喷混凝土＋锚杆、喷混凝土＋锚杆＋钢筋网、喷混凝土＋锚杆＋钢筋网＋钢架等支护结构形式；可根据围岩的稳定状况，采用一种或几种结构组合。

2. 支护与加固技术措施

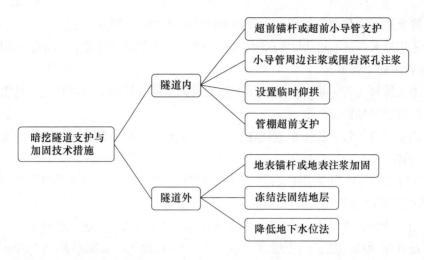

二、暗挖隧道内加固支护技术

1. 主要材料

喷射混凝土应采用早强混凝土，严禁选用具有碱活性的骨料。可根据工程需要掺用外加剂，速凝剂应通过不同掺量的混凝土试验选择最佳掺量，使用前应做凝结时间试验，要求初凝时间不应大于 5min，终凝时间不应大于 10min。

2. 喷射混凝土

（1）作业开始时，应先送风送水，后开机，再给料；结束时，应待料喷完后再关机停风。

（2）喷射时，应用高压风清理受喷面、施工缝，剔除疏松部分；喷头与受喷面应垂直，距离宜为 0.6～1.0m。

（3）喷射混凝土应紧跟开挖工作面，应分段、分片、分层，由下而上顺序进行。混凝土厚度较大时，应分层喷射，后一层喷射应在前一层混凝土终凝后进行。

（4）喷射混凝土时，应先喷格栅拱架与围岩间的混凝土，之后喷射拱架间的混凝土。

（5）喷射混凝土应控制水灰比，避免喷射后发生流淌、滑坠现象，严禁使用回弹料。

（6）钢筋网的喷射混凝土保护层不应小于 20mm。

（7）喷射混凝土的养护应在终凝 2h 后进行，养护时间应不小于 14d。气温低于 5℃时不得喷水养护。

3. 锁脚锚杆注浆加固

（1）隧道拱脚应采用斜向下 20°～30° 打入的锁脚锚杆（管）锁定。

（2）锁脚锚杆（管）应与格栅焊接牢固，打入后应及时注浆。

4. 初期支护背后注浆

（1）注浆作业点与掘进工作面宜保持 5～10m 的距离。

（2）背后回填注浆管在格栅拱架安装时宜埋设于隧道拱顶、两侧起拱线以上的位置，必要时侧墙亦可布设。

三、暗挖隧道外的超前加固技术

1. 降低地下水位法

（1）降低地下水位通常采用地面降水方法或隧道内辅助降水方法。

（2）采用降水方案不能满足要求时，应在开挖前进行帷幕预注浆，加固地层等堵水处理。

2. 地表锚杆（管）

（1）地表锚杆（管）是一种地表预加固地层的措施，适用于浅埋暗挖、进出工作井地段和岩体松软破碎地段。

（2）地面锚杆（管）按矩形或梅花形布置，先钻孔→吹净钻孔→用灌浆管灌浆→垂直插入锚杆杆体→在孔口将杆体固定。

（3）锚杆类型可选用中空注浆锚杆、树脂锚杆、自钻式锚杆、砂浆锚杆和摩擦型锚杆。

3. 冻结法固结地层

（1）当土体的含水量大于 2.5%、地下水含盐量不大于 3%、地下水流速不大于 40m/d 时，均可适用常规冻结法，当土层含水量大于 10% 和地下水流速不大于 7～9m/d 时，冻土扩展速度和冻结体形成的效果最佳。

（2）冻结法主要优点：冻结加固的地层强度高；地下水封闭效果好；地层整体固结性好；对工程环境污染小。主要缺点：成本较高；有一定的技术难度。

考点分析

本考点为重要考点，选择题多次出现，案例分析题也有所涉及，需要注意的案例分析题考点内容有：喷射混凝土要求；结合隧道简图考核锁脚锚杆名称及施工要求。

【例题·单选题】用于基坑边坡支护的喷射混凝土的主要外加剂是（　　　　）。

A. 缓凝剂 　　　　　　　　　　B. 引气剂

C. 减水剂 　　　　　　　　　　D. 速凝剂

【答案】D

2K313033　衬砌及防水施工要求

一、复合式衬砌与防水体系

（1）复合式衬砌结构组成：初期（一次）支护、防水层、二次衬砌。

（2）防水控制重点：以结构自防水为根本，辅加防水层组成防水体系，以变形缝、施工缝、后浇带、穿墙洞、预埋件、桩头等接缝部位混凝土及防水层施工为防水控制的重点。

二、复合式衬砌防水施工

（1）防水层施工时喷射混凝土表面应平顺，不得留有锚杆头或钢筋断头，开挖和衬砌作业不得损坏防水层，铺设防水层地段距开挖面不应小于爆破安全距离。

（2）衬砌施工缝和沉降缝的止水带不得有割伤、破裂，固定应牢固，防止偏移。

（3）二次衬砌混凝土施工：

1）二次衬砌采用补偿收缩混凝土，具有良好的抗裂性能，主体结构防水混凝土在工程结构中不但承担防水作用，还要和钢筋一起承担结构受力作用。

2）二次衬砌混凝土浇筑应采用组合钢模板和模板台车两种模板体系。

3）混凝土浇筑采用泵送模筑。混凝土浇筑应连续进行、两侧对称、水平浇筑、不得出现水平和倾斜接缝。

2K320112　喷锚支护施工质量检查与验收（考试用书 2K320000 章中相关内容）

一、开挖、初期衬砌（支护）施工质量控制

（1）宜用激光准直仪控制中线和隧道断面仪控制外轮廓线。

（2）每开挖一榀钢拱架的间距，应及时支护、喷锚、闭合，严禁超挖。

（3）开挖安全措施：

1）在城市进行爆破施工，必须事先编制爆破方案，且由专业人员操作，报城市主管部门批准并经公安部门同意后方可施工。

2）同一隧道内相对开挖（非爆破方法）的两开挖面距离为 2 倍洞跨且不小于 10m 时，一端应停止掘进，从另一开挖面作贯通开挖。

3）两条平行隧道（含导洞）相距小于 1 倍洞跨时，其开挖面前后错开距离不得小于 15m。

二、防水层、二次衬砌（二衬）施工质量控制

1. 防水层施工

（1）应在初期支护基本稳定，且衬砌检查合格后进行。

（2）清理混凝土表面，剔除尖、凸部位并用水泥砂浆压实、找平，基面阴阳角应处理成圆角或钝角，圆弧半径不宜小于 100mm。

（3）衬垫材料应直顺，用垫圈固定，钉牢在基面上；固定衬垫的垫圈，应与防水卷材同材质并焊接牢固；衬垫固定时宜交错布置，间距应符合设计要求；衬垫材料搭接宽度不宜小于 500mm。

（4）防水卷材固定在初期衬砌面上；采用软塑料类防水卷材时，宜采用热焊固定在垫圈上。

（5）采用专用热合机焊接，焊缝应均匀、连续；焊缝不得有漏焊、假焊、焊焦、焊穿等现象。

2. 二次衬砌施工

（1）一般要求：

应在结构变形基本稳定的条件下施作；伸缩缝应根据设计设置，并与初期支护变形缝位置重合；止水带安装应在两侧加设支撑筋，并固定牢固，浇筑混凝土时不得有移动位置、卷边、跑灰等现象。

（2）模板施工质量保证措施：

1）模板和支架的强度、刚度和稳定性应满足设计要求，使用前应经过检查，重复使用时应经修整。

2）模板支架预留沉降量为：0～30mm。

3）模板接缝拼接严密，不得漏浆。

4）变形缝端头模板处的填缝中心应与初期支护变形缝位置重合，端头模板支设应垂直、牢固。

（3）混凝土浇筑质量保证措施：

1）应按施工方案划分浇筑部位。

2）灌注前，应对设立模板的外形尺寸、中线、高程、各种预埋件等进行隐蔽工程验收。

3）应从下向上浇筑，各部位应对称浇筑振捣密实，且振捣器不得触及防水层。

考点分析

本考点以选择题为主要出题方式，重点是掌握二次衬砌的技术要点和防水措施。

【例题1·单选题】关于喷锚暗挖法二次衬砌混凝土施工的说法，错误的是（　　）。

A. 可采用补偿收缩混凝土

B. 可采用组合钢模板和钢模板台车两种模板体系

C. 采用泵送入模浇筑

D. 混凝土应对称、水平浇筑，宜设水平接缝

【答案】D

【解析】混凝土浇筑应连续进行，两侧对称，水平浇筑，不得出现水平和倾斜接缝。

【例题2·案例分析题】

【背景资料】

某公司承建城区防洪排涝应急管道工程，受环境条件限制，其中一段管道位于城市主干路机动车道下，垂直穿越现状人行天桥，采用浅埋暗挖隧道形式；隧道开挖断面3.9m×3.35m，横断面布置图如图2K320112所示。施工过程中，在沿线3座检查井位置施做工作竖井，井室平面尺寸长6.0m，宽5.0m。井室、隧道均为复合式衬砌结构，初期支护为钢格栅＋钢筋网＋喷射混凝土，二衬为模筑混凝土结构，衬层间设塑料板防水层。隧道穿越土层主要为砂层、粉质黏土层，无地下水。设计要求施工中对机动车道和人行道天桥进行重点监测，并提出了变形控制值。

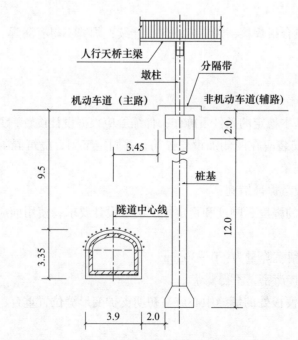

图2K320112　下行人行天桥隧道横断面示意图（单位：m）

施工前，项目部编制了浅埋暗挖隧道下穿道路专项施工方案，拟在工作竖井位置占用部分机动车道，搭建临时设施，进行工作竖井施工和出土。施工安排各竖井同时施做，隧道相向开挖，以满足工期要求。

【问题】

1. 简述隧道相向开挖贯通施工的控制措施。

2. 二衬层钢筋安装时，应对防水层采取哪些保护措施。

【参考答案】

1. 隧道贯通控制措施：贯通前，两个工作面间距应不小于两倍洞径且不小于10m，一端工作面应停止开挖、封闭，另一端作贯通开挖；对隧道中线和高程进行复测（测量），及时纠偏。

【解析】背景资料中洞跨只有3.9m，两倍洞跨距离是7.8m，本身小于10m。那么在作答本题时"两倍洞跨"这句话写或者不写，不会影响得分，但如果是计算题就一定要注意到底是采用两倍洞跨还是采用10m。另外本题问的是贯通施工的技术措施，不一定就是考核教材中的一句话，还应该写出贯通最重要的一项：控制高程和轴线。

2. （1）隔离措施：防水层与钢筋之间设置垫块；

（2）防刺穿措施：安装钢筋时，将钢筋头进行包裹；

（3）防灼伤防水板措施：焊接钢筋时在钢筋与防水层间用挡板隔开。

2K313034 小导管注浆加固技术

一、适用条件

在软弱、破碎地层中成孔困难或易塌孔，且施作超前锚杆比较困难或者结构断面较大时，宜采取超前小导管注浆加固处理方法。

二、技术要点

1. 小导管布设

超前小导管应选用焊接钢管或无缝钢管，钢管直径40～50mm，小导管的长度宜为3～5m。超前小导管应沿隧道拱部轮廓线外侧设置。超前小导管应从钢格栅的腹部穿过，后端应支承在已架设好的钢格栅上，并焊接牢固，前端嵌固在地层中。前后两排小导管的水平支撑搭接长度不应小于1.0m。

2. 注浆材料

注浆材料可采用改性水玻璃浆、普通水泥单液浆、水泥-水玻璃双液浆、超细水泥四种注浆材料。一般情况下改性水玻璃浆适用于砂类土，水泥浆和水泥砂浆适用于卵石地层。

3. 注浆工艺及施工控制要点

（1）在砂卵石地层中宜采用渗入注浆法：在砂层中宜采用挤压、渗透注浆法；在黏土层中宜采用劈裂或电动硅化注浆法。

（2）注浆顺序：应由下而上、间隔对称进行；相邻孔位应错开、交叉进行。

（3）注浆施工期应进行监测，监测项目通常有地（路）面隆起、地下水污染等。

小导管布设立面图及隧道小导管示意图如图 2K313034 所示：

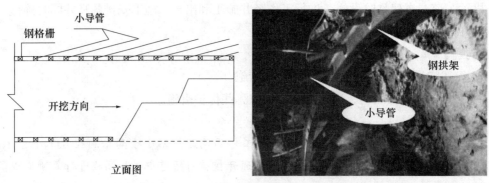

图 2K313034　小导管布设立面图及隧道小导管示意图

2K313035　管棚施工技术

一、结构组成与适用条件

1. 结构组成

管棚由钢管和钢格栅拱架组成。钢管入土端制作成尖靴状或楔形，沿着开挖轮廓线，以较小的外插角，向掌子面前方打入钢管或钢插板，末端支设在钢拱架上，形成对开挖面前方围岩的预支护。管棚中的钢管内应灌注水泥浆或水泥砂浆，以便提高钢管自身刚度和强度。

2. 适用条件

采用管棚进行超前支护的场合：

（1）穿越铁路修建地下工程。

（2）穿越地下和地面结构物修建的地下工程。

（3）修建大断面地下工程。

（4）隧道洞口段施工。

（5）通过断层破碎带等特殊地层。

（6）特殊地段，如大跨度地铁车站、重要文物保护区、河底、海底的地下工程施工等。

二、施工技术要点

（1）施工工艺流程：

测放孔位→钻机就位→水平钻孔→压入钢管→注浆（向钢管内或管周围土体）→封口→开挖。

（2）管棚宜选用加厚的 $\phi80\sim\phi180$mm 焊接钢管或无缝钢管制作。钢管间距宜为 $300\sim500$mm。双向相邻管棚的搭接长度不小于 3m。为增加管棚刚度，应根据需要在钢管内灌注水泥砂浆、混凝土或放置钢筋笼并灌注水泥砂浆。钻孔顺序应由高孔位向低孔位进行。钢管在安装前应逐孔逐根进行编号，按编号顺序接管推进，不得混接。管棚接头应相互错开。注浆压力达到设定压力，并稳压 5min 以上，注浆量达到设计注浆量的 80% 时，方可停止注浆。

考点分析

小导管内容曾经考核过案例分析题，未来案例分析题可能涉及内容：管棚施工流程；小导管与管棚参数。

【例题1·单选题】软弱、破碎地层中成孔困难且结构断面较大时，宜采取（　　）处理方法。

A. 管棚超前支护　　　　　　　　　B. 超前小导管注浆加固

C. 钢拱锚喷混凝土预支护　　　　　D. 锁脚锚杆注浆

【答案】B

【解析】软弱、破碎地层中成孔困难或易塌孔，且施作超前锚杆比较困难或者结构断面较大时，宜采取超前小导管注浆加固处理方法。

【例题2·多选题】关于管棚施工要求的说法，正确的有（　　）。

A. 管棚必须采用无缝钢管制作　　　B. 双向相邻管棚的搭接长度不小于2m

C. 钢管间距宜为300~500mm　　　　D. 钢管应按编号顺序接管推进、不得混接

E. 可在钢管内放置钢筋笼并灌注水泥砂浆增加管棚刚度

【答案】C、D、E

【解析】管棚宜选用焊接钢管或无缝钢管制作。双向相邻管棚的搭接长度不小于3m。

2K313036　工作井施工技术

一、工作井施工技术

1. 作业区安全防护总结

（1）工作井应设置防雨棚、挡水墙，地面排水系统完好、畅通。

（2）工作井不得设在低洼处，且井口应比周围地面高30cm以上。

（3）护栏高度不应小于1.2m，栏杆底部50cm应采取封闭措施。

（4）井口2m范围内不得堆放材料，施工机械、运输车辆最外着力点与井边距离不得小于1.5m。

（5）工作井内必须设安全梯或梯道，梯道应设扶手栏杆，梯道的宽度不应小于1m。

（6）工作井周边应架设安全警示装置。

2. 设备施工安全规定

采用起重设备或垂直运输系统：

（1）起重设备必须经过起重荷载计算。

（2）使用前应按有关规定进行检查验收，合格后方可使用。

（3）起重作业前应试吊，吊离地面100mm左右时，应检查重物捆扎情况和制动性能，确认安全后方可起吊；起吊时工作井内严禁站人，当吊运重物下井距作业面底部小于500mm时，操作人员方可近前工作（试吊还应该检查吊车本身、钢丝绳、地基承载力等）。

（4）严禁超负荷使用。

（5）工作井上、下作业时必须有联络信号。

3. 竖井开挖与支护

（1）应对称、分层、分块开挖，随挖随支护；每一分层的开挖，宜遵循先开挖周边、后开挖中部的顺序。

（2）初期支护应尽快封闭成环，按设计要求做好格栅钢架的竖向连接及采取防止井壁下沉的措施。

（3）喷射混凝土应密实、平整，不得出现裂缝、脱落、漏喷、露筋、空鼓和渗漏水等现象。

（4）严格控制竖井开挖断面尺寸和高程，不得欠挖，竖井开挖到底后应及时封底。

二、马头门施工技术

（1）竖井初期支护施工至马头门处应预埋暗梁及暗桩，并应沿马头门拱部外轮廓线打入超前小导管，注浆加固地层。

（2）马头门的开挖应分段破除竖井井壁，宜按照先拱部、再侧墙、最后底板的顺序破除。

（3）马头门开启应按顺序进行，同一竖井内的马头门不得同时施工。一侧隧道掘进15m后，方可开启另一侧马头门。马头门标高不一致时，宜遵循"先低后高"的原则。

考点分析

本考点可能涉及内容：工作井安全防护（也可在基坑部分考核），竖井侧壁喷射混凝土要求（通用）；马头门施工要求等。

【例题·单选题】竖井马头门破除施工工序有：① 预埋暗梁、② 破除拱部、③ 破除侧墙、④ 拱部地层加固、⑤ 破除底板，正确的顺序为（　　）。

A. ①→②→③→④→⑤　　　　　　B. ①→④→②→③→⑤
C. ①→④→③→②→⑤　　　　　　D. ①→②→④→③→⑤

【答案】B

2K314000　城镇水处理场站工程

近年真题考点分值分布见表 2K314000：

近年真题考点分值分布表

表 2K314000

命题点	题型	2018 年	2019 年	2020 年	2021 年	2022 年
水处理场站工艺技术与结构特点	单选题	1	—	1	2	2
	多选题	—	4	—	—	—
	案例分析题	—	—	—	—	—
水处理场站工程施工	单选题	1	1	—	1	1
	多选题	2	2	—	—	2
	案例分析题	—	—	5	4	8

命题点	题型	2018 年	2019 年	2020 年	2021 年	2022 年
城镇水处理场站工程施工质量检查与检验	单选题	—	—	—	—	—
	多选题	—	—	—	—	—
	案例分析题	—	—	4	—	—

2K314010 水处理场站工艺技术与结构特点

核 心 考 点 提 纲

给水排水厂站工程结构与特点 $\begin{cases}给水与污水处理工艺流程 \\ 水处理场站的结构特点\end{cases}$

核 心 考 点 剖 析

2K314011 给水与污水处理工艺流程

一、给水处理

1. 常用的给水处理方法见表 2K314011-1

常用给水处理方法一览表 表 2K314011-1

方法	作用
自然沉淀	用以去除水中粗大颗粒杂质
混凝沉淀	使用混凝药剂沉淀或澄清去除水中胶体和悬浮杂质等
过滤	使水通过孔性滤料层,截流去除经沉淀或澄清后剩余的细微杂质;或不经沉淀,原水直接加药、混凝、过滤去除水中胶体和悬浮杂质
消毒	去除水中病毒和细菌,保证饮水卫生和生产用水安全
软化	降低水中钙镁离子含量,使硬水软化
除铁除锰	去除地下水中所含过量的铁和锰,使水质符合饮用水要求

2. 常用给水处理工艺流程及适用条件见表 2K314011-2

常用给水处理工艺流程及适用条件一览表 表 2K314011-2

工艺流程	适用条件
原水→简单处理(如筛网隔滤或消毒)	水质较好
原水→接触过滤→消毒	一般用于处理浊度和色度较低的湖泊水和水库水。进水悬浮物一般小于 100mg/L,水质稳定、变化小且无藻类繁殖
原水→混凝→沉淀或澄清→过滤→消毒	一般地表水处理厂广泛采用的常规处理流程,适用于浊度小于 3mg/L 的河流水。河流、小溪水浊度经常较低,洪水时含沙量大,可采用此流程对低浊度无污染的水不加凝聚物或跨越沉淀直接过滤

工艺流程	适用条件
原水→调蓄预沉→混凝→沉淀或澄清→过滤→消毒	高浊度水二级沉淀,适用于含沙量大,沙峰持续时间长的情况;预沉后原水含沙量应降低到1000mg/L以下。黄河中上游的中小型水厂和长江上游高浊废水处理多采用二级沉淀(澄清)工艺,适用中小型水厂,有时在滤池后建造清水调蓄池

3. 预处理和深度处理

(1)预处理:

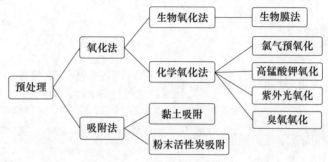

(2)深度处理:

二、污水处理

1. 处理方法与工艺

处理方法可根据水质类型分为物理处理法、生物处理法、污水处理产生的污泥处置及化学处理法,还可根据处理程度分为一级处理、二级处理及深度处理等工艺流程。

(1)物理处理常用方法有筛滤截留、重力分离、离心分离等,相应处理设备主要有格栅、沉砂池、沉淀池及离心机等。

(2)生物处理法是利用微生物的代谢作用,去除污水中有机物质的方法。常用的有活性污泥法、生物膜法等。

(3)污泥需处理才能防止二次污染,其处置方法常有浓缩、厌氧消化、好氧消化、好氧发酵、脱水、石灰稳定、干化和焚烧等。

2. 工艺流程

(1)一级处理主要针对水中悬浮物质,常采用物理的方法。

(2)二级处理主要去除污水中呈胶体和溶解状态的有机污染物质。通常采用的方法是微生物处理法,具体方式有活性污泥法和生物膜法。

1)活性污泥处理系统,在当前污水处理领域,是应用最为广泛的处理技术之一,曝气池是其反应器。

2)氧化沟是传统活性污泥法的一种改型。一般不需要设置初沉池,并且经常采用延时曝气。

（3）深度处理是在一级处理、二级处理之后，进一步处理难降解的有机物及可导致水体富营养化的氮、磷等可溶性无机物等。深度处理使用的方法有混凝、沉淀（澄清、气浮）、过滤、消毒，必要时可采用活性炭吸附、膜过滤、臭氧氧化和自然处理等工艺。

三、再生水回用

污水再生回用分五类：农、林、渔业用水；城市杂用水；工业用水；环境用水；补充水源水。

2K314012　水处理场站的结构特点

一、厂站构筑物组成

（1）给水处理构筑物包括配水井、药剂间、混凝沉淀池、澄清池、过滤池、反应池、吸滤池、清水池、二级泵站等。污水处理构筑物包括进水闸井、进水泵房、格筛间、沉砂池、初沉淀池、二次沉淀池、曝气池、氧化沟、生物塘、消化池、沼气储罐等。

（2）辅助建筑物，分为生产辅助性建筑物和生活辅助性建筑物。生产辅助性建筑物指各项机械设备的建筑厂房如鼓风机房、污泥脱水机房、发电机房、变配电设备房及化验室、控制室、仓库、砂料场等。生活辅助性建筑物包括综合办公楼、食堂、浴室、职工宿舍等。

二、构筑物结构形式与特点

（1）水处理（调蓄）构筑物和泵房多数采用地下或半地下钢筋混凝土结构，特点是构件断面较薄，属于薄板或薄壳型结构，配筋率较高，具有较高抗渗性和良好的整体性要求。

（2）工艺管线中给水排水管道多采用水流性能好、抗腐蚀性高、抗地层变位性好的PE管、球墨铸铁管等新型管材。

考点分析

本考点属于基础知识，多以选择形式出现，重点掌握给水、污水的各类处理方法及适用条件。

【例题1·单选题】下列污水处理方法中，属于利用微生物代谢作用去除有机物质的是（　　）。

A. 高锰酸钾氧化法　　　　　　　　B. 混凝法

C. 生物处理法　　　　　　　　　　D. 离心分离法

【答案】C

【例题2·多选题】给水处理的目的是去除或降低原水中的（　　）。

A. 各种离子浓度　　　　　　　　　B. 有害细菌生物

C. 胶体物质　　　　　　　　　　　D. 盐分

E. 悬浮物

【答案】B、C、E

【解析】给水处理目的是去除或降低原水中悬浮物质、胶体、有害细菌生物以及水中含有的其他有害杂质，使处理后的水质满足用户需求。

2K314020　水处理场站工程施工

核心考点提纲

给水排水厂站工程施工
- 预应力混凝土水池施工技术
- 沉井施工技术
- 水池施工中的抗浮措施
- 构筑物满水试验的规定
- 水处理构筑物施工质量检查与验收
- 给水排水混凝土构筑物防渗漏措施

核心考点剖析

2K314021　预应力混凝土水池施工技术

一、现浇预应力钢筋混凝土水池施工技术

1. 施工方案与流程

（1）施工方案应包括结构形式、材料与配合比、施工工艺及流程、模板及其支架设计、钢筋加工安装、混凝土施工、预应力施工等主要内容。

（2）整体式现浇钢筋混凝土池体结构施工流程：

测量定位→土方开挖及地基处理→垫层施工→防水层施工→底板浇筑→池壁及顶板支撑柱浇筑→顶板浇筑→功能性试验。

（3）单元组合式现浇钢筋混凝土水池工艺流程：

土方开挖及地基处理→中心支柱浇筑→池底防渗层施工→浇筑池底混凝土垫层→池内防水层施工→池壁分块浇筑→底板分块浇筑→底板嵌缝→池壁防水层施工→功能性试验。

2. 施工技术要点

（1）模板、支架施工：

1）各部位的模板安装位置正确、拼缝紧密不漏浆；对拉螺栓、垫块等安装稳固；模板上的预埋件、预留孔洞不得遗漏，且安装牢固；在安装池壁的最下一层模板时，应在适当位置预留清扫杂物用的窗口。在浇筑混凝土前，应将模板内部清扫干净，经检验合格后再将窗口封闭。垫块、对拉螺栓示意图见图 2K314021-1。

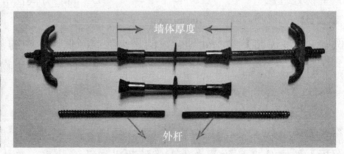

墙体厚度

外杆

垫块　　　　　　　　　　　　对拉螺栓

图 2K314021-1　垫块、对拉螺栓示意图

2）采用穿墙螺栓来平衡混凝土浇筑对模板侧压力时，应选用两端能拆卸的螺栓或在拆模板时可拔出的螺栓。

3）池壁模板施工时，应设置确保墙体顺直和防止浇筑混凝土时模板倾覆的装置。

4）池壁与顶板连续施工时，池壁内模立柱不得同时作为顶板模板立柱。顶板支架的斜杆或横向连杆不得与池壁模板的杆件相连接。池壁模板可先安装一侧，绑完钢筋后，分层安装另一侧模板，或采用一次安装到顶而分层预留操作窗口的施工方法。

（2）止水带安装：

1）塑料或橡胶止水带接头应采用热接，不得采用叠接；接缝应平整、牢固，不得有裂口、脱胶现象；"T"形接头、十字接头和"Y"形接头，应在工厂加工成型。

2）金属止水带搭接长度不得小于 20mm，咬接或搭接必须采用双面焊接。

3）止水带安装应牢固，位置准确，其中心线应与变形缝中心线对正，带面不得有裂纹、孔洞等。不得在止水带上穿孔或用铁钉固定就位。

橡胶止水带及金属止水带示意图如图 2K314021-2 所示。

橡胶止水带　　　　　　　　　　金属止水带

图 2K314021-2　橡胶止水带及金属止水带示意图

（3）钢筋施工：

1）根据设计保护层厚度、钢筋级别、直径和弯钩要求确定下料长度并编制钢筋下料表。

2）钢筋连接的方式：主要采取绑扎、焊接、机械连接方式。

3）应在混凝土浇筑之前对安装完毕的钢筋进行隐蔽验收。

（4）无粘结预应力施工：

1）无粘结预应力筋布置安装（见图 2K314021-3）：

无粘结预应力筋　　　　　　　　　　锚固肋

图 2K314021-3　无粘结预应力筋与锚固肋布置安装示意图

① 锚固肋数量为双数。

② 安装时，上下相邻两无粘结预应力筋锚固位置应错开一个锚固肋；以锚固肋数量的一半为无粘结预应力筋分段（张拉段）数量；每段无粘结预应力筋的计算长度应考虑加入一个锚固肋宽度及两端张拉工作长度和锚具长度。

③ 浇筑混凝土时，严禁踏压、撞碰无粘结预应力筋、支撑架以及端部预埋件。

④ 无粘结预应力筋不应有死弯，有死弯时必须切断。

⑤ 无粘结预应力筋中严禁有接头。

2）无粘结预应力筋张拉：

① 张拉段无粘结预应力筋长度小于 25m 时，宜采用一端张拉；张拉段无粘结预应力筋长度大于 25m 而小于 50m 时，宜采用两端张拉；张拉段无粘结预应力筋长度大于 50m 时，宜采用分段张拉和锚固。

② 安装张拉设备时，对直线的无粘结预应力筋，应使张拉力的作用线与预应力筋中心重合；对曲线的无粘结预应力筋，应使张拉力的作用线与预应力筋中心线末端重合。

3）封锚混凝土强度等级不得低于相应结构混凝土强度等级，且不得低于 C40。

（5）混凝土施工：

钢筋（预应力）混凝土水池（构筑物）对于结构混凝土设计上有抗冻、抗渗、抗裂要求。混凝土施工必须从原材料、配合比、混凝土供应、浇筑、养护各环节加以控制。

混凝土浇筑后应加遮盖洒水养护，保持湿润不少于 14d。

（6）模板及支架拆除（见表 2K314021）：

整体现浇混凝土底模板拆模时所需混凝土强度   表 2K314021

序号	构件类型	构件跨度 L（m）	达到设计的混凝土立方体抗压强度标准值的百分率（%）
1	板	≤ 2	≥ 50
		2 < L ≤ 8	≥ 75
		> 8	≥ 100
2	梁、拱、壳	≤ 8	≥ 75
		> 8	≥ 100
3	悬臂构件	—	≥ 100

采用整体模板时，侧模板应在混凝土强度能保证其表面及棱角不因拆除模板而受损坏时，方可拆除；底模板应在与结构同条件养护的混凝土试块达到规定强度方可拆除。

★拓展知识点：

底板与侧墙施工缝

（1）池壁与底部相接处的施工缝，宜留在底板上面不小于 200mm 处，底板与池壁连接有腋角时，宜留在腋角上面不小于 200mm 处；

（2）池壁与顶部相接处的施工缝，宜留在顶板下面不小于 200mm 处；有腋角时，宜留在腋角下部。

（3）构筑物处地下水位或设计运行水位高于底板顶面8m时，施工缝处宜设置高度不小于200mm、厚度不小于3mm的止水钢板。

【例题1·单选题】关于水池变形缝中止水带安装的说法，错误的有（　　）。

A. 橡胶止水带十字接头应在工厂加工　　B. 塑料或橡胶止水带接头应采用热接

C. 止水带宜用铁钉固定牢固　　　　　　D. 金属止水带咬接或搭接必须采用双面焊接

【答案】C

【解析】止水带带面不得有裂纹、孔洞等，不得在止水带上穿孔或用铁钉固定就位。

【例题2·多选题】确定钢筋下料长度，应考虑（　　）等因素。

A. 保护层厚度　　　　　　　　　　　B. 钢筋级别

C. 加工设备　　　　　　　　　　　　D. 弯钩要求

E. 钢筋直径

【答案】A、B、D、E

【解析】钢筋施工：应根据设计保护层厚度、钢筋级别、直径和弯钩要求确定下料长度并编制钢筋下料表。

二、装配式预应力钢筋混凝土水池施工技术

1. 预制构件吊运安装

（1）预制柱、梁及壁板等构件应标注中心线，并在杯槽、杯口上标出中心线。壁板两侧面宜凿毛，应将浮渣、松动的混凝土等冲洗干净，并应将杯口内杂物清理干净，界面处理满足安装要求。

（2）预制构件应按设计位置起吊，曲梁宜采用三点吊装。吊绳与预制构件平面的交角不应小于45°；当小于45°时，应进行强度验算。

（3）池壁板安装应垂直、稳固，相邻板湿接缝及杯口填充部位混凝土应密实。

2. 现浇壁板缝混凝土

（1）壁板接缝的内模宜一次安装到顶；外模应分段随浇随支。分段支模高度不宜超过1.5m。

（2）接缝的混凝土强度应符合设计规定，设计无要求时，应比壁板混凝土强度提高一级。

（3）浇筑时间应选在壁板间缝宽较大时进行；混凝土分层浇筑厚度不宜超过250mm，并应采用机械振捣，配合人工捣固。

（4）用于接头或拼缝的混凝土或砂浆，宜采取微膨胀和快速水泥。

考点分析

一般地，现浇水池施工技术考核既有教材内的知识点，也有一些规范当中的内容，很多知识点属于施工常识，可以借助于其他混凝土结构进行考核。考核可能涉及内容有：借助水池（或地铁车站等其他混凝土结构）图形考核施工缝位置、施工缝要求、止水钢板（或金属止水带）安装要求；借助图形考核橡胶止水带（中埋式、外贴式）施工要求与材料检查验收要求；依据侧墙支模图考核对拉螺栓、钢管支撑、山形扣件等部位名称及要求；依据图形考核水池内部柱子施工缝位置设置要求；水池模板、混凝土、池体结构主控项目；水池（地下混凝土结构）防水施工。预制装配式水池需要重点掌握构件吊运安装及壁板缝混凝土的施工。

【例题1·案例分析题】

【背景资料】

某公司承建的地下水池工程，设计采用薄壁钢筋混凝土结构，长×宽×高为30m×20m×6m，池壁顶面高出地表0.5m。池体位置地质分布自上而下分别为回填土（厚2m）、粉砂土（厚2m）、细砂土（厚4m），地下水位于地表下4m处。

水池基坑支护设计采用ϕ800mm灌注桩及高压旋喷桩止水帷幕，第一层钢筋混凝土支撑，第二层钢管支撑，井点降水采用ϕ400mm无砂管和潜水泵。

施工前，项目部编制了施工组织设计、基坑开挖专项施工方案、降水施工方案、灌注桩专项施工方案及水池施工方案。施工方案相关内容如下：

（1）水池主体结构施工工艺流程如下：水池边线与桩位测量定位→基坑支护与降水→ A →垫层施工→ B →底板钢筋模板安装与混凝土浇筑→ C →顶板钢筋模板安装与混凝土浇筑→ D （功能性试验）。

（2）混凝土池壁模板安装时，应位置正确，拼缝紧密不漏浆；采用两端均能拆卸的穿墙螺栓来平衡混凝土浇筑对模板的侧压力；使用符合质量技术要求的封堵材料封堵穿墙螺栓拆除后在池壁上形成的锥形孔。

【问题】

1. 写出施工工艺流程中工序 A、B、C、D 的名称。

2. 施工方案（2）中，封堵材料应满足什么技术要求？

【参考答案】

1. A——土方开挖与支撑；B——底板防水层施工；C——池壁与柱钢筋、模板安装及混凝土浇筑；D——水池满水试验。

【解析】背景资料描述了两道支撑，而前面工序既然有"基坑支护与降水"，那么可以确定这个"支护"是围护桩和第一道钢筋混凝土支撑，所以A选项应该是"土方开挖与支撑"，也就是在开挖基坑土方过程中，挖到第二道支撑时，进行第二道钢管支撑的安装，安装完成第二道支撑，继续开挖至基底。

2. 封堵材料应满足的技术要求：

无收缩；易密实；足够强度；与池壁混凝土颜色一致或接近。

【解析】本题封堵锥形孔的混凝土类似于用量较少的"后浇带混凝土"，必须达到无收缩，而且为了保证外观，所以采用的混凝土的颜色尽量要与原来池壁混凝土颜色一致或接近，另外"易密实、足够强度"等文字，属于常识性的采分点。

【例题2·案例分析题】

【背景材料】

某公司承建一项城市污水处理工程，包括调蓄池、泵房、排水管道等，调蓄池为钢筋混凝土结构，结构尺寸为40m（长）×20m（宽）×5m（高），结构混凝土设计强度等级为C35，抗渗等级为P6。调蓄池底板与池壁分两次浇筑，施工缝处安装金属止水带，混凝土均采用泵送商品混凝土。

事件一：池壁混凝土浇筑过程中，有一辆商品混凝土运输车因交通堵塞，混凝土运至现场时间过长，坍落度损失较大，泵车泵送困难，施工员安排工人向混凝土运输车罐体内直接加水后完成了浇筑工作。

事件二：金属止水带安装中，接头采用单面焊搭接法施工，搭接长度为 15mm，并用铁钉固定就位，监理工程师检查后要求施工单位进行整改。

为确保调蓄池混凝土的质量，施工单位加强了混凝土浇筑和养护等各环节的控制，以确保实现设计的使用功能。

【问题】

1. 事件一中，施工员安排向罐内加水的做法是否正确？应如何处理？

2. 说明事件二中监理工程师要求施工单位整改的原因？

3. 施工单位除了混凝土的浇筑和养护控制外，还应从哪些环节加以控制以确保混凝土质量？

【参考答案】

1. 不正确，正确做法：应加入原水灰比的水泥浆或二次掺加减水剂进行搅拌，严禁直接加水。

2. （1）原因之一："止水带采用单面焊搭接法施工，搭接长度为 15mm"，会造成焊缝位置漏水；应采用折叠咬接或搭接，搭接长度不小于 20mm，必须采用双面焊接。

（2）原因之二："止水带采用铁钉固定就位"，会从钉眼之处漏水；可用钢筋焊接定位。

3. 原材料质量（粗细骨料、水泥、外加剂）；配合比；混凝土的搅拌；混凝土运输；混凝土振捣。

2K314022　沉井施工技术

一、沉井施工准备工作

（1）地下水位应控制在沉井基坑底以下 0.5m；采用沉井筑岛法制作时，岛面高程应比施工期最高水位高出 0.5m 以上。

（2）刃脚的垫层采用砂垫层上铺垫木或素混凝土，且应满足下列要求：

素混凝土垫层的厚度应便于沉井下沉前凿除；砂垫层分布在刃脚中心线的两侧范围，应考虑方便抽除垫木；每根垫木的长度中心应与刃脚底面中心线重合，定位垫木的布置应使沉井有对称的着力点。

二、沉井预制

（1）井内设有底梁或支撑梁时应与刃脚部分整体浇捣。

（2）设计无要求时，混凝土强度应达到设计强度等级 75% 后，方可拆除模板或浇筑后一节混凝土。

（3）混凝土施工缝处理应采用凹凸缝或设置钢板止水带，施工缝应凿毛并清理干净；内外模板采用对拉螺栓固定时，其对拉螺栓的中间应设置防渗止水片；钢筋密集部位和预留孔底部应辅以人工振捣，保证结构密实。

（4）分节制作、分次下沉的沉井，前次下沉后进行后续接高施工。后续各节的模板不应支撑于地面上，模板底部应距地面不小于1m。搭设外排脚手架应与模板脱开。

三、下沉施工

（1）下沉应平稳、均衡、缓慢，发生偏斜应"随挖随纠、动中纠偏"。

（2）沉井下沉影响范围内的地面四周不得堆放任何东西，车辆来往要减少震动。

（3）下沉时高程、轴线位移每班至少测量一次；沉井封底前自沉速率应小于10mm/8h；大型沉井应进行结构变形和裂缝观测。

（4）辅助法下沉方法：外壁阶梯形（灌黄砂）助沉、触变泥浆套助沉、空气幕助沉（不排水下沉）、压配重助沉、爆破法。

四、沉井封底

1. 干封底

（1）保持地下水位距坑底不小于0.5m；在沉井封底前应用大石块将刃脚下垫实。

（2）封底前应整理好坑底和清除浮泥，对超挖部分应回填砂石至规定高程。

（3）采用全断面封底时，混凝土垫层应一次性连续浇筑；因有底梁或支撑梁而分格封底时，应对称逐格浇筑。

（4）钢筋混凝土底板施工前，沉井内应无渗漏水，且新、老混凝土接触部位应凿毛处理，并清理干净。

（5）封底前应设置泄水井，底板混凝土强度达到设计强度等级且满足抗浮要求时，方可封填泄水井、停止降水。

2. 水下封底

（1）水下混凝土封底的浇筑顺序，应从低处开始，逐渐向周围扩大；井内有隔墙、底梁或混凝土供应量受到限制时，应分仓对称浇筑。

（2）每根导管的混凝土应连续浇筑，且导管埋入混凝土的深度不宜小于1.0m。

（3）水下封底混凝土强度达到设计强度等级，沉井能满足抗浮要求时，方可将井内水抽除，并凿除表面松散混凝土进行钢筋混凝土底板施工。

考点分析

本考点备考案例分析题时需注意以下内容：沉井井筒（混凝土结构）制作施工缝形式（凹凸缝、带止水钢板或止水带施工缝）及施工要求；对拉螺栓要求，下沉前准备工作；不排水下沉封底的主要施工工序。

【例题1·单选题】关于沉井施工技术的说法，正确的是（　　）。

A. 沉井下沉发生偏斜应立刻停止，待调整方向后继续下沉施工

B. 沉井下沉时，需对沉井的标高、轴线位移进行测量

C. 大型沉井应进行结构内力检测及裂缝观测

D. 水下封底混凝土强度达到设计强度等级的75%时，可将井内水抽除

【答案】B

【解析】沉井下沉应平稳、均衡、缓慢，发生偏斜应"随挖随纠、动中纠偏"。大型沉井应进行结构变形和裂缝观测。水下封底混凝土强度达到设计强度等级，沉井能满足抗

浮要求时，方可将井内水抽除。

【例题2·案例分析题】

【背景资料】

A单位承建一项污水泵站工程，主体结构采用沉井，埋深15m，现场地层主要为粉砂土，地下水埋深为4m，采用排水下沉。沉井下沉的安全专项施工方案经过专家论证。泵站的水泵，起重机等设备安装项目分包给B公司。

在沉井制作过程中，项目部考虑到沉井埋深且有地下水，故采取了图2K314022-1的模板固定方式。沉井制作采用带内隔墙的沉井，如图2K314022-2所示。

随着沉井入土深度增加，井壁侧面阻力不断增加，沉井难以下沉。项目部采用触变泥浆减阻措施，使沉井下沉。沉井下沉到位后施工单位将底板下部超挖部分回填土方砂石，夯实后浇筑底板混凝土垫层、绑扎底板钢筋、浇筑底板混凝土。

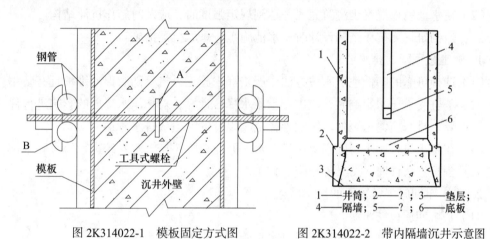

图2K314022-1 模板固定方式图　　图2K314022-2 带内隔墙沉井示意图

【问题】

1. 补充图2K314022-1中A、B的名称和图2K314022-2标注缺少的2、5部分名称，简述其功用。

2. 项目部在干封底中有缺失的工艺，把缺失的工艺补充完整。

3. 除项目部采取的触变泥浆减阻措施外，本工程还可以采取哪些助沉的措施？

【参考答案】

1. 图2K314022-1中A——止水环。功用是改变水的渗透路径、延长渗水路径、增加渗水阻力。

图2K314022-1中B——山型卡。功用是安装在对拉螺栓两侧，在浇筑混凝土前紧固模板外钢管，保证混凝土成型。

图2K314022-2中2——刃脚。功用是减少井筒下沉时井壁下端切土阻力，便于开挖沉井刃脚处的土体。

图2K314022-2中5——梁。功用是承重隔墙，增加井壁刚度，防止井筒在施工过程中的突然下沉。

2. 干封底缺失的工艺为：① 设置泄水井，保持地下水位距坑底500mm以下；② 用大石块将刃脚垫实；③ 将触变泥浆置换；④ 新、老混凝土接触部位凿毛处理；⑤ 底板混凝土达到设计强度且满足抗浮要求时，封闭泄水井。

3. 本工程还可采取的助沉措施有：采用沉井外壁阶梯形灌黄沙减阻助沉；沉井顶部压配重或接高井筒助沉等措施。

【解析】解答本题需要注意，空气幕助沉属于不排水下沉，不符合题意。另外沉井助沉的形式中，沉井顶部增加配重有利于助沉但不属于减小摩擦阻力措施，如果问题是沉井过程如何减阻，那么加配重最好不答。

2K314023 水池施工中的抗浮措施

一、当构筑物有抗浮结构设计时

（1）当地下水位高于基坑底面时，水池基坑施工前把水位降至基坑底下不少于 500mm。

（2）在水池底板混凝土浇筑完成并达到规定强度时，应及时施作抗浮结构。

二、当构筑物无抗浮结构设计时，水池施工应采取抗浮措施

1. 施工过程降、排水要求

（1）选择可靠的降低地下水位方法，严格降水施工，机具随时保养维护且有备用。

（2）基坑受承压水影响时，应进行承压水降压计算，对承压水降压的影响进行评估。

（3）降、排水应输送至抽水影响半径范围以外的河道或排水管道。

（4）在施工过程中不得间断降（排）水，并应对降（排）水系统进行检查和维护；构筑物未具备抗浮条件时，严禁停止降（排）水。

2. 雨、汛期施工常采用的抗浮措施

（1）基坑四周设防汛墙。

（2）构筑物下及基坑内四周埋设排水盲管（盲沟）和抽水设备。

（3）备有应急供电和排水设施并保证其可靠性。

（4）引入地下水和地表水等外来水进入构筑物。

考点分析

本考点属于基础知识，重点掌握各种抗浮措施所包含内容和适用条件。

【例题·多选题】无抗浮结构设计的水池，正确的降、排水做法有（　　）。

A. 选择可靠的降低地下水位方法

B. 基坑受承压水影响时，应进行承压水降压计算

C. 施工过程中间断排水

D. 有备用降水机具

E. 降、排水应输送至抽水影响半径范围以外的河道或排水管道

【答案】A、B、D、E

2K314024 构筑物满水试验的规定

一、试验必备条件与准备工作

满水试验前必备条件：

（1）现浇钢筋混凝土池体的防水层、防腐层施工之前；装配式预应力混凝土池体施加预应力且锚固端封锚以后，保护层喷涂之前；砖砌池体防水层施工以后，石砌池体勾缝以后。

（2）设计预留孔洞、预埋管口及进出水口等已做临时封堵，且经验算能安全承受试验压力。

二、水池满水试验与流程

1. 试验流程

试验准备→水池注水→水池内水位观测→蒸发量测定→整理试验结论。

2. 试验要求

（1）池内注水：

1）向池内注水宜分 3 次进行，每次注水为设计水深的 1/3。对大、中型池体，可先注水至池壁底部施工缝以上，检查底板抗渗质量，当无明显渗漏时，再继续注水至第一次注水深度。

2）注水时水位上升速度不宜超过 2m/d。相邻两次注水的间隔时间不应小于 24h。

3）每次注水宜测读 24h 的水位下降值，计算渗水量。

★拓展知识点：

满水试验水池注水时间

水池注水时间：$H/2 + 2$（H 为水池设计水深）。

（2）水位观测：

1）注水至设计水深 24h 后，开始测读水位测针的初读数。

2）测读水位的初读数与末读数之间的间隔时间应不少于 24h。

3）测定时间必须连续。测定的渗水量符合标准时，需连续测定两次以上。

（3）蒸发量测定：

1）池体有盖时，蒸发量可忽略不计。

2）池体无盖时，必须作蒸发量测定。

3）每次测定水池中水位时，同时测定水箱中水位。

三、满水试验标准

（1）水池渗水量计算，按池壁（不含内隔墙）和池底的浸湿面积计算。

（2）渗水量合格标准——钢筋混凝土结构水池不得超过 2L/（$m^2 \cdot d$）；砌体结构水池不得超过 3L/（$m^2 \cdot d$）。

考点分析

本考点非常重要，曾经考核过注水次数和每次注水高度，以及满水试验浸湿面积描述。未来案例分析题考点需注意以下内容：满水试验注水试验计算；通过背景资料给出数值计算满水试验是否合格；试验方法描述错误进行改正等。

【例题1·多选题】无盖混凝土水池满水试验程序中应有（　　）。

A. 水位观测　　　　　　　　　　　　B. 水温测定

C. 蒸发量测定　　　　　　　　　　D. 水质检验

E. 资料整理

【答案】A、C、E

【解析】水池满水试验流程：试验准备→水池注水→水池内水位观测→蒸发量测定→整理试验结论。池体无盖时，需作蒸发量测定。

【例题2·案例分析题】

【背景资料】

某单位中标污水处理项目，其中二沉池直径51.2m、池深5.5m、设计水深4.5m。池壁混凝土设计要求为C30、P6、F150，采用现浇施工，施工时间跨越冬期。

在做满水试验时，一次充到设计水深，水位上升速度为5m/h，当充到设计水位12h后，开始测读水位测针的初读数，满水试验测得渗水量为2.5L/（m²·d），施工单位认定合格。

【问题】

1. 二沉池满水试验的浸湿面积由哪些部分组成？（不需计算）

2. 修正满水试验中存在的错误。

【参考答案】

1. 浸湿面积由设计水位（4.5m）以下池壁（不含内隔墙）和池内底两部分组成。

2. 错误之处一：一次充到设计水深。

正确做法：向池内注水分3次进行，每次注入为设计水深的1/3。

错误之处二：水位上升速度为5m/h。

正确做法：注水水位上升速度不超过2m/24h。

错误之处三：当充到设计水位12h后，开始测读水位测针的初读数。

正确做法：池内水位注水至设计水位24h以后，开始测读水位测针的初读数。

错误之处四：满水试验测得渗水量为2.5L/（m²·d），施工单位认定合格。

正确做法：满水试验测得渗水量不得超过2L/（m²·d）才能认定合格。

2K320121　水处理构筑物施工质量检查与验收（考试用书2K320000章中相关内容）

一、模板质量验收主控项目

（1）模板及其支架应满足浇筑混凝土时的承载能力、刚度和稳定性要求，且应安装牢固。

（2）各部位的模板安装位置正确、拼缝紧密不漏浆；对拉螺栓，垫块等安装稳固；模板上的预埋件、预留孔洞不得遗漏且安装牢固。

（3）模板清洁、隔离剂涂刷均匀，钢筋和混凝土接槎处无污渍。

二、钢筋质量验收主控项目

（1）进场钢筋的质量保证资料应齐全，每批的出厂质量合格证明书及各项性能检验报告应符合国家有关标准规定和设计要求；受力钢筋的品种、级别、规格和数量必须符合设计要求；钢筋的力学性能检验、化学成分检验等应符合现行国家标准的相关规定。

（2）钢筋加工时，受力钢筋的弯钩和弯折、箍筋的末端弯钩形式等应符合现行国家标准的相关规定和设计要求。

（3）纵向受力钢筋的连接方式应符合设计要求；受力钢筋采用机械连接接头或焊接接头时，其接头应按现行国家标准的相关规定进行力学性能检验。

（4）同一连接区段内的受力钢筋，采用机械连接或焊接接头时，接头面积百分率应符合现行国家标准的相关规定；采用绑扎接头时，接头面积百分率及最小搭接长度应符合规范规定。

三、现浇混凝土质量验收主控项目

（1）现浇混凝土所用的水泥、细骨料、粗骨料、外加剂等原材料的产品质量保证资料应齐全，每批的出厂质量合格证明书及各项性能检验报告应符合规范规定和设计要求。

（2）混凝土配合比应满足施工和设计要求。

（3）结构混凝土的强度、抗渗和抗冻性能应符合设计要求，其试块的留置及质量评定应符合规范规定。

（4）混凝土结构应外光内实；施工缝后浇带部位应表面密实，无冷缝、蜂窝、露筋现象，否则应修理补强。

（5）拆模时的混凝土结构强度应符合规范规定和设计要求。

四、后张法预应力混凝土质量验收主控项目

（1）预应力筋和预应力锚具、夹具、连接器以及有粘结预应力筋孔道灌浆所用水泥、砂、外加剂、波纹管等的产品质量保证材料应齐全，每批的出厂质量合格证明书及各项性能检验报告应符合规范规定和设计要求。

（2）预应力筋的品种、级别、规格、数量在下料加工时必须符合设计要求。

（3）张拉时混凝土强度应符合规范规定。

（4）后张法张拉应力和伸长值、断裂或滑脱数量、内缩量等应符合规范规定和设计要求。

（5）有粘结预应力筋孔道灌浆应饱满、密实；灌浆水泥砂浆强度应符合设计要求。

五、混凝土结构水处理构筑物质量验收主控项目

（1）水处理构筑物结构类型、结构尺寸以及预埋件、预留孔洞、止水带等规格、尺寸应符合设计要求。

（2）混凝土强度符合设计要求；混凝土抗渗、抗冻性能符合设计要求。

（3）混凝土结构外观无严重质量缺陷。

（4）构筑物外壁不得渗水。

（5）构筑物各部位以及预埋件、预留孔洞、止水带等的尺寸、位置、高程、线形等的偏差，不得影响结构性能和水处理工艺的平面布置、设备安装、水力条件。

六、构筑物变形缝质量验收主控项目

（1）构筑物变形缝的止水带、柔性密封材料等的产品质量保证资料应齐全，每批的出厂质量合格证明书及各项性能检验报告应符合规定和设计要求；

（2）止水带位置应符合设计要求；安装固定应稳固，无孔洞、撕裂、扭曲、褶皱等现象；

（3）先行施工一侧的变形缝结构端面应平整、垂直，混凝土或砌筑砂浆应密实，止水带与结构咬合紧密；端面混凝土外观严禁出现严重质量缺陷，且无明显的一般质量缺陷。

考点分析

本考点以案例分析题为主，主要考察模板、钢筋、混凝土以及变形缝的质量检查主控项目。

【例题1·单选题】不属于混凝土结构水处理构筑物质量验收主控项目的是（　　　）。

A. 结构类型和结构尺寸符合设计要求　　B. 混凝土结构外观无严重质量缺陷

C. 构筑物外壁不得渗水　　D. 结构表面应光滑平整，线形流畅

【答案】D

【例题2·案例分析题】

【背景资料】

某市新建一大型水厂，因工期紧张，建设单位将水厂分为三个标段，A公司中标第二标段，本标段包括现浇大清水池和一座装配式小清水池，以及水厂内部道路及部分综合管线工程。合同工期一年。

大清水池长200m、宽50m、高7m，沿着水池长度方向上设置四道内隔墙。项目部对现浇清水池中的土方开挖、垫层、底板、侧墙、顶板施工、回填等工作做了详细施工部署。本项目中的模板分项工程每一检验批施工完成后，监理工程师都严格按照主控项目进行验收。

【问题】

简述本工程中大清水池模板质量验收的主控项目。

【参考答案】

（1）模板及其支架应满足浇筑混凝土时的承载能力、刚度和稳定性要求，且应安装牢固。

（2）各部位的模板安装位置正确、拼缝紧密不漏浆；对拉螺栓，垫块等安装稳固；模板上的预埋件、预留孔洞不得遗漏且安装牢固。

（3）模板清洁、隔离剂涂刷均匀，钢筋和混凝土接槎处无污渍。

2K320122　给水排水混凝土构筑物防渗漏措施（考试用书2K320000章中相关内容）

一、设计应考虑的主要措施

（1）合理增配构造（钢）筋，构造配筋应尽可能采用小直径、小间距。

（2）避免结构应力集中。

（3）按照设计规范要求，设置变形缝或结构单元。

二、施工防渗漏措施总结

（1）砂和碎石要连续级配，含泥量不能超过规范要求。

（2）水泥宜为质量稳定的普通硅酸盐水泥。

（3）外加剂和掺合料性能可靠，用量符合要求。

（4）在满足混凝土各项指标前提下，适当降低水灰比。

（5）在满足运输与布放的基础上尽量降低混凝土坍落度。

（6）降低混凝土的入模温度，且不应大于25℃。

（7）控制混凝土结构内外温差。

（8）及时振捣，既不漏振，也不过振，重点部位做好二次振动。

（9）合理设置后浇带，要遵循"数量适当，位置合理"的原则。

（10）分层浇筑，下层混凝土初凝前，上层混凝土浇筑完毕。

（11）夏季保湿养护，冬期做好保温养护，采取延长拆模时间和外保温等措施。

考点分析

本考点非常重要，主要考核给水排水混凝土构筑物防渗漏措施。

【例题·案例分析题】

【背景资料】

某城市南郊雨水泵站工程邻近大治河，大治河常水位为＋3.00m，雨水泵站和进水管道连接处的管内底标高为−4.00m。雨水泵房地下部分采用沉井法施工，进水管为3m×2m×110m（宽×高×长）现浇钢筋混凝土箱涵，基坑采用拉森钢板桩围护。设计对雨水泵房和进水管道的混凝土质量提出了防裂、抗渗要求，项目部为此制定了如下针对性技术措施：

（1）集料级配、含泥量符合规范要求，混凝土外加剂合格；

（2）配合比设计中控制水泥和水的用量，适当提高水灰比，含气量满足规范要求；

（3）混凝土浇筑振捣密实，不漏振，不过振；

（4）及时养护，保证养护时间及质量。

【问题】

指出项目部制定的构筑物混凝土施工中的防裂、抗渗措施中的错误，说明正确的做法。

【参考答案】

措施（2）中控制水泥和水的用量，适当提高水灰比的做法错误；

正确做法：宜适当减少水泥和水的用量，降低水胶比中的水灰比。同时还应注意控制入模坍落度、入模温度；选择适宜的外加剂，提高混凝土和易性，合理设置后浇带，及时养护，降低混凝土内外温差；适时拆模，拆模后及时回填土。

★拓展知识点：

给水排水工程基础知识

1. 给水排水工程结构图示（见图2K320122-1～图2K320122-5）

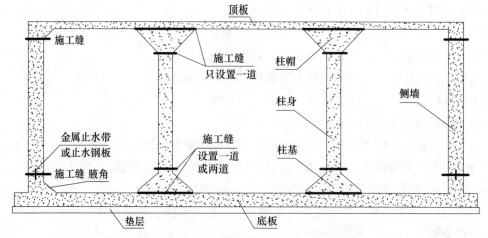

图 2K320122-1 现浇混凝土水池一般构造图

2. 给水排水构筑物单位工程、分部工程、分项工程划分表如表 2K320122 所示（摘自《给水排水构筑物工程施工及验收规范》GB 50141—2008）

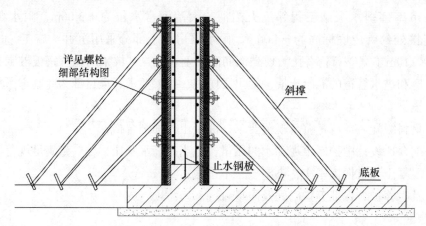

图 2K320122-2 侧墙施工支模示意图

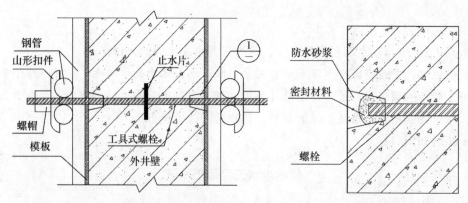

图 2K320122-3 模板对拉螺栓细部结构图   图 2K320122-4 拆模后螺栓孔处置节点①图

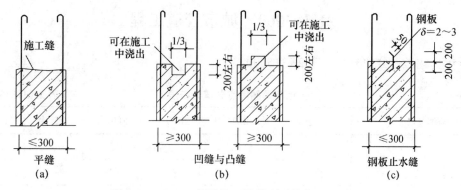

图 2K320122-5　侧壁施工缝类型（单位：mm）

给水排水构筑物单位工程、分部工程、分项工程划分表　表 2K320122

单位（子单位）工程		构筑物工程或按独立合同承建的水处理构筑物、管渠、调蓄构筑物、取水构筑物、排放构筑物	
分部（子分部）工程		分项工程	验收批
地基与基础工程	土石方	围堰、基坑支护结构（各类围护）、基坑开挖（无支护基坑开挖、有支护基坑开挖）、基坑回填	（1）按不同单体构筑物分别设置分项工程（不设验收批时）； （2）单体构筑物分项工程视需要可设验收批； （3）其他分项工程可按变形缝位置、施工作业面、标高等分为若干个验收批
	地基基础	地基处理、混凝土基础、桩基础	
主体结构工程	现浇混凝土结构	底板（钢筋、模板、混凝土）、墙体及内部结构（钢筋、模板、混凝土）、顶板（钢筋、模板、混凝土）、预应力混凝土（后张法预应力混凝土）、变形缝、表面层（防腐层、防水层、保温层等的基面处理、涂衬）、各类单体构筑物	
	装配式混凝土结构	预制构件现场制作（钢筋、模板、混凝土）、预制构件安装、圆形构筑物缠丝张拉预应力混凝土、变形缝、表面层（防腐层、防水层、保温层等的基面处理、涂衬）、各类单体构筑物	
	砌体结构	砌体（砖、石、预制砌体）、变形缝、表面层（防腐层、防水层、保温层等的基面处理、涂衬）、护坡与护坦、各类单体构筑物	
	钢结构	钢结构现场制作、钢结构预拼装、钢结构安装（焊接、栓接等）、防腐层（基面处理、涂衬）、各类单体构筑物	
附属构筑物工程	细部结构	现浇混凝土结构（钢筋、模板、混凝土）、钢制构件（现场制作、安装、防腐层）、细部结构	
	工艺辅助构筑物	混凝土结构（钢筋、模板、混凝土）、砌体结构、钢结构（现场制作、安装、防腐层）、工艺辅助构筑物	
	管渠	同主体结构工程的"现浇混凝土结构、装配式混凝土结构、砌体结构"	
进、出水管渠	混凝土结构	同附属构筑物工程的"管渠"	
	预制管铺设	同现行国家标准《给水排水管道工程施工及验收规范》GB 50268—2008	

2K315000 城市管道工程

近年真题考点分值分布见表 2K315000：

表 2K315000

近年真题考点分值分布表

命题点	题型	2018 年	2019 年	2020 年	2021 年	2022 年
城市给水排水管道工程施工	单选题	2	2	2	3	—
	多选题	2	—	2	—	—
	案例分析题	—	17	—	—	—
城镇供热管网工程施工	单选题	3	1	2	2	2
	多选题	—	2	2	2	—
	案例分析题	—	13	—	—	8
城镇燃气管道工程施工	单选题	1	2	—	1	1
	多选题	2	—	—	2	2
	案例分析题	—	—	—	—	—
城镇管道工程施工质量检查与检验	单选题					
	多选题				2	
	案例分析题	6	7	—	8	—

2K315010 城市给水排水管道工程施工

核心考点提纲

$$
城市给水排水管道工程施工
\begin{cases}
开槽管道施工技术 \\
不开槽管道施工方法 \\
砌筑沟道施工要求 \\
管道功能性试验的规定 \\
给排水管网维护与修复技术 \\
柔性管道回填施工质量检查与验收
\end{cases}
$$

核心考点剖析

2K315011 开槽管道施工技术

一、沟槽施工方案

（1）沟槽底部开挖宽度公式（当设计无要求时）：

$$B = D_0 + 2 \times (b_1 + b_2 + b_3)$$

式中　B——管道沟槽底部的开挖宽度（mm）；

D_0——管道外径（mm）；

b_1——管道一侧的工作面宽度（mm）；

b_2——有支撑要求时，管道一侧的支撑厚度，可取 150～200mm；

b_3——现场浇筑混凝土或钢筋混凝土管渠一侧模板厚度（mm）。

（2）确定沟槽坡度的依据：地质条件、土质情况、地下水位、开挖深度、坡顶荷载。

二、沟槽开挖与支护

1. 沟槽开挖

（1）人工开挖沟槽的槽深超过 3m 时应分层开挖，每层的深度不超过 2m。

（2）人工开挖多层沟槽的层间留台宽度：放坡开槽时不应小于 0.8m，直槽时不应小于 0.5m，安装井点设备时不应小于 1.5m。

（3）槽底原状地基土不得扰动，机械开挖时槽底预留 200～300mm 土层，由人工开挖至设计高程，整平。

（4）槽底不得受水浸泡或受冻，槽底局部扰动或受水浸泡时，宜采用天然级配砂砾石或石灰土回填；槽底扰动土层为湿陷性黄土时，应按设计要求进行地基处理。

（5）槽底土层为杂填土、腐蚀性土时，应全部挖除并按设计要求进行地基处理。

（6）槽壁平顺，边坡坡度符合施工方案的规定。

2. 支撑与支护

（1）撑板支撑应随挖土及时安装。每根横梁或纵梁不得少于两根横撑。横撑水平间距宜为 1.5～2m，垂直间距不宜大于 1.5m。

（2）在软土或其他不稳定土层中采用横排撑板支撑时，开始支撑的沟槽开挖深度不得超过 1.0m；开挖与支撑交替进行，每次交替的深度宜为 0.4～0.8m。

（3）支撑要求：横梁应水平，纵梁应垂直，且与撑板密贴，连接牢固；支撑构件不得有弯曲、松动、移位或劈裂等迹象。

三、地基处理与安管

1. 地基处理

（1）槽底局部超挖或发生扰动时，超挖深度不超过 150mm 时，可用挖槽原土回填夯实；槽底地基土壤含水量较大，不适于压实时，应采取换填等有效措施。

（2）排水不良造成地基土扰动时，扰动深度在 100mm 以内，宜填天然级配砂石或砂砾处理；扰动深度在 300mm 以内，但下部坚硬时，宜填卵石或块石，并用砾石填充空隙找平表面。

（3）柔性管道地基处理宜采用砂桩、搅拌桩等复合地基。

2. 安管

（1）采用焊接接口时，两端管的环向焊缝处齐平，内壁错边量不宜超过管壁厚度的 10%，且不得大于 2mm。

（2）采用电熔连接、热熔连接接口时，应选择在当日温度较低或接近最低时进行；接头处应有沿管节圆周平滑对称的内、外翻边；接头检验合格后，内翻边宜铲平。

（3）金属管道应按设计要求进行内外防腐施工和施做阴极保护工程。

（4）平口混凝土排水管（含钢筋混凝土管）不得用于住宅小区、企事业单位和市政管网用的埋地排水工程。

考点分析

本考点很重要，在历年真题中经常出现，案例分析题可能涉及以下内容：依据背景资料条件的土质，管道壁厚和直径等条件，计算图形中沟槽边坡坡度或开槽上口线宽度；改错题（不允许机械直接开挖至槽底高程，应预留200～300mm人工清理）；沟槽超挖处理方式（原土夯实、换填级配砂石、填充嵌挤大块石、卵石砾石填充间隙）；沟槽支护要求（横梁水平，纵梁垂直，与撑板密贴、连接牢固，支撑构件不得有弯曲、松动、位移和劈裂迹象）。

【例题1·单选题】关于沟槽开挖的说法，正确的是（　　　）。

A. 机械开挖可以直接挖至槽低高程

B. 槽底土层为杂填土时应全部挖除

C. 沟槽开挖的坡率与沟槽开挖的深度无关

D. 无论土质如何，槽壁必须垂直平顺

【答案】B

【例题2·案例分析题】

【背景资料】

某公司中标北方城市道路工程，道路全长1000m，道路结构与地下管线布置如图2K315011-1所示：

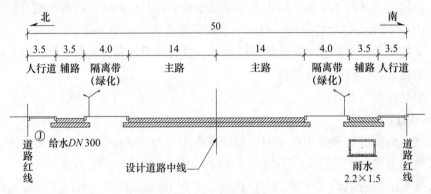

图2K315011-1　道路结构与地下管线布置示意图（尺寸单位：m，管径单位：mm）

施工场地位于农田，邻近城市绿地，土层以砂性粉土为主，不考虑施工降水。

雨水方沟内断面2.2m×1.5m，采用钢筋混凝土结构，壁厚度200mm；底板下混凝土垫层厚100mm。雨水方沟位于南侧辅路下，排水方向为由东向西，东端沟内底高程为−5.0m（地表高程±0.0m），流水坡度1.5‰。给水管道位于北侧人行道下，覆土深度1m。

项目部对① 辅路、② 主路、③ 给水管道、④ 雨水方沟、⑤ 两侧人行道及隔离带（绿化）做了施工部署，依据各种管道高程以及平面位置对工程的施工顺序做了总体安排。

【问题】

1. 列式计算雨水方沟东、西两端沟槽的开挖深度。

2. 用背景资料中提供的序号表示本工程的总体施工顺序。

【参考答案】

1. 东侧开挖深度：5.0 + 0.2 + 0.1 = 5.3m；

西侧开挖深度：5.3 + 1000×1.5‰ = 6.8m。

【解析】本题背景资料并未交代出雨水方沟是现浇的还是预制的，但不管是现浇还是预制，计算时都需要在方沟内底高程再加上200mm的壁厚和100mm的垫层。

2. 本工程总体施工顺序④→③→②→①→⑤。

【解析】施工本着先地下、后地上，先深后浅的原则，那么本工程自然是先进行管线施工再进行道路施工，而且还应先施工较深的雨水方沟，再施工较浅的给水管线。对于道路施工本着先主体后附属的原则，那么施工顺序一定是主路→辅路→人行道及隔离带（绿化）。

【例题3·案例分析题】

【背景资料】

某公司承建一项道路扩建工程，在原有道路一侧扩建，并在路口处与现况道路平接。

道路中央分隔带下布设一条 $D1200mm$ 雨水管线，管线长度800m，采用平接口钢筋混凝土管，道路及雨水管线布置平面如图 2K315011-2 所示。沟槽开挖深度 $H \leqslant 4m$ 时，采用放坡法施工，沟槽开挖断面如图 2K315011-3 所示；$H > 4m$ 时，采用钢板桩加内支撑进行支护。

【问题】

计算图 2K315011-2 中 Y21 管内底标高 A，图 2K315011-3 中该处的开挖深度 H 以及沟槽开挖断面上口宽度 B（保留1位小数）。（单位：m）

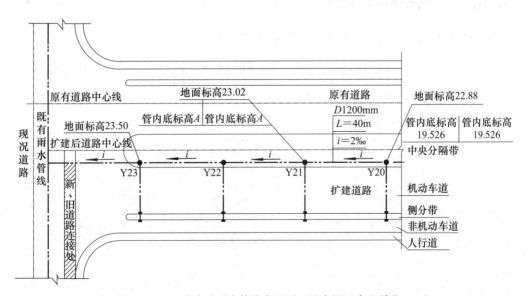

图 2K315011-2　道路及雨水管线布置平面示意图（高程单位：m）

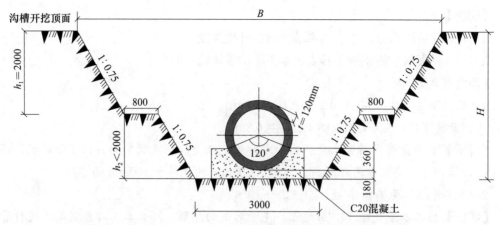

图 2K315011-3 3m＜H≤4m 沟槽开挖断面示意图（单位：mm）

【参考答案】

管内底标高 A = 19.526－40 × 2‰ = 19.446m；

即 A ≈ 19.4m；

开挖深度 H = 23.02－19.446 + 0.12 + 0.18 = 3.874m；

即 H ≈ 3.9m；

上口宽度 B = 3 + 3.874×0.75×2 + 2×0.8 = 10.411m；

或 B = 3 +（3.874－2）×0.75×2 + 0.8×2 + 2×0.75×2 = 10.411m；

即 B ≈ 10.4m。

【解析】依据图形计算题目，考核的知识点比较综合，题目既有垂直、水平方向的计算，也有坡度计算。需要注意的是题目要求计算结果保留一位小数，但是过程中后期还需应用的数值需要将计算结果完全保留，以免影响后续计算的精度。

2K315012 不开槽管道施工方法

不开槽管道施工方法与适用条件（见表 2K315012）：

不开槽管道施工方法与适用条件一览表   表 2K315012

施工工法	密封式顶管	盾构	浅埋暗挖	水平定向钻	夯管
工法优点	施工精度高	施工速度快	适用性强	施工速度快	施工速度快、成本较低
工法缺点	施工成本高	施工成本高	施工速度慢、施工成本高	施工精度低	控制精度低
适用范围	给水排水管道、综合管道	给水排水管道、综合管道	给水排水管道、综合管道	柔性管道	钢管
适用管径（mm）	φ300～φ4000	φ3000 以上	φ1000 以上	φ300～φ1000	φ200～φ1800
管道轴线偏差	小于 ±50mm	不可控	不超过 30mm	小于 0.5 倍管道内径	不可控
施工距离	较长	长	较长	较短	短
适用地质条件	各种土层	各种土层	各种土层	砂卵石及含水地层不适用	含水地层不适用，砂卵石地层困难

考点分析

本考点为基础知识，属于选择题高频考点，案例分析题可以出现的形式有：根据背景资料介绍的土质、地下水、管道直径和施工长度进行方案比选；某不开槽施工方法的工序排序等。

【例题1·单选题】施工速度快、成本较低的不开槽管道施工方法是（　　）。

A. 盾构法　　　　　　　　　　　　B. 夯管法

C. 定向钻法　　　　　　　　　　　D. 浅埋暗挖法

【答案】B

【例题2·多选题】适用于砂卵石地层的不开槽施工方法有（　　）。

A. 封闭式顶管　　　　　　　　　　B. 盾构

C. 浅埋暗挖　　　　　　　　　　　D. 定向钻

E. 夯管

【答案】A、B、C

【解析】密闭式顶管，盾构，浅埋暗挖适用于各种土层，定向钻不适用于砂卵石和含水地层，夯管不适用于含水底层，砂卵石地层比较困难。

【例题3·案例分析题】

【背景资料】

某公司承接一项供热管线工程，全长1800m，直径 DN400mm，采用高密度聚乙烯外护管聚氨酯泡沫塑料预制保温管。其中340m管段依次下穿城市主干路、机械加工厂，穿越段地层主要为粉土和粉质黏土，有地下水，设计采用浅埋暗挖法施工隧道（套管）内敷设，其余管道采用开槽法直埋敷设。

项目部进场调研后，建议将浅埋暗挖隧道法变更为水平定向钻（拉管）法施工，获得建设单位的批准，并办理了相关手续。

【问题】

与水平定向钻法施工相比，原浅埋暗挖隧道法施工有哪些劣势？

【参考答案】

施工成本高；施工速度慢；施工受地下水影响；对地面建（构）筑物影响大；不安全因素多。

2K315013　砌筑沟道施工要求

一、基本要求

（1）砌筑前应检查地基或基础，确认其中线高程、基坑（槽）应符合规定，地基承载力符合设计要求并签验。

（2）砌筑前砌块（砖、石）应充分湿润；砌筑砂浆配合比符合设计要求，现场拌制应拌合均匀、随用随拌；砌筑应立皮数杆、样板挂线控制水平与高程。砌筑应采用满铺满挤法。砌体应上下错缝、内外搭砌、丁顺规则有序。

（3）砌筑砂浆应饱满，砌缝应均匀不得有通缝或瞎缝，且表面平整。

（4）砌筑结构管渠宜按变形缝分段施工，砌筑施工需间断时，应预留阶梯形斜槎；接砌时，应将斜槎冲净并铺满砂浆，墙转角和交接处应与墙体同时砌筑。

（5）当砌体垂直灰缝宽度大于30mm时，应采用细石混凝土灌实，混凝土强度等级不应小于C20。

（6）禁止使用污水检查井砖砌工艺。

二、砌筑施工要点

1. 变形缝施工

（1）变形缝内应清除干净，两侧应涂刷冷底子油一道。

（2）缝内填料应填塞密实。

2. 圆井砌筑

（1）排水管道检查井的混凝土基础应与管道基础同时浇筑，检查井的流槽宜与井壁同时进行砌筑。

（2）砌块应垂直砌筑；收口砌筑时，应按设计要求的位置设置钢筋混凝土梁；圆井采用砌块逐层砌筑收口时，四面收口的每层收进不应大于30mm，偏心收口的每层收进不应大于50mm。

（3）砌块砌筑时，铺浆应饱满，灰浆与砌块四周粘结紧密、不得漏浆，上下砌块应错缝砌筑。

（4）砌筑时应同时安装踏步，踏步安装后在砌筑砂浆未达到规定抗压强度等级前不得踩踏。

（5）内外井壁应采用水泥砂浆勾缝；有抹面要求时，抹面应分层压实。

考点分析

本考点多以选择题形式出现，后期需要注意案例分析题考核内容（包括管道附属构筑物质量验收标准）；砌筑的基本要求（砂浆饱满、灰缝匀称平直、抹面平整）；依据井室图形回答每一个部位名称及作用或施工要求：① 位置正确，与井室砌筑同步安装，安装应牢固，水泥砂浆未达到强度前严禁踩踏。② 井盖、井座规格符合设计要求，安装平整、稳定、牢固。③ 流槽应平顺、圆滑、光洁，与井室砌筑同步进行。④ 砖碹（目的是为了保护管道），直径超过300mm管道与井室衔接位置必须发砖碹。

【例题·单选题】不属于排水管道圆形检查井的砌筑做法是（　　　）。

A. 砌块应垂直砌筑

B. 砌筑砌块时应同时安装踏步

C. 检查井内的流槽宜与井壁同时进行砌筑

D. 采用退槎法砌筑时每块砌块退半块留槎

【答案】D

【解析】D选项属于砖砌拱圈的内容。

2K315014　管道功能性试验的规定

一、基本规定

1. 水压试验

（1）压力管道分为预试验和主试验阶段；试验合格的判定依据分为允许压力降值和允许渗水量值，按设计要求确定。设计无要求时，应根据工程实际情况，选用其中一项值或同时采用两项值作为试验合格的最终判定依据。

（2）压力管道水压试验进行实际渗水量测定时，宜采用注水法进行。

（3）管道采用两种（或两种以上）管材时，宜按不同管材分别进行试验；不具备分别试验的条件必须组合试验，且设计无具体要求时，应采用不同管材的管段中试验控制最严的标准进行试验。

2. 严密性试验

（1）污水、雨污水合流管道及湿陷土、膨胀土、流砂地区的雨水管道，必须经严密性试验合格后方可投入运行。

（2）管道的严密性试验分为闭水试验和闭气试验。

（3）全断面整体现浇的钢筋混凝土无压管渠处于地下水位以下时，或不开槽施工的内径大于或等于1500mm 钢筋混凝土结构管道，除达到设计要求外，管渠的混凝土强度等级、抗渗等级也应检验合格，可采用内渗法测渗水量；渗漏水量符合规定时，不必再进行闭水试验。

3. 特殊管道严密性试验

大口径球墨铸铁管、玻璃钢管、预应力钢筒混凝土管或预应力混凝土管等管道单口水压试验合格，且设计无要求时：

（1）压力管道可免去预试验阶段，而直接进行主试验阶段。

（2）无压管道应认同为严密性试验合格，不再进行闭水或闭气试验。

4. 管道的试验长度

（1）除设计有要求外，压力管道水压试验的管段长度不宜大于 1.0km。

（2）无压力管道的闭水试验，试验管段应按井距分隔，抽样选取，带井试验；若条件允许可一次试验不超过 5 个连续井段。

（3）当管道内径大于 700mm 时，可按管道井段数量抽样选取 1/3 进行试验；试验不合格时，抽样井段数量应在原抽样基础上加倍进行试验。

二、管道试验方案与准备工作

1. 试验方案

试验方案主要内容包括：后背及堵板的设计；进水管路、排气孔及排水孔的设计；加压设备、压力计的选择及安装的设计；排水疏导措施；升压分级的划分及观测制度的规定；试验管段的稳定措施和安全措施。

2. 压力管道试验准备工作

（1）试验管段所有敞口应封闭，不得有渗漏水现象。开槽施工管道顶部回填高度不应小于 0.5m，宜留出接口位置以便检查渗漏处。

（2）试验管段不得用闸阀作堵板，不得含有消火栓、水锤消除器、安全阀等附件。

（3）水压试验前应清除管道内的杂物。

（4）应做好水源引接、排水等疏导方案。

3. 无压管道闭水试验准备工作

（1）管道及检查井外观质量已验收合格；

（2）开槽施工管道未回填土且沟槽内无积水；

（3）全部预留孔应封堵，不得渗水；

（4）管道两端堵板承载力经核算应大于水压力的合力；除预留进出水管外，应封堵坚固，不得渗水；

（5）顶管施工，其注浆孔封堵且管口按设计要求处理完毕，地下水位于管底以下；

（6）应做好水源引接、排水疏导等方案。

4. 管道内注水与浸泡

浸泡时间规定：

（1）球墨铸铁管（有水泥砂浆衬里）、钢管（有水泥砂浆衬里）、化学建材管不少于24h。

（2）现浇钢筋混凝土管渠、预（自）应力混凝土管、预应力钢筒混凝土管：内径小于1000mm的不少于48h；内径大于1000mm的不少于72h。

三、试验过程与合格判定

1. 水压试验

（1）预试验阶段：

将管道内水压缓缓地升至规定的试验压力并稳压30min，期间如有压力下降可注水补压，补压不得高于试验压力；检查管道接口、配件等处有无漏水、损坏现象；有漏水、损坏现象时应及时停止试压，查明原因并采取相应措施后重新试压。

（2）主试验阶段：

停止注水补压，稳定15min，15min后压力下降不超过所允许压力下降数值时，将试验压力降至工作压力并保持恒压30min，进行外观检查，若无漏水现象，则水压试验合格。

2. 闭水试验

从试验水头达到规定水头开始计时，观测管道的渗水量，直至观测结束，应不断地向试验管段内补水，保持试验水头恒定。渗水量的观测时间不得小于30min，渗水量不超过允许值试验合格。

3. 闭气试验

管道内气体压力达到2000Pa时开始计时，满足标准闭气时间规定时，管内实测气体压力 $P \geqslant 1500$Pa 则管道闭气试验合格，反之为不合格。

考点分析

本考点属于重要考点，虽然以往考试均以选择题形式进行考核，未来很可能会考核案例分析题。案例分析题需要注意以下内容：给水排水管道试验准备工作；试验前泡管时间；试验的注意事项；管道试验合格与否的简单计算等。

【例题1·单选题】给水管道水压试验时，向管道内注水浸泡的时间，正确的是（　　）。

A. 有水泥砂浆衬里的球墨铸铁管不少于12h

B. 有水泥砂浆衬里的钢管不少于24h

C. 内径不大于 1000mm 的自应力混凝土管不少于 36h

D. 内径大于 1000mm 的自应力混凝土管不少于 48h

【答案】B

【例题 2·多选题】关于无压管道闭水试验长度的说法，正确的有（　　）。

A. 试验管段应按井距分隔，带井试验

B. 一次试验不宜超过 5 个连续井段

C. 管内径大于 700mm 时，抽取井段数 1/3 试验

D. 管内径小于 700mm 时，抽取井段数 2/3 试验

E. 井段抽样采取随机抽样方式

【答案】A、B、C

【例题 3·案例分析题】

【背景资料】某公司承建一项城市污水管道工程，管道全长 1.5km，采用 DN1200mm 的钢筋混凝土管，管道平均覆土深度约 6m。

在完成下游 3 个井段管道安装及检查井砌筑后，抽取其中 1 个井段进行了闭水试验，实测渗水量为 0.0285L/（min·m）。［规范规定 DN1200mm 钢筋混凝土管合格渗水量不大于 43.30m³/（24h·km）］

【问题】

列式计算该井段闭水试验渗水量结果是否合格？

【参考答案】

实际渗水量可换算为：

0.0285L/（min·m）＝ 24×60×0.0285m³/（24h·km）＝ 41.04m³/（24h·km）；

41.04m³/（24h·km）＜ 43.30m³/（24h·km）；

实际渗水量小于规范规定的渗水量，所以该井段闭水试验渗水量合格。

或合格渗水量：

43.30m³/（24h·km）＝ 43.30/（24×60）＝ 0.030L/（min·m）；

0.0285L/（min·m）＜ 0.030L/（min·m）；

实测渗水量小于合格渗水量，所以该井段闭水试验渗水量合格。

2K315015　给排水管网维护与修复技术

一、城市管道维护

1. 城市管道巡视检查

管道检查主要方法包括人工检查法、自动监测法、分区检测法、区域泄露普查系统法等。检测手段包括探测雷达、声呐、红外线检查、闭路监视系统（CCTV）等方法及仪器设备。

2. 城市管道抢修

钢管多为焊缝开裂或腐蚀穿孔，一般可用补焊或盖压补焊的方法修复；预应力钢筋混凝土管采用补麻、补灰后再用卡盘压紧固定；若管身出现裂缝，可视裂缝大小采用两合揣袖或更换铸铁管或钢管，两端与原管采用转换接口连接。

3. 管道维护安全防护

（1）养护人员必须接受安全技术培训，考核合格后方可上岗。

（2）作业人员必要时可戴上防毒面具、防水表、防护靴、防护手套、安全帽等，穿上系有绳子的防护腰带，配备无线通信工具和安全灯等。

二、管道修复与更新

（1）局部修补：密封法、补丁法、铰接管法、局部软衬法、灌浆法、机器人法等。

（2）全断面修复：内衬法；缠绕法；喷涂法。

（3）管道更新：破管外挤（也称爆管法或胀管法）；破管顶进。

考点分析

本考点考核频率较低，多以选择形式出现，案例分析题形式：根据施工现场条件结合管道修复或更新技术特点进行方案比选。

【例题1·单选题】下列方法中，用于排水管道更新的是（　　）。

A. 缠绕法　　　　　　　　　　　　B. 内衬法

C. 爆管法　　　　　　　　　　　　D. 喷涂法

【答案】C

【解析】管道更新常见的有破管外挤（也称爆管法）和破管顶进两种方法。A、B、D三个选项属于管道全断面修复方法

【例题2·多选题】城市管道检查主要方法包括（　　）。

A. 人工检查法　　　　　　　　　　B. 自动监测法

C. 分区检测法　　　　　　　　　　D. 红外线检查法

E. 闭路监视系统法

【答案】A、B、C

【解析】管道检查的主要方法包括人工检查法、自动监测法、分区检测法、区域泄漏普查系统法等。D、E选项不符合题意，红外线检查法和闭路监视系统法是管道检查的检测手段，另外其他检测手段还有探测雷达、声呐及仪器设备等。

【例题3·案例分析题】

【背景资料】

某公司承建长1.2km的城镇道路大修工程，现状路面层为沥青混凝土，主要施工内容包括：对沥青混凝土路面沉陷、碎裂部位进行处理；机动车道下方有一条$DN800mm$污水管线，垂直于该干线有一条$DN500mm$混凝土污水管支线接入，由于污水支线不能满足排放量要求，拟在原位更新为$DN600mm$管径管线，更换长度50m，如图2K315015中2号~2′号井段。

交通部门批准的交通导行方案要求：施工时间为夜间22：00—次日5：30，不断路施工。

项目部调查发现：2号~2′号井段管埋深约3.5m，该深度土质为砂卵石，下穿既有电信、电力管道（埋深均小于1m），2′号井处具备工作井施工条件，污水干线夜间水量小且稳定，支管接入时不需导水，2号~2′号井段施工期间上游来水可导入其他污水管。

结合现场条件和使用需求，项目部拟从开槽法、内衬法、破管外挤法及定向钻法这四种方法中选择一种进行施工。

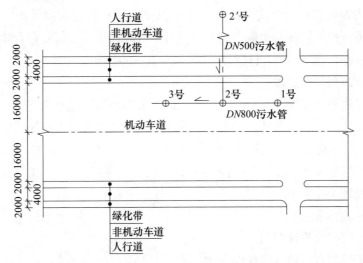

图 2K315015　道路平面示意图（单位：mm）

【问题】

四种管道施工方法中哪种方法最适合本工程？分别简述其他三种方法不适合的主要原因。

【参考答案】

破管外挤法最适合本工程。

其他三种不适合原因：内衬法施工不能扩大管径；定向钻法精度低，且不适合砂卵石地层；开槽法需要支撑、施工时间长且对交通影响大。

2K320132　柔性管道回填施工质量检查与验收（考试用书 2K320000 章中相关内容）

一、回填前的准备工作

1. 管道检查

回填前，检查管道有无损伤或变形，有损伤的管道应修复或更换；管内径大于 800mm 的柔性管道，回填施工时应在管内设竖向支撑。中小管道应采取防止管道移动措施。

2. 现场试验段

长度应为一个井段或不少于 50m，按照施工方案的回填方式进行现场试验，以便确定压实机具和施工参数；因工程因素变化改变回填方式时，应重新进行现场试验。

二、回填作业

1. 回填总结

材料要对称、均匀运入槽内，不影响压实作业；需要拌合材料在沟槽外进行；管道支承角范围用中粗砂；回填时有防止管道上浮位移措施；回填在全天温度最低时，两侧对称同时进行；管顶 500mm 以下人工回填，500mm 以上可用机械，每层回填高度 ≤ 200mm，低洼沼泽地区中粗砂回填至管顶以上 500mm；回填作业每层压实遍数（按压实度要求、压实工具、虚铺厚度和含水量）经试验确定。

2. 压实总结

管道两侧应对称进行，压实面高差不超过 300mm；同沟槽多排管道之间与槽壁之间回填压实对称进行；不同高程由低向高顺序进行；分段回填压实需要留台阶；压路机重叠宽度不小于 200mm；重型压实机械保证管顶以上有一定厚度的土方。

三、变形检测与超标处理

（1）柔性管道回填至设计高程时，应在 12～24h 内测量并记录管道变形率。

（2）变形率应符合设计要求，设计无要求时：金属管变形不能超过 2%，化学管材变形不能超过 3%；金属管变形超过 2% 但未超 3%，化学管材变形超 3% 但未超 5%，挖出回填材料至露出管径 85% 处，重新回填夯实；金属管材变形超 3%，化学管材变形超 5%，会同设计研究处理（换管）。

四、质量检验标准

（1）回填材料符合设计要求。

（2）沟槽不得带水回填，回填应密实。

（3）柔性管道的变形率不得超过设计或规定要求，管壁不得出现纵向隆起、环向扁平和其他变形情况。

（4）柔性管道沟槽回填部位与压实度图示见图 2K320132：

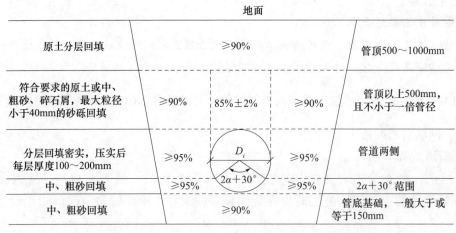

图 2K320132　柔性管道沟槽回填部位与压实度示意图

考点分析

本考点考试多为案例分析题形式，作答时需要归纳总结，文字精练，答题采分点参照上面知识点总结。

【例题·案例分析题】

【背景资料】

A 公司承建中水管道工程，全长 870m，管径 $DN600mm$，管道出厂由南向北垂直下穿快速路后，沿道路北侧绿地向西排入内湖，管道覆土 3.0～3.2m；管材为碳素钢管，防腐层在工厂内施做，施工图设计建议：长 38m 下穿快速路的管段采用机械顶管法施工混凝土套管，其余管段全部采用开槽法施工。施工区域土质较好，开挖土方可用于沟槽回填，施工时可不考虑地下水影响。依据合同约定，A公司将顶管施工分包给B专业公司，开槽段施工从西向东采用流水作业。

施工过程发生如下事件：

事件一：质量员发现个别管段沟槽胸腔回填存在采用推土机从沟槽一侧推土入槽的不当施工现象，立即责令施工队停工整改。

……

【问题】

分析事件一中施工队不当施工可能产生的后果，并写出正确做法。

【参考答案】

可能产生的后果：造成回填时管道位移，管道腋角回填不密实，回填土层厚度控制不准，管道变形等。

正确做法：管道两侧和管顶以上500mm范围内的回填材料，应由沟槽两侧对称运入槽内，不得直接扔在管道上。每层回填土厚度不应大于200mm，管道两侧回填土高差不超过300mm。

2K315020　城镇供热管网工程施工

核心考点提纲

$$
\text{城镇供热管网工程施工}
\begin{cases}
\text{供热管道施工与安装要求} \\
\text{供热管道施工质量检查与验收} \\
\text{供热管网附件及换热站设施安装要求} \\
\text{供热管道功能性试验的规定}
\end{cases}
$$

核心考点剖析

2K315022　供热管道施工与安装要求

一、工程测量

（1）管线工程施工定线测量规定：

1）测量应按主线、支线的次序进行。

2）管线的起点、终点，各转角点及其他特征点应在地面上定位。

3）地上建筑，检查室、支架、补偿器、阀门等的定位可在管线定位后实施。

（2）供热管线工程竣工后，应全部进行平面位置和高程测量，竣工测量宜选用施工测量控制网。

（3）土建工程竣工测量应对起终点、变坡点、转折点、交叉点、结构材料分界点、埋深、轮廓特征点等进行实测。

（4）对管网施工中已露出的其他与热力管线相关的地下管线和构筑物，应测其中心坐标、上表面高程、与供热管线的交叉点。

二、管道安装与焊接

1. 焊接工艺方案内容

管材、板材性能和焊接材料；焊接方法；坡口形式及制作方法；焊接结构形式及外形尺寸；焊接接头的组对要求及允许偏差；焊接参数的选择；焊接质量保证措施；检验方法及合格标准。

2. 管道安装与焊接

（1）管道安装顺序：先安装主线，再安装检查室，最后安装支线。

（2）钢管对口时，纵向焊缝之间应相互错开 100mm 弧长以上（见图 2K315022-1），管道任何位置不得有十字形焊缝；焊口不得置于建筑物、构筑物等的墙壁中，且距墙壁的距离应满足施工的需要。

（3）管道两相邻环形焊缝中心之间的距离应大于钢管外径，且不得小于 150mm（见图 2K315022-2）。

图 2K315022-1　纵向焊缝相互错开 100mm 弧长

图 2K315022-2　相邻环形焊缝距离应大于钢管外径，且不得小于 150mm

（4）不得采用在焊缝两侧加热延伸管道长度、螺栓强力拉紧、夹焊金属填充物和使补偿器变形等方法强行对口焊接。

（5）管道支架处不得有环形焊缝。

（6）定位焊应采用与根部焊道相同的焊接材料和焊接工艺，并由合格焊工施焊；钢管的纵向焊缝（螺旋焊缝）端部不得进行定位焊。

（7）在 0℃ 以下的环境中焊接，应符合下列规定：现场应有防风、防雪措施；焊接前清除管道上的冰、霜、雪；应在焊口两侧 50mm 范围内对焊件进行预热，预热温度应根据焊接工艺确定；焊接时应使焊缝自由收缩，不得使焊口加速冷却。

3. 直埋保温管安装

（1）同一施工段的等径直管段宜采用相同厂家、相同规格和性能的预制保温管、管件及保温接头。当无法满足时，应征得设计单位同意。

（2）带泄漏检测系统的保温管，焊接前应测试信号线的通断状况和电阻值（见图 2K315022-3），合格后方可对口焊接。信号线应在管道上方，相同颜色的信号线应对齐。

图 2K315022-3　信号线

（3）安装预制保温管道的信号线时，应符合产品标准的规定。在施工中，信号线必须防潮；一旦受潮，应采取预热、烘烤等方式干燥。

（4）接头保温：① 直埋管接口保温应在管道安装完毕及强度试验合格后进行。② 接头保温的结构、保温材料的材质及厚度应与预制直埋保温管相同。③ 接头外保护层安装完成后，必须全部进行气密性试验并应合格。气密性检验的压力为 0.02MPa，保压时间不少于 2min，压力稳定后用肥皂水仔细检查密封处，无气泡为合格。

4. 保温

（1）管道、管路附件和设备的保温应在压力试验、防腐验收合格后进行。

（2）材料进场时应对品种、规格、外观等进行检查验收，并从进场的每批保温材料中，任选 1～2 组试样进行导热系数、保温层密度、厚度和吸水（质量含水、憎水）率等测定。

（3）应对预制直埋保温管保温层和保护层进行复检，并应提供复检合格证明文件。

（4）预制直埋保温管的复验项目应包括保温管的抗剪切强度、保温层的厚度、密度、压缩强度、吸水率、闭孔率、导热系数及外护管的密度、壁厚、断裂伸长率、拉伸强度、热稳定性。

三、城镇供热管道施工质量检查与验收

1. 沟槽开挖与地基处理后的质量应符合的规定

（1）槽底不得受水浸泡或受冻。

（2）沟槽开挖不应扰动原状地基。

（3）槽壁应平整，边坡坡度应符合相应技术要求。

（4）沟槽中心线每侧的最小净宽不应小于沟槽底部开挖宽度的 1/2。

（5）开挖土方时槽底高程的允许偏差应为 ±20mm；开挖石方时槽底高程的允许偏差应为 −200～+20mm。

（6）地基处理应符合设计要求。

2. 钢筋工程质量应符合的规定

（1）绑扎成型时，应采用钢丝扎紧，不得有松动、移位等情况。

（2）绑扎或焊接成型的网片或骨架应稳定牢固，在安装及浇筑混凝土时不得松动或变形。

（3）钢筋安装位置的允许偏差及检验方法应符合规定。

其中，按照《混凝土结构工程施工质量验收规范》GB 50204—2015 的规定，钢筋的力学性能、弯曲性能和重量偏差，机械连接接头、焊接接头的力学性能，受力钢筋的品种、级别、规格、数量、安装位置、锚固方式、连接方式、弯钩和弯折为主控项目。检查方法：检查产品合格证、出厂检验报告、进场复验报告、接头力学性能试验报告；目视观察和尺量检查。

3. 混凝土质量应符合的规定

（1）混凝土配合比必须符合设计规定。

（2）混凝土垫层、基础表面应平整，不得有石子外露；构筑物不得有蜂窝、露筋等现象。

（3）混凝土垫层、基础、混凝土构筑物的允许偏差及检验方法应符合规定。

其中，基础垫层高程、混凝土抗压强度、构筑物混凝土抗压强度、混凝土抗渗为主控项目，通过复测以及查看检验报告进行检查。

4. 回填质量应符合的规定

（1）回填料的种类、密实度应符合设计要求。

（2）回填土时沟槽内应无积水，不得回填淤泥、腐殖土及有机物质。

（3）不得回填碎砖、石块、大于 100mm 的冻土块及其他杂物。

（4）检查室周围的回填应与管道沟槽的回填同时进行，当不能同时进行时应留回填台阶。

（5）回填土的密实度应逐层进行测定，设计无规定时，宜按回填土部位划分（如图 2K315022-4 所示），回填土的密实度应符合下列要求：

1）胸腔部位（Ⅰ区内）不应小于 95%。

2）结构顶上 500mm（Ⅱ区内）不应小于 87%。

3）Ⅲ区不应小于 87%，或应符合道路或绿地等对地面回填的要求。

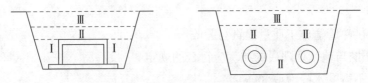

图 2K315022-4　回填土部位划分示意图

4）直埋管线胸腔部位、Ⅱ区的回填材料应按设计要求执行或填砂夯实。

（6）直埋保温管道管顶以上不小于 300mm 处应铺设警示带。

5. 焊接工程质量检查与验收

（1）焊接质量检验次序：

① 对口质量检验；② 外观质量检验；③ 无损检验；④ 强度和严密性试验。

（2）对口质量检验项目：

1）对口质量应检验坡口质量、对口间隙、错边量和纵焊缝位置。

2）对口焊接前应检查坡口的外形尺寸和坡口质量。坡口表面应整齐、光洁，不得有裂纹、锈皮、熔渣和其他影响焊接质量的杂物，不合格的管口应进行修整。对口焊接时应有合理间隙。

（3）焊缝外观质量检验规定：

焊缝表面应清理干净，焊缝应完整并与母材圆滑过渡，不得有裂纹、气孔、夹渣及熔合性飞溅物等缺陷。

（4）焊缝无损检测规定：

1）焊缝无损检测应由有资质的检验单位完成。

2）无损检测数量应符合设计的要求，当设计未规定时，应符合下列规定：

① 干线管道与设备、管件连接处和折点处的焊缝应进行 100% 无损检测。

② 穿越铁路、高速公路的管道在铁路路基两侧各 10m 范围内，穿越城市主要道路的不通行管沟在道路两侧各 5m 范围内，穿越江、河、湖等的管道在岸边各 10m 范围内的焊缝应进行 100% 无损检测。

③ 不具备强度试验条件的管道对接焊缝，应进行 100% 无损检测。

④ 现场制作的各种承压设备和管件，应 100% 无损检测。

⑤ 其他无损检测数量应按规定执行，且每个焊工不应少于一个焊缝。

3）焊缝无损检测不合格处理：

当无损检测抽检出现不合格焊缝时，对不合格焊缝返修后，并应按下列规定扩大检验：

① 每出现一道不合格焊缝，应在抽检两道该焊工所焊的同一批焊缝，按原检测方法进行检验。

② 第二次抽检仍出现不合格焊缝，对该焊工所焊全部同批的焊缝按原检测方法进行检验。

③ 焊缝上同一部位的返修次数不应超过两次，根部缺陷只允许返修一次。

（5）固定支架的安装应做如下项目的检查：

1）固定支架位置。

2）固定支架结构情况（钢材型号、材质、外形尺寸、卡板、卡环尺寸、焊接质量等）。

3）固定支架混凝土浇筑前情况（支架安装相对位置，上、下生根情况，垂直度等）。

4）固定支架混凝土浇筑后情况（支架相对位置、垂直度、防腐情况等）。

考点分析

本考点非常重要，各种题型均可出现。案例分析题考点注意管道安装顺序；管道和设备标识应包括的信息；热力保温管材料验收要求；钢筋、混凝土、检查室施工要求；沟槽开挖与回填要求；保温施工及材料检验、管道安装质量检验等。对口焊接质量检验次序、检验项目；钢管坡口表面要求；焊缝无损检测规定、数量要求及焊缝无损检测不合格处理等。

【例题1·案例分析题】

【背景资料】

某公司承接一项供热管线工程，全长1800m，直径DN400mm，采用高密度聚乙烯外护管聚氨酯泡沫塑料预制保温管，其结构如图2K315022-5所示：其中340m管段依次下穿城市主干路、机械加工厂，穿越段地层主要为粉土和粉质黏土，有地下水，设计采用浅埋暗挖法施工隧道（套管）内敷设，其余管道采用开槽法直埋敷设。

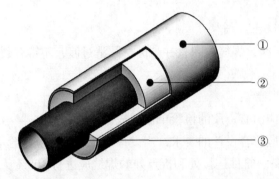

①——高密度聚乙烯外护管；②——聚氨酯泡沫塑料保温层；③——钢管

图2K315022-5 高密度聚乙烯外护管聚氨酯泡沫塑料预制保温管结构示意图

工程实施过程中发生了如下事件：

预制保温管出厂前，在施工单位质检人员的见证下，厂家从待出厂的管上取样，并送至厂试验室进行保温层性能指标检测，以此作为见证取样试验。监理工程师发现后，认定其见证取样和送检程序错误，且检测项目不全，与相关标准的要求不符，及时予以制止。

【问题】

给出事件中见证取样和送检的正确做法，并根据《城镇供热管网工程施工及验收规范》CJJ 28—2014规定，补充预制保温管检测项目。

【参考答案】

正确做法：在监理工程师见证下，由施工单位试验员在进场的管道上现场进行取样，将样品送到有相应资质的第三方试验室检测。

需补充检测项目：钢管和高密度聚乙烯外护管性能指标检测。

【例题2·案例分析题】

【背景资料】

某供热管线工程采用钢筋混凝土管沟敷设，管线全长3.3km。钢管公称直径DN400mm，壁厚8mm；固定支架立柱及挡板采用对扣焊接槽钢，槽钢厚8mm，角板厚10mm，设计要求角板焊缝厚度不应低于角板及其连接部件厚度的最小值。总承包单位负责管沟结构、固定支架及导向支架立柱的施工，热机安装分包给专业公司。

总承包单位在固定支架立柱施工时，对妨碍其生根的顶、底板钢筋截断后浇筑混凝土。

热机安装共有6名焊工同时施焊，其中焊工甲和乙为一个组，焊工甲负责管道的点固焊、打底焊及固定支架角板的焊接，焊工乙负责管道的填充焊及盖面焊。

在进行焊口抽检时，发现焊工甲和焊工乙合作焊接的焊缝有两处不合格，经一次返修后复检合格。对焊工甲焊接的固定支架角板处进行检查，发现固定支架角板与挡板焊接处焊缝厚度最大为6mm，角板与管道焊接处焊缝厚度最大为7mm。

【问题】

1. 总承包单位对顶、底板钢筋断筋处的处理做法不妥，请给出正确的做法。

2. 根据背景资料，焊缝返修合格后，对焊工甲和焊工乙合作焊接的其余焊缝如何处理？请说明。

3. 指出背景资料中角板安装焊接质量不符合要求之处，并说明理由。

【参考答案】

1. 正确做法：

（1）对断筋处按照设计要求进行补强处理；

（2）断筋与立柱槽钢之间进行焊接。

【解析】本题考核的是钢筋预留洞口知识点。从图2K315022-6可以看出，预留洞口需要用钢筋加固，有现场施工经验人员回答起来相对轻松。

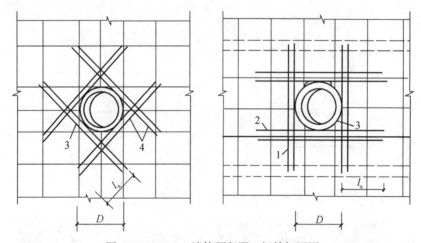

图2K315022-6　墙体预留洞口钢筋加固图

至于如何对洞口加固太过于专业，不会是本题的采分点。实际做法：支架立柱（或穿墙套管）尺寸小于300mm的，周围钢筋应该绕过立柱，不得截断；支架立柱（或穿墙套管）尺寸大于300mm的，截断钢筋并在立柱四周满足锚固长度的基础上附加4根同型号钢筋。

大家知道，立柱支架本身应有设计图纸，并且在设计图纸中也一定会有相应的做法或者需要参照的标准图集（见图2K315022-7），总承包单位擅自截断妨碍支架立柱生根的顶、底板钢筋后浇筑混凝土，属于不按图纸施工的错误做法。

2. 对甲乙二人合作焊接的焊缝，再抽取四处按原检测方法进行检验，仍有不合格时，对甲乙合焊的同批焊缝按原检测方法进行检验。

3. 不符合要求之处一：管道与角板间焊缝厚度不足；

理由：角板与管道最小厚度8mm，焊缝厚7mm，未达到"角板焊缝厚度不应低于角板及其连接部件的最小值"的设计要求。

不符合要求之处二：角板与挡板焊接；

理由：固定支架处的固定角板，只允许与管道焊接，严禁与固定支架结构焊接。

图 2K315022-7　施工中立柱与底板钢筋加固图片

【解析】热力管道的固定支架中，角板与支架结构是不可能焊接的，因为中间还间隔着卡板，卡板是只允许与管道焊接，不允许与固定支架结构焊接，以避免管道与支架形成刚性连接。这个从图 2K315022-8、图 2K315022-9 中可以很清晰地看出来。

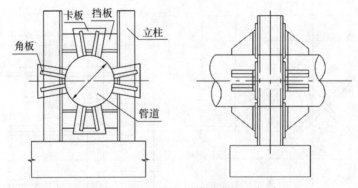

图 2K315022-8　角板管道支架示意图

图 2K315022-9　热力固定支架

2K315023　供热管网附件及换热站设施安装要求

一、供热管网附件安装

1. 管道支、吊架安装

（1）支、吊架简介（见表 2K315023-1）：

常用支、吊架的简明作用及特点　　　　　　表 2K315023-1

名称		作用	特点
支架	固定支架	使管道在支承点处无任何方向位移，保护弯头、三通支管不被过大的应力所破坏，并均匀分配补偿器之间的管道伸缩量，保证补偿器正常工作	承受作用力很大且较为复杂，多设置在补偿器和附件旁
	滑动支架	管道在该处允许有较小的轴向自由伸缩	摩擦力较大，形式简单，加工方便，使用广泛
	滚动支架	近似于滑动支架	变滑动为滚动，减少与管道的摩擦力，一般只用于热媒温度较高和规格较大且无横向位移的架空敷设管道上
	导向支架	只允许管道沿自身轴向自由移动	形式简单，作用重要，使用较广泛
	弹簧支架	主要是减震，提高管道的使用寿命	管道有垂直位移时使用，不能承受水平荷载，形式较复杂，使用在重要场合
吊架	刚性吊架	承受管道（件）荷载并在垂直方向进行刚性约束	适用于垂直位移为零或很小的管道（件），加工、安装方便，能承受管道（件）荷载及水平位移。但应注意及时调整吊杆的长度
	弹簧吊架	承受管道（件）的荷载，起到减振作用	能承受三向位移和荷载，形式较复杂，使用在重要或有特殊要求的场合

支、吊架承受巨大的推力或管道的荷载，并协助补偿器传递管道温度伸缩位移（如滑动支架）或限制管道温度伸缩位移（如固定支架）。

（2）支、吊架安装：

1）管道支、吊架的制作与安装是管道安装中的第一道工序，应在管道安装、检验前完成。支、吊架的安装位置应正确，标高和坡度应满足设计要求，安装应平整，埋设应牢固。

2）管道支架的支撑面的标高可采用加设金属垫板的方式进行调整，垫板不得大于两层，厚的宜放在下面，垫板应与预埋铁件或钢结构进行焊接，不得加于管道和支座之间。

3）管道支、吊架处不得有管道焊缝，导向支架、滑动支架、滚动支架和吊架不得有歪斜和卡涩现象。

4）固定支架安装应符合下列规定：

① 有轴向补偿器的管段，补偿器安装前，管道和固定支架之间不得进行固定；有角向型、横向型补偿器的管段应与管道同时进行安装及固定。

② 固定支架卡板和支架结构接触面应贴实，但不得焊接，以免形成"死点"，发生事故；管道与固定支架、滑托等焊接时，不得损伤管道母材。

2. 阀门安装应符合下列规定

（1）阀门进场前应进行强度和严密性试验，试验完成后应进行记录。

（2）阀门的开关手轮应放在便于操作的位置；水平安装的闸阀、截止阀的阀杆应处于上半周范围内。安全阀应垂直安装。

（3）有安装方向的阀门应按要求进行安装，有开关程度指示标志的应准确。

（4）阀门吊装应平稳，不得用阀门手轮作为吊装的承重点，不得损坏阀门，已安装就位的阀门应防止重物撞击。

（5）焊接安装时，焊机地线应搭在同侧焊口的钢管上，不得搭在阀体上。

（6）焊接球阀的安装应符合下列规定：当焊接球阀水平安装时应将阀门完全开启；垂直管道安装且焊接阀体下方焊缝时，应将阀门关闭。球阀焊接过程中，应对阀体进行降温。

（7）放气阀、除污器、泄水阀安装应在无损检测、强度试验前完成，截止阀的安装应在严密性试验前完成。

（8）阀门不得作为管道末端的堵板使用，应在阀门后加堵板，热水管道应在阀门和堵板之间充满水。

3. 补偿器安装

（1）常用的补偿器形式（见表 2K315023-2、图 2K315023-1）：

常用的补偿器形式一览表　　　　　　表 2K315023-2

序号	名称	补偿原理	特点
1	自然补偿	利用管道自身弯曲管段的弹性来进行补偿	利用管道自身的弯头来进行补偿，是最简单经济的补偿，在设计中首先采用。但一般补偿量较小，且管道变形时产生横向位移。管道系统中弯曲部件的转角应小于150°，否则会产生侧移、严重时破坏管道系统
2	波纹管补偿器	利用波纹管的可伸缩性来进行补偿	补偿量大，品种多，规格全，安装与检修都较方便，被广泛使用。但其内压轴向推力大，价格较贵，且对其防失稳有严格的要求
3	球形补偿器	利用球体的角位移来达到补偿的目的	补偿能力大，占用空间小，局部阻力小，投资少，安装方便，适合在长距离架空管上安装。但热媒易泄漏
4	套筒补偿器	利用套筒的可伸缩性来进行补偿	补偿能力大，占用地面积小，成本低，流体阻力小，但热媒易泄漏，维护工作量大，产生推力较大
5	方形补偿器	利用同一平面内4个90°弯头的弹性来达到补偿的目的	加工简单，安装方便，安全可靠，价格低廉，但占空间大，局部阻力大，需进行预拉伸或预撑，材质应与所在管道相同

波纹管补偿器　　　　套筒补偿器　　　　球形补偿器　　　　方形补偿器

图 2K315023-1　常用补偿器示意图

（2）补偿器安装应符合下列规定：

1）安装前应按设计图纸核对每个补偿器的型号和安装位置，并应对补偿器的外观进行检查、核对产品合格证。

2）补偿器与管道保持同轴。安装操作时不得损伤补偿器，不得采用使补偿器变形的方法来调整管道安装偏差。

3）波纹管补偿器应符合：轴向波纹管补偿器的流向标记应与管道介质流向一致；角向型波纹管补偿器的销轴轴线应垂直于管道安装后形成的平面。

4）方形补偿器安装应符合：水平安装时，垂直臂水平放置，平行臂与管道坡度相同；预变形应在补偿器两端均匀、对称地进行。

二、换热站设施安装

1. 土建与工艺之间的交接

管道及设备安装前，土建施工单位、工艺安装单位及监理单位应对预埋吊点的数量及位置，设备基础位置、表面质量、几何尺寸、高程及混凝土质量，预留套管（孔洞）的位置、尺寸及高程等共同复核检查，并办理书面交验手续。

2. 换热站内设施安装应符合下列规定

（1）安装前，应按施工图和相关建（构）筑物的轴线、边缘线、高程线，划定安装的基准线。

（2）供热部分在施工时，如借用土建结构承重（受力）应征得土建结构设计部门的书面认可。

（3）站内管道安装应有坡度，最小坡度2‰，在管道高点设置放气装置，低点设置放水装置。

（4）设备基础地脚螺栓底部锚固环钩的外缘与预留孔壁和孔底的距离不得小于15mm；拧紧螺母后，螺栓外露长度应为2～5倍螺距；灌注地脚螺栓用的细石混凝土应比基础混凝土的强度等级提高一级；拧紧地脚螺栓时，灌注的混凝土应达到设计强度75%以上。

（5）蒸汽管道和设备上的安全阀应有通向室外的排汽管，热水管道和设备上的安全阀应有接到安全地点的排水管。在排汽管和排水管上不得装设阀门；排放管应固定牢固。

（6）换热机组搬运应按照制造厂提供的安装使用说明书进行，不应将换热机组上的设备作为应力支点。

（7）泵的吸入管道和输出管道应有各自独立、牢固的支架，泵不得直接承受系统管道、阀门等的重量和附加力矩。

（8）对于水平吸入的离心泵，当入口管变径时，应在靠近泵的入口处设置偏心异径管。当管道从下向上进泵时，应采用顶平安装，当管道从上向下进泵时，宜采用底平安装（见图2K315023-2）。

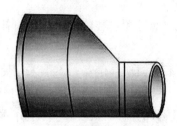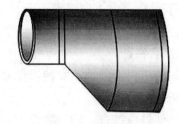

底平安装　　　　　　　　　　　顶平安装

图 2K315023-2　管道进泵安装形式图

考点分析

本考点各种题型都会出现，案例分析题考核涉及内容：补偿器的图形基础知识（各部位具体名称）；阀门安装要求（吊装、焊接规定）；补偿器特点及安装要求；供热站土建单位与安装单位交接前的复核检查内容等。

【例题 1·单选题】制造方便，补偿能力大，但占地面积较大的补偿器是（　　　）。

A. 方形补偿器　　　　　　　　　　B. Z 形补偿器

C. 波纹管补偿器　　　　　　　　　D. 套筒补偿器

【答案】A

【解析】方形补偿器：制造方便，补偿量大，占地面积较大。

【例题 2·案例分析题】

【背景资料】

某小区新建热源工程，安装了 3 台 14MW 燃气热水锅炉。建设单位通过招标投标程序发包给 A 公司，并在工程开工前办理了建设工程质量安全监督手续、消防审批手续及施工许可证。A 公司制定了详细的施工组织设计，并履行了报批手续。

施工过程中出现了如下情况：

（1）A 公司征得建设单位同意，将锅炉安装工程分包给了具有资质的 B 公司，并在建设行政主管部门办理了合同备案。

（2）设备安装前，B 公司与 A 公司在监理单位的组织下办理了交接手续。

【问题】

B 公司与 A 公司应办理哪些方面的交接手续？

【参考答案】

B 公司与 A 公司应办理的交接手续如下：

预埋吊点的数量及位置，设备基础位置、表面质量、几何尺寸、标高及混凝土质量，预留孔洞的位置、尺寸及标高，地脚螺栓等。

2K315024　供热管道功能性试验的规定

一、强度和严密性试验的规定

1. 一级管网及二级管网应进行强度试验和严密性试验

（1）强度试验应在试验段内的管道接口防腐、保温施工及设备安装前进行；严密性试验应在试验范围内的管道工程全部安装完成后进行，其试验长度宜为一个完整的设计施工段。

（2）强度试验的试验压力为 1.5 倍的设计压力，且不得低于 0.6MPa，其目的是试验管道本身与安装时焊口的强度；严密性试验的试验压力为 1.25 倍的设计压力，且不得低于 0.6MPa，它是在各管段强度试验合格的基础上进行的，是对管道的一次全面检验（见表 2K315024）。

压力试验方法和合格判定标准　　　　　　　　　表 2K315024

序号	项目	试验方法和合格判定		检查范围
1	△强度试验	升压到试验压力稳压 10min 无渗漏、无压降后降至设计压力，稳压 30min 无渗漏、无压降为合格		每个试验段
2	△严密性试验	升压至试验压力，当压力趋于稳定后，检查管道、焊缝、管路附件及设备等无渗漏，固定支架无明显的变形等		全段
		一级管网及站内	稳压在 1h，前后压降不大于 0.05MPa 为合格	
		二级管网	稳压在 30min，前后压降不大于 0.05MPa 为合格	

注：表中带△的均为主控项目。

2. 换热站内管道和设备的试验应符合下列规定

站内所有系统均应进行严密性试验。试验压力为 1.25 倍设计压力，且不得低于 0.6MPa。试验前，管道各种支、吊架已安装调整完毕，安全阀、爆破片及仪表组件等已拆除或加盲板隔离，加盲板处有明显的标记并做记录，安全阀全开，填料密实，试验管道与无关系统应采用盲板或采取其他措施隔开，不得影响其他系统的安全。

二、试运行的规定

（1）供热管线工程应与换热站工程联合进行试运行。

（2）试运行时间应在达到试运行的参数条件下连续运行 72h。

（3）在试运行期间，管道法兰、阀门、补偿器及仪表等处的螺栓应进行热拧紧。热拧紧时的运行压力应降低至 0.3MPa 以下。

（4）试运行期间应观察管道、设备的工作状态，并应运行正常。试运行应完成各项检查，并应做好试运行记录。

考点分析

本考点较为重要，主要考核选择题。可能涉及的案例分析题内容有强度试验与严密性试验压力值、试验必备条件，试验方法和合格判定等。

【例题·单选题】供热管道严密性试验压力为设计压力的（　　　）倍且不小于（　　　）MPa。

A. 1.5　0.6　　　　　　　　　　　B. 1.25　0.6

C. 1.5　0.5　　　　　　　　　　　D. 1.25　0.5

【答案】B

【解析】供热管道严密性试验压力为设计压力的 1.25 倍，且不小于 0.6MPa。

2K315030 城镇燃气管道工程施工

核 心 考 点 提 纲

城镇燃气管道工程施工 {
燃气管道的分类
燃气管道施工与安装要求
燃气管网附属设备安装要求
燃气管道功能性试验的规定
城镇燃气、供热管道施工质量检查与验收

核 心 考 点 剖 析

2K315031 燃气管道的分类

根据最高工作压力分类（见表 2K315031）：

城镇燃气输配管道输配压力（表压）分类　　　表 2K315031

名称		最高工作压力（MPa）
超高压燃气管道		$P > 4.0$
高压燃气管道	A	$2.5 < P \leq 4.0$
	B	$1.6 < P \leq 2.5$
次高压燃气管道	A	$0.8 < P \leq 1.6$
	B	$0.4 < P \leq 0.8$
中压燃气管道	A	$0.2 < P \leq 0.4$
	B	$0.01 < P \leq 0.2$
低压燃气管道		$P \leq 0.01$

2K315032 燃气管道施工与安装要求

一、燃气管道材料选用

高压和中压 A 燃气管道，应采用钢管；中压 B 和低压燃气管道，宜采用钢管或机械接口铸铁管。中、低压地下燃气管道采用聚乙烯管材时，应符合有关标准的规定。

二、室外钢质燃气管道安装

1. 管道安装基本要求

（1）地下燃气管道不得从建筑物和大型构筑物（不含架空的建筑物和大型构筑物）下面穿越。

（2）地下燃气管道埋设的最小覆土厚度（路面至管顶）应符合下列要求：

埋设在机动车道下时，不得小于 0.9m；埋设在非机动车车道（含人行道）下时，不得小于 0.6m；埋设在机动车不可能到达的地方时，不得小于 0.3m；埋设在水田下时，不得小于 0.8m。

（3）地下燃气管道不得在堆积易燃、易爆材料和具有腐蚀性液体的场地下面穿越，并不宜与其他管道或电缆同沟敷设。

（4）地下燃气管道穿过排水管（沟）、热力管沟、综合管廊、隧道及其他各种用途沟槽时，应将燃气管道敷设于套管内。套管两端应采用柔性的防腐、防水材料密封。

（5）燃气管道穿越铁路、高速公路、电车轨道或城镇主要干道时应符合下列要求：

1）穿越铁路或高速公路的燃气管道，其外应加套管，并提高绝缘防腐等级。

2）穿越铁路的燃气管道的套管，应符合下列要求：

① 套管埋设的深度：应符合铁路管理部门的要求。

② 套管宜采用钢管或钢筋混凝土管。

③ 套管内径应比燃气管道外径大 100mm 以上。

④ 套管两端与燃气管的间隙应采用柔性的防腐、防水材料密封，其一端应装设检漏管。

⑤ 套管端部距路堤坡脚外的距离不应小于 2.0m。

3）燃气管道穿越电车轨道或城镇主要干道时宜敷设在套管或管沟内；穿越高速公路的燃气管道的套管、穿越电车轨道或城镇主要干道的燃气管道的套管或管沟，应符合下列要求：

① 套管内径应比燃气管道外径大 100mm 以上，套管或管沟两端应密封，在重要地段的套管或管沟端部宜安装检漏管。

② 套管或管沟端部距电车道边轨不应小于 2.0m；距道路边缘不应小于 1.0m。

4）穿越高铁、电气化铁路、城市轨道交通时，应采取防止杂散电流腐蚀的措施，并确保有效。

（6）燃气管道宜垂直穿越铁路、高速公路、电车轨道或城镇主要干道。

（7）燃气管道通过河流时，可采用穿越河底或采用管桥跨越的形式。当条件许可时，也可利用道路桥梁跨越河流，但应符合下列要求：

1）随桥梁跨越河流的燃气管道，其管道的输送压力不应大于 0.4MPa。

2）燃气管道随桥梁敷设，宜采取如下安全防护措施：

① 敷设于桥梁上的燃气管道应采用加厚的无缝钢管或焊接钢管，对焊缝进行 100% 无损检测。

② 管道应设置必要的补偿和减震措施。

③ 过河架空的燃气管道向下弯曲时，向下弯曲部分与水平管夹角宜采用 45° 形式。

④ 对管道应做较高等级的防腐保护。

⑤ 采用阴极保护的埋地钢管与随桥管道之间应设置绝缘装置。

（8）燃气管道穿越河底时，应符合下列要求：

1）燃气管宜采用钢管。

2）燃气管道至河床的覆土厚度应根据水流冲刷条件及规划河床标高确定。对于通航的河流应满足疏浚和投锚深度要求。

3）稳管措施应根据计算确定。

4）在埋设燃气管道位置的河流两岸上、下游应设立标志。

【例题·单选题】当地下燃气管穿过排水管沟槽时，燃气管道必须（　　）。

A. 提高防腐等级 　　　　　　　　B. 加大管径

C. 做套管 　　　　　　　　　　　D. 加厚管壁

【答案】C

【解析】地下燃气管道穿过排水管、热力管沟、综合管廊、隧道及其他各种用途沟槽时，应将燃气管道敷设于套管内。

2. 对口焊接的基本要求

（1）对口前检查管口周圈是否有夹层、裂纹等缺陷，将管口以外100mm范围内的油漆、污垢、铁锈、毛刺等清扫干净。

（2）通常采用对口器固定、倒链吊管找正对圆的方法，不得强力对口，且不得在组对间隙内填塞不符合焊接工艺要求的填塞物。

（3）对口时将两管道纵向焊缝（螺旋焊缝）相互错开，间距应不小于100mm弧长。

（4）对口完成后应立即进行定位焊，定位焊的工艺规程要求与正式焊接相同，定位焊的厚度与坡口第一层焊接厚度相近，但不应超过管壁厚度的70%，焊缝根部必须焊透，定位焊应均匀、对称，总长度不应小于焊道总长度的50%。钢管的纵向焊缝（螺旋焊缝）端部不得进行定位焊。

（5）焊接工艺评定：施工单位首先编制作业指导书并试焊，对其首次使用的钢管、焊接材料、焊接方法、焊后热处理等，应进行焊接工艺评定，并应根据评定报告确定焊接工艺。

（6）固定口焊接：当分段焊接完成后，对于固定焊口应在接口处提前挖好工作坑。

3. 管道埋设的基本要求

（1）沟槽开挖：

1）管道沟槽应按设计规定的平面位置和高程开挖。当采用人工开挖且无地下水时，槽底预留值宜为0.05～0.10m；当采用机械开挖且有地下水时，槽底预留值不小于0.15m；管道安装前应人工清底至设计高程。

2）局部超挖部分应回填压实。当沟底无地下水时，超挖在0.15m以内，可采用原土回填；超挖在0.15mm及以上，可采用石灰土处理。当沟底有地下水或含水量较大时，应采用级配砂石或天然砂回填至设计高程。超挖部分回填后应压实，其密实度应接近原地基天然土的密实度。

（2）沟槽回填：

1）不得采用冻土、垃圾、木材及软性物质回填。管道两侧及管顶以上0.5m内的回填土，不得含有碎石、砖块等杂物，且不得采用灰土回填。

2）回填土应分层压实，每层虚铺厚度宜为0.2～0.3m，管道两侧及管顶以上0.5m内的回填土必须采用人工压实，管顶0.5m以上的回填土可采用小型机械压实，每层虚铺厚度宜为0.25～0.4m。

3）回填土压实后，应分层检查密实度，并做好回填记录。

（3）警示带敷设：

1）埋设燃气管道的沿线应连续敷设警示带。警示带敷设在管道的正上方且距管顶的距离宜为 0.3~0.5m，但不得敷设于路基和路面里。

2）警示带宜采用黄色聚乙烯等不易分解的材料，并印有明显、牢固的警示语，字体不宜小于 100mm×100mm。

三、聚乙烯燃气管道安装

1. 聚乙烯燃气管材、管件和阀门应符合的要求

（1）聚乙烯管材、管件和阀门进场检验：

管件、阀门包装；检验合格证；每一批次出厂检测报告或第三方检测报告；使用的聚乙烯原料级别和牌号；外观；颜色；长度；不圆度；外径或内径及壁厚；生产日期；产品标志、标签。

（2）聚乙烯管材、管件和阀门贮存总结：

分类存放，先进先出；应存放在仓库或半露天堆场内，有防紫外线照射措施；室外临时存放需遮盖，不应暴晒、雨淋；应远离热源，严禁与油类或化学品混合存放；直管堆放高度不宜超过 1.5m，分层不宜超过 1m；管件和阀门成箱叠放高度不宜超过 1.5m；管材超 4 年（管件超 6 年）应抽验。

2. 聚乙烯燃气管道连接注意事项

（1）聚乙烯管材与管件、阀门的连接，应根据不同连接形式选用专用的熔接设备，不得采用螺纹连接或粘接。连接时，不得采用明火加热。

（2）管道连接时固定夹具应夹紧固牢，并确保管道"同心"，同时应避免强力组对。

3. 聚乙烯燃气管道埋地敷设应符合下列要求

（1）管道敷设时，应随管走向敷设示踪线、警示带、保护板，设置地面标志。

（2）示踪线应敷设在聚乙烯燃气管道的正上方，并应有良好的导电性和有效的电气连接，示踪线上应设置信号源井。

（3）保护板应有足够的强度，且上面应有明显的警示标识；保护板宜敷设在管道上方距管顶大于 200mm、距地面 300~500mm 处，但不得敷设在路面结构层内。

考点分析

本考点较为重要，选择题和案例分析题均可出现，案例分析题重点关注沟槽开挖和回填要求；警示带的敷设；聚乙烯管材、管件和阀门进场检验和储存等。

【例题·案例分析题】

【背景资料】

某公司承建一项天然气管道工程，全长 1380m，公称外径 DN110mm，采用聚乙烯燃气管道（SDR11 PE100），直埋敷设，热熔连接。

工程实施过程中发生如下事件：

管材进场后，监理工程师检查发现聚乙烯直管现场露天堆放，堆放高度达 1.8m，项目部既未采取安全措施，也未采用棚护。监理工程师签发通知单要求项目部进行整改，并按下表所列项目及方法对管材进行检查。

【问题】

直管堆放的最高高度应为多少米，并应采取哪些安全措施？管道采用棚护的主要目的是什么？

【参考答案】

（1）堆放的最高高度应为不超过1.5m。

（2）应采取防止直管滚动的安全保护措施：管材码放应分层纵横交叉码放；同方向堆放多层管材时，两侧加支撑保护，且支撑牢固。

（3）采用棚护的主要目的：防止阳光暴晒，减缓管材老化的发生。

【解析】管材存放教材中没有具体的描述，但只要联想到管道存放需要防止滚落，自然也可以想到这些具体的做法。即便在施工现场看不到这种PE管的存放，但是钢管采用脚手架和支架的码放形式还是随处可见的，基本上都是采用图2K315032的码放形式，可由此参考作答。

图2K315032　PE管存放方式示意图

2K315033　燃气管网附属设备安装要求

一、燃气管网附属设备

包括阀门、绝缘接头、补偿器、排水器、放散管、阀门井等。

二、安装阀门应注意的问题

（1）方向性：一般阀门的阀体上有标志，箭头所指方向即介质的流向，不得装反。

多种阀门要求介质单向流通，如安全阀、减压阀、止回阀等。截止阀为了便于开启和检修，也要求介质由下而上通过阀座。

（2）法兰或螺纹连接的阀门应在关闭状态下安装，以防杂质进入阀体腔内；焊接阀门应在打开状态下安装，以防受热变形。

三、绝缘接头与绝缘法兰

（1）作用：是将燃气输配管线的各段间、燃气调压站与输配管线间相互绝缘隔离，保护其不受电化学腐蚀，延长使用寿命。

（2）绝缘接头、绝缘法兰与管件之间宜有不少于6倍公称直径且不小于3m的距离。绝缘接头、绝缘法兰安装两端12m范围内不宜有待焊接死口。

（3）绝缘接头、绝缘法兰与管道焊接时应保证同管道对齐，不得强力组对，且应保证焊接处自由伸缩、无阻碍。

（4）埋地的绝缘接头应在系统压力试验和严密性试验合格后，经检查无误方可填埋；地上的绝缘接头、绝缘法兰外表面应进行防腐防紫外线包覆处理。

考点分析

本考点多以选择题形式出现。

【例题·多选题】燃气管道附属设备应包括（　　）。

A. 阀门　　　　　　　　　　　　B. 放散管

C. 补偿器　　　　　　　　　　　D. 排潮管

E. 排水器

【答案】A、B、C、E

2K315034　燃气管道功能性试验的规定

采用水平定向钻和插入法敷设的聚乙烯管道，功能性试验应在敷设前进行；在回拖或插入后，应随同管道系统再次进行严密性试验。

燃气管道功能性试验流程：管道吹扫→埋地管道回填至管顶以上 0.5m，留出焊接口→强度试验→全线回填→严密性试验。

一、管道吹扫

1. 管道吹扫应按下列要求选择气体吹扫或清管球清扫

（1）球墨铸铁管道、聚乙烯管道和公称直径小于 100mm 或长度小于 100m 的钢制管道，可采用气体吹扫。

（2）公称直径大于或等于 100mm 的钢制管道，宜采用清管球进行清扫。

2. 管道吹扫应符合下列要求

（1）吹扫范围内的管道安装工程除补口、涂漆外，已按设计图纸全部完成。

（2）管道安装检验合格后，应由施工单位负责组织吹扫工作，并应在吹扫前编制吹扫方案。

（3）应按主管、支管、庭院管的顺序进行吹扫，吹扫出的脏物不得进入已吹扫合格的管道。

（4）吹扫管段内的调压器、阀门、孔板、过滤网、燃气表等设备不应参与吹扫，待吹扫合格后再安装复位。

（5）吹扫口应设在开阔地段并加固，吹扫时应设安全区域，吹扫出口前严禁站人。

（6）吹扫压力不得大于管道的设计压力，且应不大于 0.3MPa。

（7）吹扫介质宜采用压缩空气，严禁采用氧气和可燃性气体。

（8）吹扫合格设备复位后，不得再进行影响管内清洁的其他作业。

3. 气体吹扫应符合下列要求

（1）吹扫气体流速不宜小于 20m/s。

（2）每次吹扫管道的长度不宜超过 500m；当管道长度超过 500m 时，宜分段吹扫。

4. 清管球清扫应符合下列要求

（1）管道直径必须是同一规格，不同管径的管道应断开分别进行清扫。

（2）对影响清管球通过的管件、设施，在清管前应采取必要措施。

（3）清管球清扫完成后应进行检验，如不合格可采用气体再清扫直至合格。

二、强度试验

（1）为减少环境温度的变化对试验的影响，强度试验前，埋地管道回填土宜回填至管上方 0.5m 以上，并留出焊接口。

（2）一般情况下试验压力为设计输气压力的 1.5 倍，且钢管和聚乙烯管（SDR11）不得低于 0.4MPa，聚乙烯管（SDR17.6）不得低于 0.2MPa。

（3）试验要求：

1）水压试验时，当压力达到规定值后，应稳压 1h，观察压力计应不少于 30min，无压力降为合格。

2）气压试验时采用泡沫水检测焊口，当发现有漏气点时，及时标出漏洞的准确位置，待全部接口检查完毕后，将管内的介质放掉，方可进行补修，补修后应重新进行强度试验。

三、严密性试验

（1）严密性试验应在强度试验合格后进行，且管线全线应回填，以减少管内温度变化对试验的影响。

（2）严密性试验压力根据管道设计输气压力而定，当设计输气压力小于 5kPa 时，试验压力为 20kPa；当设计输气压力大于或等于 5kPa 时，试验压力为设计压力的 1.15 倍，但不得低于 0.1MPa。

（3）严密性试验前应向管道内充空气至试验压力，燃气管道的严密性试验稳压的持续时间一般不少于 24h，每小时记录不应少于 1 次，采用水银压力计时，修正压力降小于 133Pa 为合格，采用电子压力计时，压力无变化为合格。

考点分析

本考点非常重要，各种题型都有可能出现。案例分析题考核内容：强度试验的压力、试验条件；严密性试验的条件、试验压力；燃气管道功能性试验的顺序。

【例题 1·单选题】采用肥皂水对燃气管道接口进行检查的试验是（　　）。

A. 气压试验　　　　　　　　　　B. 水压试验

C. 严密性试验　　　　　　　　　D. 管道通球扫线

【答案】A

【解析】燃气管道气压试验：当压力达到规定值后，应稳压 1h，然后用肥皂水对管道接口进行检查，全部接口均无漏气现象认为合格。

【例题 2·案例分析题】

【背景资料】

A 公司承接一项 DN1000mm 天然气管线工程，管线全长 4.5km，设计压力 4.0MPa，材质 L485，除穿越一条宽度为 50m 的不通航河道采用泥水平衡法顶管施工外，其余均采用开槽明挖施工，B 公司负责该工程的监理工作。

项目部按所编制的穿越施工专项方案组织施工，施工完成后在投入使用前进行了管道功能性试验。

【问题】

本工程管道功能性试验如何进行？

【参考答案】

（1）采用清管球分段吹扫试验管道。

（2）除管道焊口外，回填土至管上方0.5m以后进行强度试验，试验压力不低于1.5倍设计压力（6MPa），介质为清洁水。

（3）强度试验合格、管线全线回填后，进行严密性试验，试验压力为1.15倍设计压力（4.6MPa），介质为空气。

（4）穿越段试验按相关要求单独进行。

2K320131　城镇燃气、供热管道施工质量检查与验收（考试用书2K320000章中相关内容）

一、工程质量验收的规定

工程质量验收按分项、分部、单位工程划分：

（1）分项工程包括下列内容：

1）沟槽、模板、钢筋、混凝土（垫层、基础、构筑物）、砌体结构、防水、止水带、预制构件安装、检查室、回填土等土建分项工程。

2）管道安装、焊接、无损检验、支架安装、设备及管路附件安装、除锈及防腐、水压试验、管道保温等安装分项工程。

3）换热站、中继泵站的建筑和结构部分等的质量验收按国家现行有关标准的规定划分。

（2）分部工程可按长度划分为若干个部位，当工程规模较小时，可不划分。

（3）单位工程为具备试运行条件的工程，可为一个或几个设计阶段的工程。

二、焊接施工的规定

1. 焊接单位应符合下列规定

（1）有负责焊接工艺的焊接技术人员、检查人员和检验人员。

（2）应具备符合焊接工艺要求的焊接设备且性能稳定可靠。

（3）应有保证焊接工程质量达到标准的措施。

（4）焊工应持有效合格证，并应在合格证准予的范围内焊接。施工单位应对焊工进行资格审查，并按规范规定填写焊工资格备案表。

2. 焊接人员要求

（1）操作者必须经专业培训，持证上岗。

（2）证书要求：有证书，证书在有效期，证书范围满足本工程要求，间断没有超过6个月。

（3）焊接劳动保护：焊工作业时必须使用带滤光镜的头罩或手持防护面罩，戴耐火防护手套，穿焊接防护服和绝缘、阻燃、抗热防护鞋；清除焊渣时应戴护目镜。

3. 焊接环境要求

有下列任一情况且未采取有效防护措施时，严禁进行焊接作业：

（1）焊条电弧焊时风速大于8m/s（相当于5级风）。

（2）气体保护焊时风速大于2m/s（相当于2级风）。

（3）焊接电弧1m范围内的相对湿度大于90%。

（4）雨、雪环境。

4. 焊接作业现场应按消防部门的规定配置消防器材，周围10m范围内不得堆放易燃易爆物品

5. 焊接动火证应载明内容

动火时间、动火地点、动火内容、动火人、看火人、灭火器材。

三、城镇燃气管道施工质量检查与验收

1. 回填质量应符合的规定

回填土压实后，应分层检查密实度，沟槽各部位的密实度应符合下列要求：对（Ⅰ）、（Ⅱ）区部位，密实度不应小于90%；对（Ⅲ）区部位，密实度应符合相应地面对密实度的要求（见图2K320131-1）。

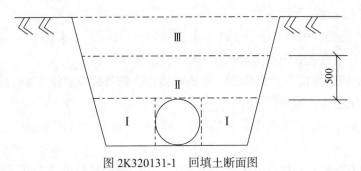

图2K320131-1　回填土断面图

2. 管道及附件的防腐应符合的规定

（1）管材及管件防腐前应逐根进行外观检查和测量。

（2）钢管防腐层外观检查要求表面平整，色泽均匀、无气泡、开裂及缩孔等缺陷，表面防腐允许有轻度橘皮状花纹；同时按相关规范进行黏接力检查，并采用电火花检漏仪对防腐管逐根进行漏点检查，以无漏点为合格。

（3）管道埋设前应对防腐层进行100%的外观检查，防腐层表面不得出现气泡、破损、裂纹、剥离等缺陷，不符合质量要求时，应返工处理直至合格。

3. 焊接工程质量检查与验收

（1）不应在管道焊缝上开孔。管道开孔边缘与管道焊缝的间距不应小于100mm。当无法避开时，应对以开孔中心为圆心，1.5倍开孔直径为半径的圆中所包容的全部焊缝进行100%射线照相检测。

（2）焊缝内部质量的抽样检验应符合下列要求：

当抽样检验的焊缝全部合格时，则此次抽样所代表的该批焊缝应为全部合格；当抽样检验出现不合格焊缝时，对不合格焊缝返修后，按规定扩大检验（参见前面"焊缝无损检测不合格处理"）。

4. 对聚乙烯管道连接质量检查与验收

热熔对接连接接头质量检验应符合的规定：

（1）卷边对称性检验：沿管道整个圆周的接口应平滑、均匀、对称，卷边融合线的最低处（*A*）不应低于管材表面（如图 2K320131-2 所示）。

（2）接头对正性检验：接口两侧紧邻卷边的外圆周上任何一处的错边量（*V*）不应超过管道壁厚的 10%（如图 2K320131-3 所示）。

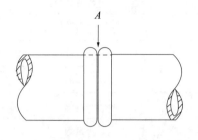　　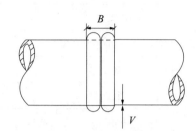

图 2K320131-2　卷边对称性示意图　　图 2K320131-3　接头对正性示意图

（3）卷边切除检验应符合下列要求：

1）卷边应是实心圆滑的，根部较宽。

2）卷边切割面中不应有夹杂物、小孔、扭曲和损坏。

3）每隔 50mm 应进行一次 180° 的背弯试验，卷边切割面中线附近不应有开裂、裂缝，不得露出熔合线。

考点分析

本考点非常重要，选择题、案例分析题均可出现。案例分析题考点注意内容：焊接施工单位及焊接人员应符合哪些规定；焊接环境要求；焊缝质量不合格处理；PE 管热熔焊接人员要求（可以借鉴钢管焊接焊工要求），焊接施工流程（借鉴垃圾填埋场渗滤液收集导排系统 HDPE 花管连接），热熔连接后焊口检查要求等。

【例题 1·单选题】热熔对接连接接头质量检验不符合规定的是（　　）。

A. 整个圆周的接口应平滑、均匀、对称

B. 卷边融合线的最高处不应低于管材表面

C. 接口两侧紧邻卷边错边量不应超过管道壁厚的 10%

D. 卷边应是实心圆滑的，根部较宽

【答案】B

【解析】卷边融合线的最低处不应低于管材表面。

【例题 2·案例分析题】

【背景资料】

某公司承建一项天然气管道工程，全长 1380m，公称外径 *DN*110mm，采用聚乙烯燃气管道（SDR11 PE100），直埋敷设，热熔连接。

工程实施过程中发生如下事件：

事件一：开工前，项目部对现场焊工的执业资格进行检查。

事件二：管材进场后，监理工程师检查发现聚乙烯直管现场露天堆放，堆放高度达

1.8m，项目部既未采取安全措施，也未采用棚护。监理工程师签发通知单要求项目部进行整改，并按表 2K320131-1 所列项目及方法对管材进行检查。

聚乙烯管材进场检查项目及检查方法   表 2K320131-1

检查项目	检查方法
A	查看资料
检测报告	查看资料
使用聚乙烯原材料级别和牌号	查看资料
B	目测
颜色	目测
长度	量测
不圆度	量测
外径及壁厚	量测
生产日期	查看资料
产品标志	目测

事件三：管道焊接前，项目部组织焊工进行现场试焊，试焊后，项目部相关人员对管道连接接头的质量进行了检查，并依据检查情况完善了焊接作业指导书。

【问题】

1. 事件一中，本工程管道焊接的焊工应具备哪些资格条件？

2. 事件二中，指出直管堆放的最高高度应为多少米，并应采取哪些安全措施？管道采用棚护的主要目的是什么？

3. 写出上表中检查项目 A 和 B 的名称。

4. 事件三中，指出热熔对焊工艺评定检验与试验项目有哪些？

5. 事件三中，聚乙烯管道连接接头质量检查包括哪些项目？

【参考答案】

1. 本工程管道焊接焊工必须具备条件：

（1）具有相应资质证书。

（2）证书焊接范围与本工程施焊范围一致。

（3）间断安装作业时间超过 6 个月，再次上岗前应复审抽考和技术评定。

（4）上岗前经过专门培训，并经考试合格。

（5）从事热熔焊接作业要有安全技术交底和作业指导书。

2.（1）堆放的最高高度应为不超过 1.5m。

（2）应采取防止直管滚动的安全保护措施：管材码放应分层纵横交叉码放；同方向堆放多层管材时，两侧加支撑保护，且支撑牢固。

（3）采用棚护的主要目的：防止阳光暴晒，减缓管材老化的发生。

3. 检验项目 A 的名称：检验合格证；检验项目 B 的名称：外观。

4. 热熔对焊工艺评定检验项目：焊口外观质量、焊接接头翻边检验、拉伸强度检验；热熔对焊试验项目：拉伸试验、耐压试验。

5. 聚乙烯管道连接接头质量检查项目包括：

（1）卷边的对称性、直顺度、高度。

（2）卷边缺陷检查（杂质、小孔、扭曲）。

（3）卷边切除后，管道接缝处熔合线检查。

（4）接头的错边量。

【例题 3·案例分析题】

【背景资料】

某公司承建一埋地燃气管道工程，采用开槽埋管施工。管道沟槽回填土的部位划分为Ⅰ、Ⅱ、Ⅲ区，如图 2K320131-4 所示。回填土中有粗砂、碎石土、灰土可供选择。

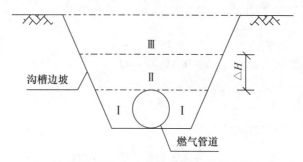

图 2K320131-4　回填土部位划分示意图

【问题】

1. 上图中△H 的最小尺寸应为多少？（单位以 mm 表示）

2. 在供选择的土中，分别指出哪些不能用于Ⅰ、Ⅱ区的回填？警示带应敷设在哪个区？

3. Ⅰ、Ⅱ、Ⅲ区应分别采用哪类压实方式？

4. 图 2K320131-4 中的Ⅰ、Ⅱ区回填土密实度最少应为多少？

【参考答案】

1. 图 2K320131-4 中△H 的最小尺寸应为 500mm。

2. 碎石土和灰土不能用于Ⅰ、Ⅱ区的回填；警示带应敷设在Ⅱ区。

【解析】灰土不能用于Ⅰ、Ⅱ区的回填，因为灰土回填以后，会有一个板结和硬化的过程，灰土在这个过程中会释放大量的热量，对燃气管道而言，存在安全隐患。

3. Ⅰ区、Ⅱ区采用人工压实，Ⅲ区可采用小型机具压实。

4. Ⅰ、Ⅱ区回填土密实度最少应为 90%。

★拓展知识点：

管道工程补充知识

1. 管道工程结构图示（如图 2K320131-5、图 2K320131-6 所示）

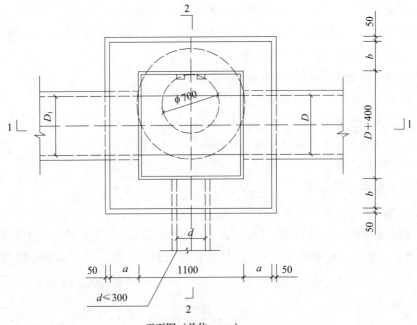

平面图（单位：mm）

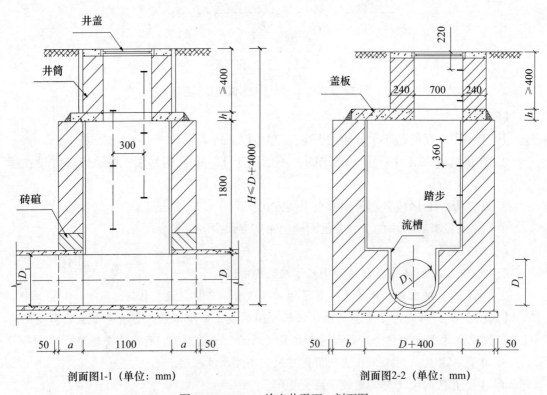

剖面图1-1（单位：mm）

剖面图2-2（单位：mm）

图2K320131-5 检查井平面、剖面图

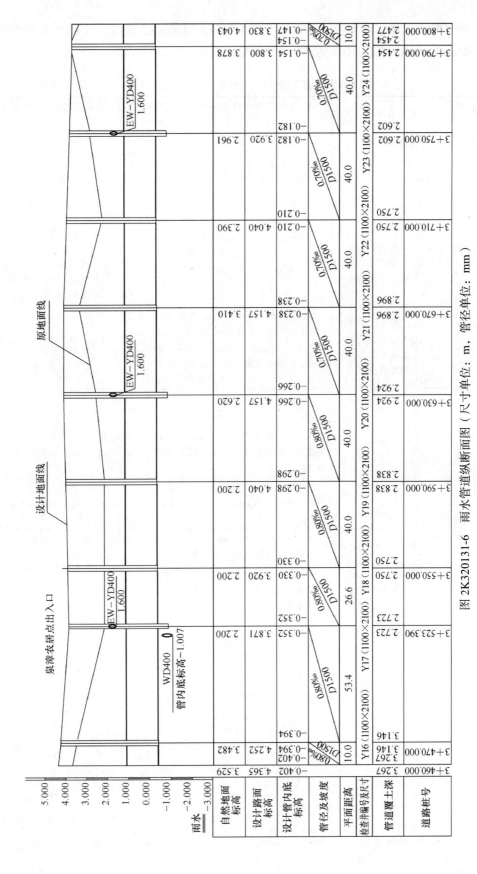

图 2K320131-6 雨水管道纵断面图（尺寸单位：m，管径单位：mm）

自然地面标高	3.529	3.482	2.200	2.200	2.620	3.410	2.390	2.961	3.878	4.043
设计路面标高	4.365	4.252	3.871	3.920	4.040	4.157	4.040	3.920	3.800	3.830
设计管内底标高	-0.402	-0.394 -0.352	-0.330	-0.298	-0.266	-0.238	-0.210	-0.182	-0.154 -0.147	
管径及坡度		0.80‰ D1500	0.80‰ D1500	0.80‰ D1500	0.80‰ D1500	0.80‰ D1500	0.70‰ D1500	0.70‰ D1500	0.70‰ D1500	0.70‰ D1500
平面距离		10.0	53.4	26.6	40.0	40.0	40.0	40.0	40.0	10.0
检查井编号及尺寸		Y16 (1100×2100)	Y17 (1100×2100)	Y18 (1100×2100)	Y19 (1100×2100)	Y20 (1100×2100)	Y21 (1100×2100)	Y22 (1100×2100)	Y23 (1100×2100)	Y24 (1100×2100)
管道覆土深	3.267	3.146	2.723	2.750	2.838	2.924	2.896	2.750	2.602	2.454 2.477
道路桩号	3+460.000	3+470.000	3+523.390	3+550.000	3+590.000	3+630.000	3+670.000	3+710.000	3+750.000	3+790.000 3+800.000

2. 给水排水管道工程分项、分部、单位工程划分见表 2K320131-2（摘自《给水排水管道工程施工及验收规范》GB 50268—2008）

给水排水管道工程分项、分部、单位工程划分表　　　**表 2K320131-2**

单位工程（子单位工程）			开（挖）槽施工的管道工程，大型顶管工程、盾构管道工程、浅埋暗挖管道工程、大型沉管工程、大型桥管工程	
分部工程（子分部工程）			分项工程	验收批
土方工程			沟槽土方（沟槽开挖、沟槽支撑、沟槽回填）、基坑土方（基坑开挖、基坑支护、基坑回填）	与下列验收批对应
管道主体工程	预制管开槽施工主体结构	金属类管、混凝土类管、预应力钢筒混凝土管、化学建材管	管道基础、管道接口连接、管道铺设、管道防腐层（管道内防腐层、钢管外防腐层）、钢管阴极保护	可选择下列方式划分：（1）按流水施工长度；（2）排水管道按井段；（3）给水管道按一定长度连续施工段或自然划分段（路段）；（4）其他便于过程质量控制方法
	管渠（廊）	现浇钢筋混凝土管渠、装配式混凝土管渠、砌筑管渠	管道基础、现浇钢筋混凝土管渠（钢筋、模板、混凝土、变形缝）、装配式混凝土管渠（预制构件安装、变形缝）、砌筑管渠（砖石砌筑、变形缝）、管道内防腐层、管廊内管道安装	每节管渠（廊）或每个流水施工段管渠（廊）
	不开槽施工主体结构	工作井	工作井围护结构、工作井	每座井
		顶管	管道接口连接、顶管管道（钢筋混凝土管、钢管）、管道防腐层（管道内防腐层、钢管外防腐层）、钢管阴极保护、垂直顶升	顶管顶进：每100m；垂直顶升：每个顶升管
		盾构	管片制作、掘进及管片拼装、二次内衬（钢筋、混凝土）、管道防腐层、垂直顶升	盾构掘进：每100环；二次内衬：每施工作业断面；垂直顶升：每个顶升管
		浅埋暗挖	土层开挖、初期衬砌、防水层、二次内衬、管道防腐层、垂直顶升	暗挖：每施工作业断面；垂直顶升：每个顶升管
		定向钻	管道接口连接、定向钻管道、钢管防腐层（内防腐层、外防腐层）、钢管阴极保护	每100m
		夯管	管道接口连接、夯管管道、钢管防腐层（内防腐层、外防腐层）、钢管阴极保护	每100m
	沉管	组对拼装沉管	基槽浚挖及管基处理、管道接口连接、管道防腐层、管道沉放、稳管及回填	每100m（分段拼装按每段，且不大于100m）
		预制钢筋混凝土沉管	基槽浚挖及管基处理、预制钢筋混凝土管节制作（钢筋、模板、混凝土）、管节接口预制加工、管道沉放、稳管及回填	每节预制钢筋混凝土管
	桥管		管道接口连接、管道防腐层（内防腐层、外防腐层）、桥管管道	每跨或每100m；分段拼装按每跨或每段，且不大于100m
	附属构筑物工程		井室（现浇混凝土结构、砖砌结构、预制拼装结构）、雨水口及支连管、支墩	同一结构类型的附属构筑物不大于10个

3．名词解释

磁粉检测：是通过磁粉在缺陷附近漏磁场中的堆积以检测铁磁性材料表面或近表面处缺陷的一种无损检测方法。将钢铁等磁性材料制作的工件予以磁化，利用其缺陷部位的漏磁能吸附磁粉的特征，依磁粉分布显示被探测物件表面缺陷和近表面缺陷。该检测方法的特点是简便、显示直观。

标准尺寸比 SDR：管材的几何尺寸术语，为管材公称外径与公称壁厚的比值，亦称标准尺寸率。两个管外径相同，但壁厚不同，那么 SDR 值不同，SDR 越大，承压能力越低；反之 SDR 越小，承压能力越高。

4．质量验收主控项目（《给水排水管道工程施工及验收规范》GB 50268—2008）

（1）沟槽开挖与地基处理：

4.6.1　沟槽开挖与地基处理应符合下列规定：

主控项目：

1　原状地基土不得扰动、受水浸泡或受冻；

2　地基承载力应满足设计要求；

3　进行地基处理时，压实度、厚度满足设计要求。

（2）沟槽支护：

4.6.2　沟槽支护应符合现行国家标准《建筑地基基础工程施工质量验收规范》GB 50202—2018 的相关规定，对于撑板、钢板桩支撑还应符合下列规定：

主控项目

1　支撑方式、支撑材料符合设计要求；

2　支护结构强度、刚度、稳定性符合设计要求。

（3）沟槽回填：

4.6.3　沟槽回填应符合下列规定：

主控项目

1　回填材料符合设计要求；

2　沟槽不得带水回填，回填应密实；

3　柔性管道的变形率不得超过设计要求或规范规定，管壁不得出现纵向隆起、环向扁平和其他变形情况；

检查方法：观察，方便时用钢尺直接量测，不方便时用圆度测试板或芯轴仪在管内拖拉量测管道变形率；检查记录，检查技术处理资料；

4　回填土压实度应符合设计要求，当设计无要求时，柔性管道沟槽回填土压实度应符合表 2K320131-3 的规定。

（4）管道基础：

5.10.1　管道基础应符合下列规定：

主控项目

1　原状地基的承载力符合设计要求；

2　混凝土基础的强度符合设计要求；

3 砂石基础的压实度符合设计要求或规范规定。

柔性管道沟槽回填土压实度　　　　　　　　　表 2K320131-3

槽内部位		压实度(%)	回填材料	检查数量		检查方法
				范围	点数	
管道基础	管底基础	≥90	中、粗砂	—	每层每侧一组(每组3点)	用环刀法检查或采用现行国家标准《土工试验方法标准》GB/T 50123—2019 中其他方法
	管道有效支撑角范围	≥95		每100m		
	管道两侧	≥95	中、粗砂、碎石屑,最大粒径小于40mm的砂砾或符合要求的原土	两井之间或每1000m²		
管顶以上500mm	管道两侧	≥90				
	管道上部	85±2				
管顶500~1000mm		≥90	原土回填			

注：回填土的压实度，除设计要求用重型击实标准外，其他皆以轻型击实标准试验获得最大干密度为100%。

（5）井室：

8.5.1　井室应符合下列要求：

主控项目

1　所用的原材料、预制构件的质量应符合国家有关标准规定和设计要求。

2　砌筑水泥砂浆强度、结构混凝土强度符合设计要求。

3　砌筑结构应灰浆饱满、灰缝平直，不得有通缝、瞎缝；预制装配式结构应坐浆、灌浆饱满密实，无裂缝；混凝土结构无严重质量缺陷；井室无渗水、水珠现象。

（6）雨水口及支、连管：

8.5.2　雨水口及支、连管应符合下列要求：

主控项目

1　所用的原材料、预制构件的质量应符合国家有关标准规定和设计要求。

2　雨水口位置正确，深度符合设计要求，安装不得歪扭；

检查方法：逐个检查，用水准仪、钢尺量测。

3　井框、井算应完整、无损、安装平稳、牢固；支、连管应直顺，无倒坡、错口及破损现象；

4　井内、连接管道内无线漏、滴漏现象。

2K316000　生活垃圾填埋处理工程

近年真题考点分值分布见表 2K316000：

近年真题考点分值分布表　　　　　　　　　　表 2K316000

命题点	题型	2018年	2019年	2020年	2021年	2022年
生活垃圾填埋处理工程施工	单选题	—	1	1	1	1
	多选题	—	—	—	2	—
	案例分析题	—	—	—	—	—

2K316010 生活垃圾填埋处理工程施工

核心考点提纲

$$\text{生活垃圾填埋处理工程施工}\begin{cases}\text{生活垃圾填埋场填埋区结构特点}\\\text{生活垃圾填埋场填埋区防渗层施工技术}\\\text{生活垃圾填埋场填埋区导排系统施工技术}\end{cases}$$

核心考点剖析

2K316011 生活垃圾填埋场填埋区结构特点

生活垃圾卫生填埋场填埋区的结构形式（见图2K316011）：

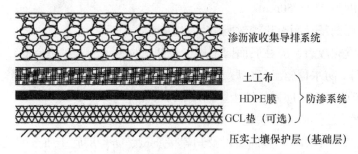

图2K316011 渗沥液防渗系统、收集导排系统断面示意图

考点分析

本考点主要以选择题形式出题，重点掌握垃圾卫生填埋场填埋区工程的结构形式。

【例题·多选题】垃圾卫生填埋场的填埋区工程的结构层主要有（　　　　）。

A. 渗沥液收集导排系统　　　　　　　B. 防渗系统

C. 排放系统　　　　　　　　　　　　D. 回收系统

E. 基础层

【答案】A、B、E

2K316012 生活垃圾填埋场填埋区防渗层施工技术

一、压实黏土防渗层施工

（1）在进行压实黏土防渗层施工时，最重要的就是对土进行含水率和干密度的合理控制。以达到防渗和抗剪强度的要求。

（2）填筑施工前应通过碾压试验确定达到施工控制指标的压实方法和碾压参数，包括含水率、压实机械类型和型号、压实遍数、速度及松土厚度等。

二、膨润土防水毯铺设

1. 膨润土防水毯选用

（1）应使用钠基膨润土防水毯，可选用天然钠基膨润土防水毯或人工钠基膨润土防水毯。

（2）应根据防渗要求选用粉末型膨润土防水毯或颗粒型膨润土防水毯，防渗要求高的工程中应优先选用粉末型膨润土防水毯。

2. 膨润土防水毯施工

（1）膨润土防水毯贮存应防水和防潮，并应避免暴晒、直立与弯曲。膨润土防水毯不应在雨雪天气下施工。

（2）膨润土防水毯施工应符合下列规定：

1）应自然与基础层贴实，不应折皱、悬空。

2）应以品字形分布，不得出现十字搭接。

3）边坡施工应沿坡面铺展，边坡不应存在水平搭接。

（3）膨润土防水毯的连接应符合下列规定：

1）现场铺设的连接应采用搭接。

2）膨润土防水毯及其搭接部位应与基础层贴实且无折皱和悬空。

3）搭接宽度为 250±50mm。

4）局部可用钠基膨润土粉密封。

5）坡面铺设完成后，应在底面留下不少于 2m 的膨润土防水毯余量。

（4）在膨润土防水毯施工完成后，任何人员不得穿钉鞋等在上面踩踏，车辆不得直接在上面碾压。验收以后，应做好防水、防潮保护。

三、高密度聚乙烯膜防渗层施工技术

高密度聚乙烯（HDPE）膜的质量及其焊接质量是防渗层施工质量的关键。

1. 焊接工艺与焊缝检测技术

（1）焊接工艺：

双缝热熔焊接：采用双轨热熔焊机焊接。

单缝挤压焊接：采用单轨挤出焊机焊接，主要用于糙面膜与糙面膜之间的连接、各类修补和双轨热熔焊机无法焊接的部位。

单缝挤压焊接与双缝热熔焊接示意图如图 2K316012 所示。

单缝挤压焊接　　　　　　　　　　双缝热熔焊接

图 2K316012　单缝挤压焊接与双缝热熔焊接示意图

（2）焊缝检测技术（见表 2K316012）：

焊缝检测技术要点汇总表　　　　　　　　　表 2K316012

焊缝检测技术	非破坏性检测	双缝热熔焊缝：气压检测法
		单缝挤出焊缝：真空检测、电火花检测
	破坏性测试	剪切试验和剥离试验

2. HDPE 膜施工

（1）HDPE 膜铺设：

1）按照斜坡上不出现横缝的原则确定铺膜方案。

2）铺设总体顺序一般为"先边坡后场底"。

3）铺设应一次展开到位，不宜展开后再拖动。冬期严禁铺设。

4）应采用措施防止 HDPE 膜受风力影响而破坏。

5）所有外露的 HDPE 膜边缘应及时用砂袋或其他重物压上。

（2）HDPE 膜试验性焊接：

1）每个焊接人员和焊接设备每天在进行生产焊接之前应进行试验性焊接。

2）试焊接人员、设备、HDPE 膜材料和机器配备与生产焊接相同。

3）焊接设备和人员只有成功完成试验性焊接后，才能进行生产焊接。

4）试验性焊接完成后，割下 3 块 25.4mm 宽的试块，测试撕裂强度和抗剪强度。

5）在试焊样品上标明样品编号、焊接人员编号、焊接设备编号、焊接温度、环境温度、预热温度、日期、时间和测试结果。

（3）HDPE 膜生产焊接：

1）除了在修补和加帽的地方外，坡底大于 1∶10 处不可有横向的接缝。

2）操作人员要始终跟随焊接设备，观察焊面屏幕参数，如发生变化，要对焊接参数进行微调。

3）每片 HDPE 膜要在铺设的当天进行焊接，如果采取措施可防止雨水进入下面的地表，底部接驳焊缝，可以例外。

4）所有焊缝做到从头到尾进行焊接和修补。唯一例外的是锚固沟的接缝可以在坡顶下 300mm 的地方停止焊接。

5）磨平工作在焊接前不超过 1h 进行。

6）边坡与底部 HDPE 膜的焊接应在清晨或晚上气温较低时进行。

3. HDPE 膜材料质量的观感检验和抽样检验

（1）观感检验：

每卷 HDPE 膜卷材应标识清楚，表面无折痕、损伤，厂家、产地、性能检测报告、产品质量合格证、海运提单等资料齐全。

（2）抽样检验：

由供货单位和建设单位双方在现场抽样检查并由建设单位送到国家认证的专业机构检测。有一项指标不符合要求，应加倍取样检测，仍有一项指标不合格，应认定整批材料不合格。

考点分析

本考点中的压实黏土防渗层施工和膨润土防水毯铺设属于新增知识点，可考核选择题；HDPE膜主要考核选择题，目前为止还没有考核过案例分析题。案例分析题可涉及内容：HDPE膜试验焊接与生产焊接要求；试验性焊接后需要测试焊缝的撕裂强度和抗剪强度；生产焊接后焊缝的破坏性检测需要进行剪切试验和剥离试验。

【例题1·单选题】关于生活垃圾填埋场聚乙烯防渗层施工，说法错误的是（ ）。

A. 铺设前应进行外观检查　　　　　B. 焊机应经试焊合格

C. 焊接处应经水压渗漏检验　　　　D. 铺设前施工场地应验收合格

【答案】C

【解析】垃圾填埋聚乙烯防渗层是HDPE膜，主要是防渗，而不是压力管道，所以不可能进行水压检验。

【例题2·多选题】压实黏土防渗层填筑施工前，应通过碾压试验确定（ ）。

A. 含水率　　　　　　　　　　　　B. 压实遍数

C. 压实机械品牌　　　　　　　　　D. 碾压速度

E. 松土厚度

【答案】A、B、D、E

【解析】压实黏土防渗层填筑施工前应通过碾压试验确定达到施工控制指标的压实方法和碾压参数，包括含水率、压实机械类型和型号、压实遍数、速度及松土厚度等。

2K316013　生活垃圾填埋场填埋区导排系统施工技术

渗沥液收集导排系统施工主要有导排层摊铺、收集花管连接、收集渠码砌等施工过程。

一、卵石粒料的运送和布料

运料车在防渗层上行驶时，缓慢行进，不得急停、急起；严禁急转弯。

二、HDPE渗沥液收集花管连接

HDPE渗沥液收集花管连接一般采用热熔焊接。热熔焊接连接一般分为五个阶段：预热阶段、吸热阶段、加热板取出阶段、对接阶段、冷却阶段，施工工艺流程见图2K316013-1。

焊机状态调试 ➡ 管材准备就位 ➡ 管材对正检查 ➡ 预热 ➡ 加温融化 ➡ 加压对接 ➡ 保压冷却

图2K316013-1　热熔焊接施工工艺流程图

考点分析

本考点以选择题为主，也可作为案例分析题目考点，HDPE花管热熔连接施工流程会结合PE管综合进行。

【例题·案例分析题】

【背景资料】

某市新建生活垃圾填埋场，工程规模为日消纳量200t。

项目部进场后，确定了本工程的施工质量控制要点，重点加强施工过程质量控制，确保施工质量；项目部编制了渗沥液收集导排系统和防渗系统的专项施工方案，其中收集导排系统采用 HDPE 渗沥液收集花管，其连接工艺流程如图 2K316013-2 所示。

```
焊机状态调试 → ① → 管材对正检查 → ② → 加温熔化 → ③ → 保压冷却
```

图 2K316013-2 HDPE 管焊接施工工艺流程图

【问题】

1. 指出工艺流程图 2K316013-2 中①、②、③的工序名称。

2. 补充渗沥液收集导排系统的施工内容。

【参考答案】

1. ①——管材准备就位；②——预热；③——加压对接

2. 渗沥液收集导排系统的施工内容主要有导排层卵石粒料的运送和布料，导排层摊铺、收集花管连接、收集渠码砌等。

2K317000 施工测量与监控测量

近年真题考点分值分布见表 2K317000：

近年真题考点分值分布表   表 2K317000

命题点	题型	2018 年	2019 年	2020 年	2021 年	2022 年
施工测量	单选题	—	1	—	1	1
	多选题	2	—	2	—	—
	案例分析题	—	—	—	—	—
监控量测	单选题	—	1	1	—	—
	多选题	—	—	—	—	—
	案例分析题	—	—	—	4	4

2K317010 施工测量

核心考点提纲

```
                    ┌ 施工测量主要内容与常用仪器
        施工测量  ┤ 场区控制测量
                    └ 竣工图编绘与实测
```

2K317011　施工测量主要内容与常用仪器

一、施工测量的主要内容与作业规定

作业要求：

（1）从事施工测量的作业人员，应经专业培训、考核合格，持证上岗。

（2）施工测量用的控制桩和监测点要注意保护，经常校测。

（3）测量记录应做到表头完整、字迹清楚、规整，严禁擦改、涂改，必要时可用斜线划去错误数据，旁注正确数据，但不得转抄。

二、常用仪器及测量方法

市政公用工程常用的施工测量仪器主要有：全站仪、经纬仪、水准仪（包括光学水准仪、自动安平水准仪、数字水准仪）、平板仪、测距仪、激光准直（指向）仪、卫星定位仪器（如 GPS、BDS）及其配套器具等。

1. 全站仪及经纬仪

（1）全站仪是一种采用红外线自动数字显示距离和角度的测量仪器，主要应用于施工平面控制网线的测量及施工过程中控制点坐标测量（包含水平角观测、垂直角观测和距离观测）。

（2）经纬仪是一种测量水平角和竖直角的测量仪器，分为光学经纬仪和电子经纬仪两种，目前最常用的是电子经纬仪。

2. 卫星定位仪器（GPS、BDS）

GPS（BDS）-RTK 仪器的适用范围很广，实时动态测量即 RTK 技术的关键在于数据处理技术和数据传输技术，需注意的是：RTK 技术的观测精度为厘米级。

3. 光学水准仪

（1）现场施工多用来测量构筑物标高和高程，适用于施工控制测量的控制网水准基准点的测设及施工过程中的高程测量。

（2）水准测量示例：

在进行施工测量时，经常要在地面上和空间设置一些给定高程的点，如图 2K317011 所示；设 B 为待测点，其设计高程为 H_B，A 为水准点，已知其高程为 H_A。为了将设计高程 H_B 测定于 B，安置水准仪于 A、B 之间，先在 A 点立尺，读得后视读数为 a，然后在 B 点立尺。为了使 B 点的标高等于设计高程 H_B，升高或降低 B 点上所立之尺，使前视尺之读数等于 b。b 可按下式计算：$b = H_A + a - H_B$

图 2K317011　水准测量示意图

4. 激光准直（指向）仪

现场施工测量用于角度坐标测量和定向准直测量，适用于长距离、大直径隧道或桥梁墩柱、水塔、灯柱等高耸构筑物控制测量的点位坐标的传递及同心度找正测量。

三、施工测量技术要点

1. 城镇道路施工测量

（1）道路工程的各类控制桩主要包括：起点、终点、转角点与平曲线、竖曲线的基本元素点及中桩、边线桩、里程桩、高程桩等。

（2）道路及其附属构筑物平面位置应以道路中心线作施工测量的控制基准，高程应以道路中心线部位的路面高程为基准。

（3）填方段路基应每填一层恢复一次中线、边线并进行高程测设。

（4）为确保测量放线精度，对所用测量控制桩进行校核。

2. 城市桥梁施工测量

（1）包括桥梁中线桩及墩台的中心桩和定位桩等。临时放样应依据控制桩。

（2）桥梁基础、墩台与上部结构等各部位的平面、高程均应以桥梁中线位置及其相应的桥面高程为基准。

（3）支座（垫石）和梁（板）定位应以桥梁中线和盖梁中轴线为基准，依施工图尺寸进行平面施工测量，支座（垫石）和梁（板）的高程以其顶部高程进行控制。

3. 水厂施工测量

（1）矩形建（构）筑物应据其轴线平面图进行施工各阶段放线；圆形建（构）筑物应据其圆心施放轴线、外轮廓线。

（2）矩形水池依据四角桩设置池壁、变形缝、后浇带、立柱隔墙的施工控制网桩。

4. 城市管道施工测量

（1）各类管道工程施工测量控制点，包括起点、终点、折点、井室（支墩、支架）中心点、变坡点等特征控制点。重力流排水管道中线桩间距宜为10m，给水管道、燃气管道和供热管（沟）道的中心桩间距宜为15～20m。

（2）井室（支墩、支架）平面位置放线：矩形井室应以管道中心线及垂直管道中心线的井中心线为轴线进行放线；圆形、扇形井室应以井底圆心为基准进行放线；支墩、支架以轴线和中心为基准放线。

（3）排水管道工程高程应以管内底高程作为施工控制基准，给水等压力管道工程应以管道中心线高程作为施工控制基准。井室等附属构筑物应以内底高程作为控制基准，控制点高程测量应采用附合水准测量，采用坡度板法控制中心与高程。

考点分析

本考点各种仪器作用以选择题形式进行考核；案例分析题涉及内容：测量人员的要求，测量准备工作内容；道路、桥梁、水厂、管道施工测量内容。

【例题1·单选题】实时动态测量即 RTK 技术的观测精度为（　　）。

A. 毫米级   B. 厘米级

C. 微米级   D. 分米级

【答案】B

【例题2·多选题】道路工程的各类控制桩包括（　　　）。

A. 起点、终点

B. 转角点与平曲线

C. 边线桩

D. 井位坐标

E. 高程桩

【答案】A、B、C、E

【解析】道路工程的各类控制桩主要包括：起点、终点、转角点与平曲线、竖曲线的基本元素点及中桩、边线桩、里程桩、高程桩等。

2K317012　场区控制测量

一、场区平面控制网

1. 控制网类型选择

一般情况下，建筑方格网多用于场地平整的大型场区控制；边角网多用于建筑场地在山区的施工控制网；导线测量多用于扩建或改建的施工区，新建区也可采用导线测量法建网。

首级控制网可用轴线法或布网法，测量精度应满足规范规定和施工安装的精度要求。

2. 准备工作

编制测量方案；交接桩；现场踏勘、复核；发现不符或与相邻工程矛盾，应向建设单位提出，查询并取得准确结果。

3. 作业程序

测量步骤：选点与标桩埋设；角度观测；边长测量；导线的起算数据；导线网的平差。

4. 主要技术要求

（1）控制网的等级和精度应符合下列规定：

1）场地大于 $1km^2$ 或城市综合管廊或其他重要建（构）筑物，应建立一级及以上导线精度的平面控制网。

2）场地小于 $1km^2$ 或一般性建筑区，应根据需要建立相当于二、三级导线精度的平面控制网。

3）场区平面控制网相对于勘察阶段控制点的定位精度不应大于 50mm。

（2）施工现场的平面控制点有效期不宜超过一年，特殊情况下可适当延长有效期，但应经过控制校核。

二、场区高程控制网

（1）水准点的间距，宜小于 1km。建（构）筑物高程控制的水准点，可单独埋设在建（构）筑物的平面控制网的标桩上，也可利用场地附近的水准点，其间距宜在 200m 左右。

（2）施工中使用的临时水准点与栓点，宜引测至现场既有建（构）筑物上，引测点的精度不得低于原有水准点的等级要求。

（3）首级高程控制网的等级应根据工程规模、控制网的用途和精度要求选择。首级网应布设成环形网，加密网宜布设成附合路线或结点网。

（4）场区高程控制网应布设成闭合环线、附合环线或结点网。高程测量的精度不宜低三等水准的精度。

（5）施工现场的高程控制点有效期不宜超过半年，如有特殊情况可适当延长有效期，但应经过控制校核。

考点分析

本考点主要以选择题形式出题。

【例题·单选题】关于场区控制测量说法不正确的是（   ）。

A. 导线测量多用于扩建或改建的施工区

B. 城市综合管廊应建立一级及以上导线精度的平面控制网

C. 高程测量的精度不宜低于三等水准的精度

D. 施工现场的高程控制点有效期不宜超过一年

【答案】D

2K317013　竣工图编绘与实测

一、竣工图编绘

（1）市政公用工程竣工图编绘具有边竣工、边编绘，分部编绘竣工图，实测竣工图等特点。

（2）竣工图编绘基本要求：

1）市政公用工程竣工图应包括与施工图（及设计变更）相对应的全部图纸及根据工程竣工情况需要补充的图纸。

2）竣工总图编绘完成后，应经施工单位项目技术负责人审核、会签。

二、编绘竣工图的方法和步骤

1. 竣工图的编绘

对于各种地上、地下管线等构筑物，应用各种不同颜色的线体绘出其中心位置，注明转折点及井位的坐标、高程及有关注明。

当平面布置改变超过图上面积1/3时，不宜在原施工图上修改和补充，应重新绘制竣工图。

2. 竣工图最终绘制

（1）场区道路工程竣工测量包括中心线位置、高程、横断面形式、附属构筑物和地下管线的实际位置（坐标）、高程。

（2）新建地下管线竣工测量应在覆土前进行。当不能在覆土前施测时，应在覆土前设置管线待测点并将设置的位置准确地引到地面上，作好栓点。

（3）场区建（构）筑物竣工测量，如工艺处理和调蓄等构筑物，对矩形建（构）筑物应注明两点以上坐标，圆形建（构）筑物应注明中心坐标及接地外半径。

3. 竣工图的附件

（1）地下管线、地下隧道竣工纵断面图。

（2）道路、桥梁、水工构筑物竣工纵断面图。

（3）建（构）筑物所在场地及其附近的测量控制点布置图及坐标与高程一览表。

（4）建（构）筑物沉降、位移等变形观测资料。

（5）工程定位、检查及竣工测量的资料。

（6）设计变更文件。

（7）建（构）筑物所在场地原始地形图。

考点分析

本考点较为重要，其中展绘位置时的要求、竣工图的编绘、竣工图附件等均可作为选择题和案例分析题考点加以考核。

【例题·单选题】当平面布置改变超过图上面积（　　）时，应重新绘制竣工图。

A. 1/2
B. 1/3

C. 1/4
D. 2/3

【答案】B

【解析】当平面布置改变超过图上面积1/3时，不宜在原施工图上修改和补充，应重新绘制竣工。

★**拓展知识点：**

测量部分名词解释

附合水准路线：是测量学的术语。是指从某个已知高程的水准点出发，沿路线进行水准测量，最后连测到另一已知高程的水准点上，这样的水准路线称为附合水准路线。

闭合水准路线：由某一已知高程的水准点出发，沿路线进行水准测量，最后回到原来的水准点上，这样的水准路线称为闭合水准路线。

支水准路线：由某一水准点出发，经过若干站水准测量，既不附合到其他水准点上，也不闭合到原来的水准点上，这样的水准路线称为支水准路线。

2K317020　监控量测

核心考点提纲

$$监控量测\begin{cases}监控量测方法\\监控量测报告\end{cases}$$

核心考点剖析

2K317022　监控量测方法

一、方法选择与要求

监测方法通常包括仪器测量和现场巡视（查）。监测方法选择应遵循"简单、可靠、经济、实用"的原则。

常见的测量（检测）仪器设备可分为光学测量仪器、机械式测量仪表（器）和电测式传感器（元件）。通常用于变形观测的光学仪器有：精密电子水准仪、静力水准仪、全站仪；机械式仪表常用的有倾斜仪、千分表、轴力计等；电测式传感器可分为电阻式、电感式、差动式和钢弦式。

监测精度应根据监测项目、控制值大小、工程要求、国家现行有关标准等综合确定，并应满足对监测对象的受力或变形特征分析的要求。

二、监测项目（见表 2K317022-1、表 2K317022-2、表 2K317022-3）

基坑、隧道工程的自身风险等级　　　　　　　表 2K317022-1

工程自身风险等级		等级划分标准
基坑工程	一级	设计深度大于或等于 20m 的基坑
	二级	设计深度大于或等于 10m 且小于 20m 的基坑
	三级	设计深度小于 10m 的基坑
隧道工程	一级	超浅埋隧道；超大断面隧道
	二级	浅埋隧道；近距离并行或交叠的隧道；盾构始发与接收区段；大断面隧道
	三级	深埋隧道；一般断面隧道

明挖法和盖挖法基坑支护结构和周围岩土体监测项目　　　表 2K317022-2

序号	监测项目	工程监测等级		
		一级	二级	三级
1	支护桩（墙）、边坡顶部水平位移	√	√	√
2	支护桩（墙）、边坡顶部竖向位移	√	√	√
3	支护桩（墙）体水平位移	√	√	○
4	支护桩（墙）结构应力	○	○	○
5	立柱结构竖向位移	√	√	√
6	立柱结构水平位移	√	○	○
7	立柱结构应力	○	○	○
8	支撑轴力	√	√	√
9	顶板应力	○	○	○
10	锚杆拉力	√	√	√
11	土钉拉力	○	○	○
12	地表沉降	√	√	√
13	竖井井壁支护结构净空收敛	√	√	√
14	土体深层水平位移	○	○	○
15	土体分层竖向位移	○	○	○
16	坑底隆起（回弹）	○	○	○
17	地下水位	√	√	√
18	孔隙水压力	○	○	○
19	支护桩（墙）侧向土压力	○	○	○

注：√——应测项目；○——选测项目。

序号	监测项目	工程监测等级		
		一级	二级	三级
1	初期支护结构拱顶沉降	√	√	√
2	初期支护结构底板竖向位移	√	○	○
3	初期支护结构净空收敛	√	√	√
4	隧道拱脚竖向位移	○	○	○
5	中柱结构竖向位移	√	√	√
6	中柱结构倾斜	○	○	○
7	中柱结构应力	○	○	○
8	初期支护结构、二次衬砌应力	○	○	○
9	地表沉降	√	√	√
10	土体深层水平位移	○	○	○
11	土体分层竖向位移	○	○	○
12	围岩压力	○	○	○
13	地下水位	√	√	√

注：√——应测项目；○——选测项目。

考点分析

本考点选择题与案例分析题均可出题，案例分析题考点以明挖法、盖挖法基坑支护结构和周围土体监测项目为主，出题形式一般为依据背景补充监测项目。

【例题 1·多选题】常用的机械式仪表有（　　）。

A. 静力水准仪　　　　　　　　　B. 倾斜仪

C. 全站仪　　　　　　　　　　　D. 轴力计

E. 千分表

【答案】B、D、E

【解析】通常用于变形观测的光学仪器有：精密电子水准仪、静力水准仪、全站仪；机械式仪表常用的有倾斜仪、千分表、轴力计等。

【例题 2·案例分析题】

【背景资料】

某地铁盾构工作井，平面尺寸为 18.6m×18.8m，深 28m，位于砂性土、卵石地层，地下水埋深为地表以下 23m。施工影响范围内有现状给水、雨水、污水等多条市政管线。盾构工作井采用明挖法施工，围护结构为钻孔灌注桩加钢支撑，盾构工作井周边设降水管井。设计要求基坑土方开挖分层厚度不大于 1.5m，基坑周边 2～3m 范围内堆载不大于 30MPa，地下水位需在开挖前 1 个月降至基坑底以下 1m。

项目部编制的施工组织设计中，基坑开挖应测项目有地表沉降、道路（管线）沉降、支撑轴力等。

现场平面布置图如图 2K317022 所示。

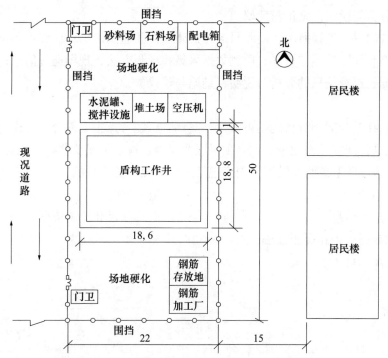

图 2K317022 盾构工作井施工现场平面布置示意图（单位：m）

【问题】

1. 本工程基坑风险等级为几级？

2. 施工组织设计中基坑监测还应包括哪些项目？

【参考答案】

1. 本工程基坑开挖深度大于 20m，风险等级为一级。

2. 基坑应测项目还有：地下水位；竖井井壁支护结构净空收敛；立柱结构水平位移；立柱结构竖向位移；支护桩体水平位移；支护桩顶部水平位移；支护桩顶部竖向位移。

2K317023 监控量测报告

一、类型与要求

变形监测报告统称为监测成果，可分类为监测日报、警情快报、阶段（月、季、年）性报告和总结报告。

监测报告应完整、清晰、签字齐全，监测成果应包括现场监测资料、计算分析资料、图表、曲线、文字报告等，表达应直观、明确。

现场监测资料宜包括外业观测记录、现场巡查记录、记事项目以及仪器、视频等电子数据资料。

监测报告应标明工程名称、监测单位、报告的起止日期、报告编号，并应有监测单位用章及项目负责人、审核人、审批人签字。

二、监测报告主要内容

阶段性报告内容：工程概况及施工进度；现场巡查信息；监测数据图表；监测数据、

巡查信息的分析与说明；结论与建议。

总结报告内容：工程概况；监测目的、监测项目和监测依据；监测点布设；采用的仪器型号、规格和元器件标定资料；监测数据采集和观测方法；现场巡查信息；监测数据图表；监测数据、巡查信息的分析与说明；结论与建议。

考点分析

本考点选择题与案例分析题均可涉及，案例分析题考点主要内容：补充现场监测资料（外业观测记录、现场巡查记录、记事项目以及仪器、视频）或监测报告主要内容等。

【例题·多选题】监测总结报告内容包括工程概况、监测目的、（　　）等。

A. 监测点布设　　　　　　　　　B. 施工进度

C. 现场巡查信息　　　　　　　　D. 监测项目和监测依据

E. 监测数据采集和观测方法

【答案】A、B、C、E

2K320000　市政公用工程项目施工管理

微信扫一扫
查看更多考点视频

2K320010　市政公用工程施工招标投标管理

近年真题考点分值分布见表 2K320010：

近年真题考点分值分布表　　　　　　　　　　表 2K320010

命题点	题型	2018 年	2019 年	2020 年	2021 年	2022 年
市政公用工程施工招标投标管理	单选题	—	—	—	—	—
	多选题	—	—	—	—	—
	案例分析题	—	—	—	4	—

核心考点提纲

市政公用工程施工招标投标管理 { 招标投标管理　招标条件与程序　投标条件与程序

核心考点剖析

2K320011　招标投标管理

一、必须招标的项目规模

从 2018 年 6 月 1 日起，在必须招标的项目范围内，且施工单项合同估算大于 400 万元的项目必须进行招标。

二、招标活动的主要文件与一般规定

1. 招标文件一般包括以下内容

投标邀请书；投标人须知；合同主要条款；投标文件格式；工程量清单；技术条款；设计图纸；评标标准和方法；要求投标的其他辅助材料。

2. 投标文件一般包括以下内容

投标函；投标报价；施工组织设计或施工方案；招标要求的其他材料。

3. 其他规定

（1）投标保证金的规定：投标保证金一般不得超过投标总价的 2%，但最高不得超过 50 万元人民币。投标保证金有效期应当与投标有效期一致。

（2）提交投标文件的投标人少于 3 个的，招标人应当依法重新招标。

（3）依法必须进行招标的项目，自招标文件开始发售之日起至投标人提交投标文件截止之日，最短不得少于 20 个日历天。

2K320012 招标条件与程序

一、招标条件

依法必须招标的工程建设项目，应当具备下列条件才能进行施工招标：

（1）招标人已依法成立。

（2）初步设计及概算应当履行审批手续的，已经获得批准。

（3）招标范围、招标方法和招标组织形式等应当履行核准手续的，已经核准。

（4）有相应资金或资金来源已经落实。

（5）有招标所需的设计图纸及技术资料。

二、招标文件的重要部分

（1）投标须知中应当包括工程概况，招标范围，资格审查条件，工程资金来源或者资金落实情况，标段划分，工期要求，质量标准，现场踏勘和答疑安排，投标文件的编制、提交、修改、撤回的要求，投标报价的要求，投标有效期，开标时间和地点，评标方法和标准等。

（2）拟签订合同的主要条款，包括预付款比例，进度款支付方式，对逾期竣工或质量未达标的惩罚措施以及竣工结算的方式。

（3）工程量清单文件。

2K320013 投标条件与程序

一、投标条件

投标人应当具备相应的施工企业资质，并在工程业绩、技术能力、项目负责人的资格条件、企业财务状况以及企业信用得分等方面满足招标文件的要求。

二、编制技术标书的主要内容

通常的技术文件包括以下内容：

（1）对项目的理解以及对项目实施中的重点、难点分析和应对的处理措施。

（2）主要施工方案：把握关键的分部分项工程的施工方案和危险性较大的分部分项工程施工的专项方案，针对性强，重点、难点分析准确，保障措施得当。

（3）进度计划及措施。

（4）质量保证体系及质量保证措施。

（5）安全管理体系及保证措施。

（6）文明施工、环境保护体系及措施。

（7）风险管理体系及措施。

（8）劳动力、材料、机械设备满足招标要求。

（9）项目管理机构及运行保证体系。

考点分析

本考点教材内容多会进行选择题考核。案例分析题需要注意以下内容：以《招标投标法》和《招标投标法实施条例》结合法规教材内容进行考核；教材中招标文件内容与招标公告包括内容可以作为案例分析题背景资料缺失内容补充型考题考核；评标公示、定标、订立合同等规定时间可以用来出案例分析题中背景资料改错题。

投标保证金的要求；招标人对投标人资格规定条件；投标准备；标书制作与递交（结合法规知识点）。

【例题1·单选题】招标文件主要内容不包括（　　）。

A. 技术条款 　　　　　　　　　B. 合同主要条款

C. 设计图纸 　　　　　　　　　D. 市场价格信息

【答案】D

【例题2·多选题】下列属于投标文件内容的是（　　）。

A. 投标报价 　　　　　　　　　B. 施工图纸

C. 合同主要条款 　　　　　　　D. 施工方案

E. 投标函

【答案】A、D、E

【例题3·案例分析题】

【背景资料】

某市新建生活垃圾填埋场，工程规模为日消纳量200t。向社会公开招标，采用资格后审并设最高限价，接受联合体投标。A公司缺少防渗系统施工业绩，为加大中标机会，与有业绩的B公司组成联合体投标；C公司和D公司组成联合体投标，同时C公司又单独参加该项目的投标；参加投标的还有E、F、G等其他公司，其中E公司投标报价高于限价，F公司报价最低。

A公司中标后准备单独与业主签订合同，并将防渗系统的施工分包给报价更优的C公司，被业主拒绝并要求A公司立即改正。项目部进场后，确定了本工程的施工质量控制要点，重点加强施工过程质量控制，确保施工质量。

【问题】

1. 上述投标中无效投标有哪些？为什么？

2. A公司应如何改正才符合业主的要求？

【参考答案】

1. 无效投标有：

（1）C公司单独投标以及C、D联合体投标；因为联合体各方在同一招标项目中以自己名义单独投标或者参加其他联合体投标的，相关投标均无效。

（2）E公司的投标；因为本工程设有最高限价，而投标报价低于成本或者高于招标文件设定的最高投标限价的，评标委员会应当否决其投标。

2. A公司应进行如下改正：

（1）A公司必须以与B公司组成的联合体形式和建设单位签订施工合同。

（2）防渗系统作为主体工程不得分包给C公司，必须由A、B组成的联合体共同完成。

2K320020　市政公用工程造价管理

近年真题考点分值分布见表 2K320020：

近年真题考点分值分布表　　　　　　表 2K320020

命题点	题型	2018 年	2019 年	2020 年	2021 年	2022 年
市政公用工程造价管理	单选题	—	—	1	—	—
	多选题	—	—	—	—	—
	案例分析题	—	—	—	4	3

核 心 考 点 提 纲

略。

核 心 考 点 剖 析

2K320022　工程量清单计价的应用

（1）工程量清单计价包括分部分项工程费、措施项目费、其他项目费和规费以及税金。

（2）全部使用国有资金投资或国有投资为主的建设工程发、承包，必须采用工程量清单计价。

（3）工程量清单应采用综合单价计价。

工程量清单不论分部分项工程项目，还是措施项目，不论单价项目，还是总价项目，均应采用综合单价法计价，即包括除规费、税金以外的全部费用。

（4）措施项目中的安全文明施工费必须按国家或省级、行业建设主管部门的规定计价，不得作为竞争性费用。

（5）规费和税金必须按国家或省级、行业建设主管部门的规定计价，不得作为竞争性费用。

考点分析

本节所涉及知识点基本集中在"工程量清单计价的应用"这一部分。在案例分析题中可能会涉及"量变调价款""投标报价（或中标价）""预付款计算"等常规计算题。

【例题1·单选题】采用工程量清单计价时，不能作为竞争性费用的措施费是（　　）。

A. 脚手架工程费　　　　　　　　　B. 夜间施工增加费

C. 安全文明施工费　　　　　　　　D. 冬、雨期施工增加费

【答案】C

【解析】措施项目清单中的安全文明施工费应按照国家或省级、行业建设主管部门的规定计价，不得作为竞争性费用。

【例题2·案例分析题】

【背景资料】

某公司承建一城市道路工程，道路全长3000m，穿过部分农田和水塘，需要借土回填和抛石挤淤。工程采用工程量清单计价，合同约定分部分项工程量增加（减少）幅度在15%以内时执行原有综合单价；工程量增幅大于15%时，超出部分按原综合单价的0.9倍计算；工程量减幅大于15%时，减少后剩余部分按原综合单价的1.1倍计算。

事件三：……

工程竣工结算时，借土回填和抛石挤淤工程量变化情况如表2K320022-1所示：

工程量变化情况表　　　　表2K320022-1

分部分项工程	综合单价（元/m³）	清单工程量（m³）	实际工程量（m³）
借土回填	21	25000	30000
抛石挤淤	76	16000	12800

【问题】

分别计算事件三借土回填和抛石挤淤的费用。

【参考答案】

（1）借土回填费用：

$25000 \times 1.15 = 28750 m^3$；

$30000 - 28750 = 1250 m^3$；

$28750 \times 21 = 603750$ 元；

$1250 \times 21 \times 0.9 = 23625$ 元；

$603750 + 23625 = 627375$ 元。

（2）抛石挤淤费用：

$16000 \times (1 - 0.15) = 13600 m^3$；

$12800 m^3 < 13600 m^3$；

$12800 \times 76 \times 1.1 = 1070080$ 元。

【例题3·案例分析题】

【背景资料】

某城市桥梁工程，上部结构为预应力混凝土连续箱梁，基础为直径1200mm钻孔灌注桩，桩基持力层为中风化岩，设计要求进入中风化岩层3m。

A公司投标该工程，投标时钢筋价格为4500元/t，合同约定市场价在投标价上下浮动10%以内不予调整；上下浮动超过10%时，对超出部分按月进行调整。市场价以当地造价信息中心公布的价格为准。

工程结束时，经统计钢筋用量和信息价见表2K320022-2：

钢筋用量和信息价统计表　　　　表2K320022-2

月份	4	5	6
信息价（元/t）	4000	4700	5300
数量（t）	800	1200	2000

【问题】

根据合同约定，4～6月份钢筋能够调整多少差价？（具体计算每个月的差价额）

【参考答案】

4～6月份钢筋能够调整的差价：

4月份：由于（4500－4000）÷4500×100%＝11.11%＞10%，应调整价格；

应调减差价为：［4500×（1－10%）－4000］×800＝40000元。

5月份：由于（4700－4500）÷4500×100%＝4.44%＜10%，不调整价格。

6月份：由于（5300－4500）÷4500×100%＝17.78%＞10%，应调整价格；

应调增差价为：［5300－4500×（1＋10%）］×2000＝700000元。

总计：700000－40000＝660000元。

【例题4·案例分析题】

【背景资料】

甲施工单位投标报价书情况是：土石方工程量650m^3，定额单价人工费为8.40元/m^3，材料费为12.00元/m^3，机械费1.60元/m^3，分部分项工程量清单合价为8200万元，措施费项目清单合价为360万元，暂列金额为50万元，其他项目清单合价为120万元，总包服务费为30万元，企业管理费为15%，利润为5%，规费为225.68万元，税金为9%。合同规定工程预付款比例为10%。

【问题】

本工程土石方单价是多少？中标价是多少？预付款是多少？

【参考答案】

土石方工程量综合单价为：（8.4＋12＋1.6）×（1＋15%）×（1＋5%）＝26.57元/m^3；

中标价（单位工程投标报价）为：分部分项工程量清单合价＋措施项目清单合价＋其他项目清单合价＋规费＋税金＝（8200＋360＋120＋225.68）×（1＋9%）＝9707.2万元；

预付款为：（合同金额－暂列金额）×10%＝（9707.2－50）×10%＝965.72万元。

2K320030　市政公用工程合同管理

近年真题考点分值分布见表2K320030：

近年真题考点分值分布表　　　　　表2K320030

命题点	题型	2018年	2019年	2020年	2021年	2022年
市政公用工程合同管理	单选题	—	—	—	1	—
	多选题	—	2	—	—	—
	案例分析题	5	12	—	4	9

核心考点提纲

市政公用工程合同管理 { 施工阶段合同履约与管理要求
施工合同索赔

核心考点剖析

2K320031　施工阶段合同履约与管理要求

合同变更：

（1）工程量增减，质量及特性变更，高程、基线、尺寸等变更，施工顺序变化，永久工程附加工作、设备、材料和服务的变更等，当事人协商一致，可以变更合同。

（2）变更程序总结：

施工单位依据工程合同，向监理工程师提出设计变更申请和建议；监理工程师审核后，将审核结果上报建设单位；由设计单位出具变更设计文件，监理单位下达变更令，项目部按图施工。

考点分析

本考点主要考核案例分析题，除上面变更程序总结以外，还需要注意发包人的其他义务。

【例题·多选题】施工过程中可以进行合同变更的情况包括（　　　　）。

A. 标高变更　　　　　　　　　　B. 工程量增减

C. 基线变更　　　　　　　　　　D. 质量及特性变更

E. 工种变更

【答案】A、B、C、D

2K320032　施工合同索赔

一、索赔项目概述（施工过程中主要是工期索赔和费用索赔）。

1. 延期发出图纸产生的索赔。

2. 恶劣的气候条件导致的索赔。

3. 工程变更导致的索赔。

4. 以承包人能力不可预见引起的索赔。

5. 由外部环境而引起的索赔。

6. 监理工程师指令导致的索赔。

7. 其他原因导致的承包方的索赔。

二、索赔同期记录

内容：事件发生及过程中现场实际状况；现场人员、设备的闲置清单；对工期的延误；对工程损害程度；导致费用增加的项目及所用的工作人员，机械、材料数量、有效票据等。

三、索赔台账

内容：索赔发生的原因，索赔发生的时间、索赔意向提交时间、索赔结束时间，索赔申请工期和费用，监理工程师审核结果，发包人审批结果等。

考点分析

本考点是合同管理章节最重要的考点，考试只有很少年份出现教材中原文考点，其他年份考试多为结合案例分析题中背景资料判别是否可以索赔，或者简述索赔项目等，具体题型如下：

（1）背景资料中某事件发生后造成工程损失，问题为施工单位是否可以向建设单位提出索赔或索赔是否成立。对于这类题目答题模板是：针对背景资料简单描述（针对什么事件进行索赔）；明确带来的损失（一般是工期延误或费用增加或两者均发生）；找出索赔依据（依据相关标准规范，不必非要写出规范名称）；判别责任（如果可以索赔即为建设单位应承担责任，如果不能索赔，一般为施工单位自己应该承担的责任）。

（2）确定所发生事件可以进行索赔，问题为简述索赔项目。作答此类问题一定不能脱离背景资料，答案采分点多可以通过案例分析题的背景资料分析得出内容。

（3）索赔结合网络图出题，一般情况下索赔事件会发生在非关键线路上，索赔工期为超出此项工作总时差的部分，费用往往会结合不可抗力，需要熟练掌握不可抗力索赔要求。

（4）教材原文内容，例如索赔资料包括内容，同期记录内容，索赔管理中索赔台账内容等。

【例题1·多选题】属发包方原因，由于外部环境影响引起的索赔包括（　　　）等。

A. 局部尺寸变化　　　　　　　　B. 征地拆迁

C. 施工条件改变　　　　　　　　D. 施工项目增加

E. 施工工艺改变

【答案】B、C

【解析】外部环境引起的索赔有征地拆迁、施工条件、用地的出入权和使用权等。A、D、E选项属于工程变更导致的索赔。

【例题2·案例分析题】

【背景资料】

某公司项目部承接一项直径为4.8m的隧道工程，隧道起始里程为DK10＋100，终点里程为DK10＋868，环宽为1.2m，采用土压平衡盾构施工。投标时勘察报告显示，盾构隧道穿越地层除终点200m范围为粉砂土以外，其余位置均为淤泥质黏土。项目部在施工过程中发生了以下事件：

事件一：盾构始发时，发现洞门处地质情况与勘察报告不符，需改变加固形式。加固施工造成工期延误10d，增加费用30万元。

事件二：盾构施工至隧道中间位置时，从一房屋侧下方穿过，由于项目部设定的盾构土仓压力过低，造成房屋最大沉降达到50mm，项目部采用二次注浆进行控制。穿越后很长时间内房屋沉降继续发展，最终房屋出现裂缝，维修费用为40万元。

【问题】

事件一、事件二中，项目部可索赔的工期和费用各是多少，说明理由。

【参考答案】

事件一中项目部可索赔延误工期10d，费用30万元。

理由：洞门处地质情况与勘察报告不符，造成工期的延误和费用的增加，依据相关标准规范要求，属建设单位应该承担的责任。

事件二中房屋维修费 40 万元不可以索赔。

理由：因项目部自己设定的盾构土仓压力过低，造成房屋沉降、裂缝而产生维修费用，依据相关标准规范，是项目部自己应承担的责任，因此不可以索赔。

【例题 3·案例分析题】

【背景资料】

A 公司中标某市污水管工程，总长 1.7km。采用直径为 1.6～1.8m 的混凝土管，其管顶覆土为 4.1～4.3m，各井间距 80～100m。地质条件为黏性土层，地下水位置在距离地面 3.5m。项目部确定采用两台顶管机同时作业，一号顶管机从 8 号井作为始发井向北顶进，二号顶管机从 10 号井作为始发井向南顶进。工作井直接采用检查井位置（施工位置如图 2K320032 所示），编制了顶管工程施工方案，并已经通过专家论证。

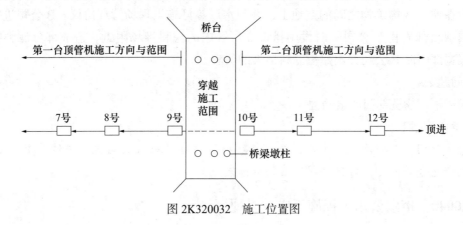

图 2K320032　施工位置图

施工过程中发生如下事件：

（1）因拆迁原因使 9 号井不能开工。第二台顶管设备放置在项目部附近小区绿地暂存 28d。

（2）在穿越施工条件齐全后，为了满足建设方要求，项目部将 10 号井作为第二台顶管设备的始发井，向原 8 号井顶进。施工方案经项目经理批准后实施。

【问题】

项目部就事件（1）的拆迁影响，可否向建设方索赔？如能索赔，简述索赔项目。

【参考答案】

可以向建设方索赔。因为拆迁原因延误工期是建设单位的责任，并且导致施工受到影响，理应索赔。

索赔项目：

（1）超过本项工作总时差的工期；

（2）机械闲置费；

（3）小区绿地租用费；

（4）小区绿地及存放此处设备的维护、管理费；

（5）受该设备闲置影响人员窝工费；

（6）恢复绿地费用。

【解析】由于背景资料中只是描述了"因拆迁原因，9号井不能开工"，并未详细说明工作的总时差，因而作答工期索赔时尽量写清楚是索赔超出本项工作总时差的工期。同样，对于机械费的索赔，背景既未交代是施工单位自有也未交代是租赁设备，那么在作答时，不能武断地写索赔折旧费或者索赔租赁费，这里可以换一种说法，写机械的闲置费。

【例题4·案例分析题】

【背景资料】

A公司为某水厂改扩建工程总承包单位，工程包括新建滤池、沉淀池、清水池、进水管道及相应的设备安装，其中设备安装经招标后由B公司实施，施工期间，水厂要保持正常运营。

A公司项目部进场后将临时设施中生产设施搭设在施工的构筑物附近，其余的临时设施搭设在原厂区构筑物之间的空地上，并与水厂签订施工现场管理协议。B公司进场后，A公司项目部安排B公司临时设施搭设在厂区内的滤料堆场附近，造成部分滤料损失，沟槽底宽部门向B公司提出赔偿滤料损失的要求。

【问题】

简述水厂物资部门的索赔程序。

【参考答案】

物资部门应呈报水厂，水厂依据施工现场管理协议向A公司提出赔偿要求，A公司可根据分包合同规定，向B公司追偿相应损失。

2K320040　市政公用工程施工成本管理

近年真题考点分值分布见表2K320040：

近年真题考点分值分布表　　　　　　　表2K320040

命题点	题型	2018年	2019年	2020年	2021年	2022年
市政公用工程施工成本管理	单选题	—	1	—	1	1
	多选题	—	—	—	—	2
	案例分析题	—	—	—	—	—

核心考点提纲

略。

核心考点剖析

2K320042　施工成本目标控制的措施

施工成本目标控制的方法：

（1）人工费的控制。

（2）材料费的控制。

（3）支架脚手架、模板等周转设备使用费的控制。

（4）施工机械使用费的控制。

（5）构件加工费和分包工程费的控制。

在签订这些经济合同时，特别要坚持"以施工图预算控制合同金额"的原则，绝不容许合同金额超过施工图预算。

考点分析

本考点当前很少出现案例分析题。工程成本控制主要围绕人、材、机展开介绍，如果考核案例分析题，定会结合背景资料进行考核。

【例题1·案例分析题】

【背景资料】

某项目部承建一生活垃圾填埋场工程，规模为20万t，场地位于城乡接合部。填埋场防水层为土工合成材料膨润土垫（GCL），上层防渗层为高密度聚乙烯膜，项目部以招标形式选择了高密度聚乙烯膜供应商及专业焊接队伍。

工程施工过程中，原拟堆置的土方改成外运，增加了工程成本。

为了做好索赔管理工作，经现场监理工程师签认，建立了正式、准确的索赔管理台账。

【问题】

结合背景材料简述填埋场的土方施工应如何控制成本。

【参考答案】

（1）尽量将土方卖给有需求的施工单位；

（2）因土方量大，需确定合理开挖顺序；

（3）计算工程预留土方量，外运不能超量；

（4）选择合理土方消纳处，尽量缩短运距；

（5）做好土方外运的精准计量。

【例题2·案例分析题】

【背景资料】

某市新建一大型水厂，因工期紧张，建设单位将水厂分为3个标段，A公司中标第二标段，本标段包括现浇大清水池和一座装配式小清水池，以及水厂内部道路及部分综合管线工程。合同工期一年。

大清水池长200m、宽50m、高7m，沿着水池长度方向上设置四道内隔墙。项目部对现浇清水池中的土方开挖、垫层、底板、侧墙、顶板施工、回填等工作做了详细施工部署。本项目中的模板分项工程每一检验批施工完成后，监理工程师都严格按照主控项目进行验收。因大清水池占地面积较大且相对集中，项目部在施工现场安装了地泵，每次都尽量用地泵浇筑混凝土。

【问题】

结合背景资料，简述大清水池施工如何控制成本。

【参考答案】

（1）清水池钢筋、混凝土用量大，提前与供应商签订合同；

（2）每一段清水池工作性质相同，可将清水池进行流水施工；

（3）侧墙长度比较长，模板尽可能采用大模板；

（4）施工周期长，可以提前计算周转材料用量；

（5）清水池分段施工，可安排开挖与回填同时进行。

2K320050 市政公用工程施工组织设计

近年真题考点分值分布见表2K320050：

近年真题考点分值分布表　　　　　表 2K320050

命题点	题型	2018年	2019年	2020年	2021年	2022年
市政公用工程施工组织设计	单选题	—	1	—	—	—
	多选题	4	—	—	2	—
	案例分析题	11	—	—	4	7

核心考点提纲

市政公用工程施工组织设计 { 施工组织设计编制的主要内容　专项施工方案编制与论证的要求　交通导行方案设计的要点

核心考点剖析

2K320051 施工组织设计编制注意事项

一、基本规定

（1）施工组织设计应包括工程概况、施工总体部署、施工现场平面布置、施工准备、施工技术方案、主要施工保证措施等基本内容。

（2）施工组织设计应由项目负责人主持编制，经总承包单位技术负责人审批并加盖企业公章，报建设方、监理方审批后实施，有变更的及时办理变更审批手续。

（3）施工方案的审批应符合下列规定：

1）施工方案应由项目技术负责人审批。

2）重点、难点分部（分项）工程的施工方案应由总承包单位技术负责人审批。

3）由专业承包单位施工的分部（分项）工程，施工方案应由专业承包单位的技术负责人审批，并由总承包单位项目技术负责人核准备案。

二、施工组织设计主要内容

1. 工程概况

2. 施工总体部署

施工总体部署应包括主要工程目标、总体组织安排、总体施工安排、施工进度计划及总体资源配置等。

3. 施工现场平面布置

4. 施工准备

包括技术准备、现场准备、资金准备等。

5. 施工技术方案

6. 主要施工保证措施

进度保证措施、质量保证措施、安全管理措施、环境保护及文明施工管理措施、成本控制措施、季节性施工保证措施、交通组织措施、建（构）筑物及文物保护措施、应急措施。

（1）交通组织平面示意图应包括下列内容：① 施工作业区域内及周边的现状道路。② 围挡布置、施工临时便道及便桥设置。③ 车辆及行人通行路线。④ 现场临时交通标志、交通设施的设置。⑤ 图例及说明。⑥ 其他应说明的相关内容。

（2）交通疏导示意图应包括下列内容：① 车辆及行人通行路线。② 围挡布置且施工区域出入口设置。③ 现场临时交通标志，交通设施的设置。④ 图例及说明。⑤ 其他应说明的相关内容。

2K320052　施工技术方案确定的依据

施工技术方案主要内容：包括施工方法的确定、施工机具的选择、施工顺序的确定，还应包括季节性措施、四新技术措施以及结合市政公用工程特点和由施工组织设计安排的、工程需要所应采取的相应方法与技术措施等方面的内容。

重点分项工程、关键工序、季节施工还应制定专项施工方案。

【例题·单选题】不属于施工组织设计内容的是（　　　）。

A. 施工成本计划　　　　　　　　B. 施工部署

C. 质量保证措施　　　　　　　　D. 施工方案

【答案】A

2K320053　专项施工方案编制、论证与实施要求

一、市政工程危险性较大的分部分项工程（后文简称"危大工程"）范围（见表 2K320053）

市政工程危险性较大的分部分项工程范围一览表　　　　表 2K320053

类别	需编制专项施工方案	需专家论证、审查
基坑工程	（1）开挖深度超过 3m（含 3m）的基坑（槽）的土方开挖、支护、降水工程。 （2）开挖深度虽未超过 3m，但地质条件、周围环境和地下管线复杂，或影响毗邻建、构筑物安全的基坑（槽）的土方开挖、支护、降水工程	开挖深度超过 5m（含 5m）的基坑（槽）的土方开挖、支护、降水工程

类别	需编制专项施工方案	需专家论证、审查
模板工程及支撑体系	（1）各类工具式模板工程：包括滑模、爬模、飞模、隧道模等工程。 （2）混凝土模板支撑工程：搭设高度5m及以上，或搭设跨度10m及以上，或施工总荷载（荷载效应基本组合的设计值，以下简称设计值）10kN/m² 及以上，或集中线荷载（设计值）15kN/m 及以上，或高度大于支撑水平投影宽度且相对独立无联系构件的混凝土模板支撑工程。 （3）承重支撑体系：用于钢结构安装等满堂支撑体系	（1）各类工具式模板工程：包括滑模、爬模、飞模、隧道模等工程。 （2）混凝土模板支撑工程：搭设高度8m及以上，或搭设跨度18m及以上，或施工总荷载（设计值）15kN/m² 及以上，或集中线荷载（设计值）20kN/m 及以上。 （3）承重支撑体系：用于钢结构安装等满堂支撑体系，承受单点集中荷载7kN及以上
起重吊装及起重机械安装拆卸工程	（1）采用非常规起重设备、方法，且单件起吊重量在10kN 及以上的起重吊装工程。 （2）采用起重机械进行安装的工程。 （3）起重机械安装和拆卸工程	（1）采用非常规起重设备、方法，且单件起吊重量在100kN 及以上的起重吊装工程。 （2）起重量300kN 及以上，或搭设总高度200m 及以上，或搭设基础标高在200m 及以上的起重机械安装和拆卸工程
脚手架工程	（1）搭设高度24m 及以上的落地式钢管脚手架工程（包括采光井、电梯井脚手架）。 （2）附着式升降脚手架工程。 （3）悬挑式脚手架工程。 （4）高处作业吊篮。 （5）卸料平台、操作平台工程。 （6）异型脚手架工程	（1）搭设高度50m 及以上的落地式钢管脚手架工程。 （2）提升高度在150m 及以上的附着式升降脚手架工程或附着式升降操作平台工程。 （3）分段架体搭设高度20m 及以上的悬挑式脚手架工程
拆除工程	可能影响行人、交通、电力设施、通讯设施或其他建、构筑物安全的拆除工程	（1）码头、桥梁、高架、烟囱、水塔或拆除中容易引起有毒有害气（液）体或粉尘扩散、易燃易爆事故发生的特殊建、构筑物的拆除工程。 （2）文物保护建筑、优秀历史建筑或历史文化风貌区影响范围内的拆除工程
暗挖工程	采用矿山法、盾构法、顶管法施工的隧道、洞室工程	采用矿山法、盾构法、顶管法施工的隧道、洞室工程
其他	（1）建筑幕墙安装工程。 （2）钢结构、网架和索膜结构安装工程。 （3）人工挖孔桩工程。 （4）水下作业工程。 （5）装配式建筑混凝土预制构件安装工程。 （6）采用新技术、新工艺、新材料、新设备可能影响工程施工安全，尚无国家、行业及地方技术标准的分部分项工程	（1）施工高度50m 及以上的建筑幕墙安装工程。 （2）跨度36m 及以上的钢结构安装工程，或跨度60m 及以上的网架和索膜结构安装工程。 （3）开挖深度16m 及以上的人工挖孔桩工程。 （4）水下作业工程。 （5）重量1000kN 及以上的大型结构整体顶升、平移、转体等施工工艺。 （6）采用新技术、新工艺、新材料、新设备可能影响工程施工安全，尚无国家、行业及地方技术标准的分部分项工程

二、专项方案编制

（1）实行施工总承包的，专项施工方案应当由施工总承包单位组织编制。危大工程实行分包的，专项施工方案可以由相关专业分包单位组织编制。

（2）专项施工方案应当包括以下主要内容：

1）工程概况：危大工程概况和特点、施工平面布置、施工要求和技术保证条件。

2）编制依据：相关法律、法规、规范性文件、标准、规范及施工图设计文件、施工组织设计等。

3）施工计划：包括施工进度计划、材料与设备计划。

4）施工工艺技术：技术参数、工艺流程、施工方法、操作要求、检查要求等。

5）施工安全保证措施：组织保障措施、技术措施、监测监控措施等。

6）施工管理及作业人员配备和分工：施工管理人员、专职安全生产管理人员、特种作业人员、其他作业人员等。

7）验收要求：验收标准、验收程序、验收内容、验收人员等。

8）应急处置措施。

9）计算书及相关施工图纸。

三、专项方案的专家论证

专家组构成：专家应当从地方人民政府住房城乡建设主管部门建立的专家库中选取，符合专业要求且人数不得少于 5 名。与本工程有利害关系的人员不得以专家身份参加专家论证会。

四、危大工程专项施工方案实施和现场安全管理

（1）施工单位应当根据论证报告修改完善专项施工方案，并经施工单位技术负责人签字、加盖单位公章，并由项目总监理工程师签字、加盖执业印章后，方可组织实施。

（2）施工单位应当在施工现场显著位置公告危大工程名称、施工时间和具体责任人员，并在危险区域设置安全警示标志。

（3）危大工程发生险情或者事故时，施工单位应当立即采取应急处置措施，并报告工程所在地住房城乡建设主管部门。

（4）施工单位应当将专项施工方案及审核、专家论证、交底、现场检查、验收及整改等相关资料纳入档案管理。

考点分析

本考点是施工组织设计当中最重要考点，以案例分析题为主要出题形式，经常结合具体技术，重点理解危险性较大的分部分项工程范围和需要专家论证的范围以及相关程序。

【例题 1·案例分析题】

【背景资料】

某公司承接了某城市道路的改扩建工程。工程中包含一段长 240m 的新增路线（含下水道 200m）和一段长 220m 的路面改造（含下水道 200m），另需拆除一座旧人行天桥，新建一座立交桥。工程位于城市繁华地带，建筑物多，地下管网密集，交通量大。

新增线路部分地下水位位于 −4.0m 处（原地面高程为 ±0.00m），下水道基坑设计底高程为 −5.5m，立交桥桩基工程采用人工挖孔桩，上部结构为预应力预制箱梁，采用跨墩龙门吊安装施工。

【问题】

根据背景所述，本工程中有哪些分部分项工程需要编制安全专项施工方案？

【参考答案】

本施工项目需要编制安全专项施工方案的有：基坑土方开挖、支护、降水工程；旧桥拆除工程；人工挖孔桩工程；跨墩龙门吊安装和拆除工程。

【例题2·案例分析题】

【背景资料】

某公司中标污水处理厂升级改造工程，处理规模为70万 m³/d，其中包括中水处理系统的配水井为矩形钢筋混凝土半地下室结构，平面尺寸17.6m×14.4m、高11.8m、设计水深9m；底板、顶板厚度分别为1.1m、0.25m。

在基坑开挖时，现场施工员认为土质较好，拟取消细石混凝土护面，被监理工程师发现后制止。

……

【问题】

基坑开挖时，监理工程师为什么会制止现场施工员行为？取消细石混凝土护面应履行什么手续？

【参考答案】

（1）依据图2K320053上数据可以计算出本工程基坑开挖深度为：496.0－490.6＋1.1＝6.5m，属于危大工程，必须编制安全专项方案，且应组织专家论证，施工单位不得擅自修改经专家论证后的专项方案，如确需修改，需要按照程序重新办理审批手续。

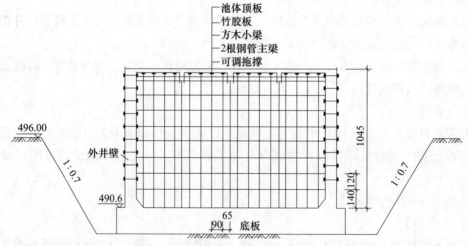

图 2K320053　配水井顶板支架剖面示意图（标高单位：m；尺寸单位：cm）

（2）重新编制方案并组织专家论证，由施工单位技术负责人审核签字、加盖单位公章，并由总监理工程师审查签字、加盖执业印章后方可实施。

2K320054　交通导行方案设计要求

交通导行知识点总结：

调查——是否具备交通导行的条件；

设计原则——方案切实可行，尽量不影响社会生活；

手续办理——交通管理和道路管理部门；

设置区域——警示区、上游过渡区、缓冲区、作业区、下游过渡区、终止区；

保证落实——设隔离设施和警示标志、搭设围挡；现场工人教育培训、签订合同；路口安排专人协助交警；夜间有足够照明、居民出入口搭设便桥等。

考点分析

本考点属于重要考点，多以案例分析题为主，经常结合城镇道路工程现场管理进行考核。

（1）考核教材中原文内容，但并非单纯某一段内容，而是将整节需要强调的内容用自己的语言总结归纳出采分点。

（2）考核交通导行管理在实际中的应用，例如旧路拓宽工程，在不断行交通的情况下，对道路整体的施工排序。

【例题1·多选题】施工占用慢行道和便道要获得（　　　）部门的批准。

A. 市政管理　　　　　　　　　　B. 交通管理

C. 道路管理　　　　　　　　　　D. 建设管理

E. 规划管理

【答案】B、C

【解析】占用慢行道和便道要获得交通管理和道路管理部门的批准。

【例题2·案例分析题】

【背景资料】

项目部承建的污水管道改造工程全长 2km。管道位于非机动车道下方，穿越 5 个交通路口。管底埋深 12m，设计采用顶管法施工。

管道施工范围内有地下水，全线采用单侧降水，降水井间距为 10 m。

项目部依据设计院提供的施工图对施工现场的地下管线、地下构筑物、现场的交通状况及居民的出行路线进行了详细踏勘、调查。在此基础上编制了降水阶段、顶管阶段的交通导行方案。获得交通管理部门批准后，编制了施工组织设计。

项目部按施工组织设计搭设围挡，统一设置各种交通标志，隔离设施及夜间警示信号。为确保交通导行方案的落实，在沿线居民出入口设置足够的照明装置。

【问题】

项目部为确保交通导行方案的落实，还应补充哪些措施？

【参考答案】

还应补充以下措施：

（1）合理划分区域；

（2）严格控制临时占路时间和范围；

（3）在主要道路交通路口设专职交通疏导员，协助交通民警搞好社会交通的疏导工作；

（4）沿街居民出入口必要处搭设便桥，为居民出行创造必要的条件。

【例题3·案例分析题】

【背景资料】

某公司承建一项道路扩建工程，长 3.3km，设计宽度 40m，上下行双幅路；现况路面铣刨后铺表面层形成上行机动车道，新建机动车道面层为三层热拌沥青混合料，工程内容还包括新建雨水、污水、给水、供热、燃气工程。工程采用工程量清单计价；合同要求 4 月 1 日开工，当年完工。

项目部进行了现况调查：工程位于城市繁华老城区，现况路宽 12.5m，人机混行，经常拥堵；两侧密布的企事业单位和民居多处位于道路红线内；地下老旧管线多，待拆改移。在现场调查基础上，项目部分析了工程施工特点及存在的风险，对项目施工进行了综合部署。施工前，项目部编制了交通导行方案，经有关管理部门批准后组织实施。

【问题】

1. 本工程施工部署应考虑哪些特点？
2. 简述本工程交通导行整体思路。

【参考答案】

1. 本工程施工部署应考虑以下特点：
（1）多专业工程交错，综合施工，施工组织难度大；
（2）与城市交通、市民生活相互干扰；
（3）地上、地下障碍物拆迁量大，影响施工部署；
（4）文明施工、环境保护要求高；
（5）施工进度要与拆迁进度相配合；
（6）施工用地紧张、场地狭小，工期紧张。

2.（1）争取交通分流，减小施工压力；
（2）现况路正常通行、新建路部分进行管线和道路结构施工；
（3）进行交通导行，新建路通行社会交通，施工现况路管线、路面结构。

2K320060　市政公用工程施工现场管理

近年真题考点分值分布见表 2K320060：

近年真题考点分值分布表　　　　　　　　表 2K320060

命题点	题型	2018 年	2019 年	2020 年	2021 年	2022 年
市政公用工程施工现场管理	单选题	—	—	1	1	—
	多选题	—	—	—	—	2
	案例分析题	10	—	6	—	4

核 心 考 点 提 纲

市政公用工程施工现场管理 ｛ 施工现场布置与管理的要点 / 环境保护管理要点 / 劳务管理要点

2K320061 施工现场布置与管理的要点

一、施工现场的平面布置

平面布置的内容:

(1) 施工图上一切地上、地下建筑物、构筑物以及其他设施的平面位置。

(2) 给水、排水、供电管线等临时位置。

(3) 生产、生活临时区域及仓库、材料构件、机械设备堆放位置。

(4) 现场运输通道、便桥及安全消防临时设施。

(5) 环保、绿化区域位置。

(6) 围墙(挡)与出入口位置。

二、施工现场封闭管理

1. 围挡(墙)

(1) 施工现场围挡(墙)应沿工地四周连续设置,不得留有缺口。

(2) 围挡的用材应坚固、稳定、整洁、美观,宜选用砌体、金属材板等硬质材料。

(3) 施工现场的围挡一般应不低于1.8m,在市区内应不低于2.5m。

(4) 禁止在围挡内侧堆放泥土、砂石等散状材料以及架管、模板等。

(5) 雨后、大风后以及春融季节应当检查围挡的稳定性,发现问题及时处理。

2. 大门和出入口

施工现场进口"五牌一图":

五牌:工程概况牌、管理人员名单及监督电话牌、消防安全牌、安全生产(无重大事故)牌、文明施工牌。一图:施工现场总平面图。

3. 警示标牌布置与悬挂

在爆破物及有害危险气体和液体存放处设置禁止烟火、禁止吸烟等禁止标志;在施工机具旁设置当心触电、当心伤手等警告标志;在施工现场入口处设置必须戴安全帽等指令标志;在通道口处设置安全通道等指示标志,在施工现场的沟、坎、深基坑等处,夜间要设红灯示警。

三、临时设施搭设与管理

1. 临时设施的种类

(1) 办公设施,包括办公室、会议室、门卫传达室等。

(2) 生活设施,包括宿舍、食堂、厕所、淋浴室、小卖部、阅览娱乐室、卫生保健室等。

(3) 生产设施,包括材料仓库、防护棚、加工棚[站、厂,如混凝土搅拌站、砂浆搅拌站、木材加工厂、钢筋加工厂、机具(械)维修厂等]、操作棚等。

(4) 辅助设施,包括道路、院内绿化、旗杆、停车场、现场排水设施、消防安全设施、围墙、大门等。

2. 临时设施的搭设与管理

（1）职工宿舍：宿舍内应有足够的插座，线路统一套管，宿舍用电单独配置漏电保护器、断路器。每间宿舍应配备一个灭火器材。

（2）食堂：食堂的燃气罐应单独设置存放间，存放间应通风良好并严禁存放其他物品。

（3）照明灯具：白炽灯、碘钨灯、卤素灯不得用于建设工地的生产、办公室、生活等区域的照明。

四、施工现场的卫生管理

1. 卫生保健

（1）施工现场应设置保健卫生室，配备保健药箱、常用药及绷带、止血带、颈托、担架等急救器材，小型工程可以用办公用房兼做保健卫生室。

（2）当施工现场作业人员发生法定传染病、食物中毒、急性职业中毒时，必须在2h内向事故发生所在地建设行政主管部门和卫生防疫部门报告，并应积极配合调查处理。

（3）现场施工人员患有法定的传染病或属病源携带者时，应及时进行隔离，并由卫生防疫部门进行处置。

2. 食堂卫生

（1）集体食堂必须有卫生许可证。

（2）炊事人员必须持有所在地区卫生防疫部门办理的身体健康证，岗位培训合格证；上岗应穿戴洁净工作服、工作帽和口罩，并应保持个人卫生，坚持"四勤"（勤洗手、勤剪指甲、勤洗澡、勤理发）。

（3）建筑工地食堂每餐次食品成品按品种留样。

考点分析

本考点非常重要，以案例分析题为主要出题形式，经常结合工程现场管理平面布置示意图或其他现场图一起出题。

【例题1·多选题】关于围挡（墙）叙述正确的有（　　　）。

A. 围挡（墙）不得留有缺口　　　　B. 围挡（墙）材料可用竹笆或安全网

C. 围挡在市区内应高于1.8m　　　　D. 禁止在围挡内侧堆放泥土等散状材料

E. 雨后、大风后以及春融季节应当检查围挡的稳定性

【答案】A、D、E

【例题2·案例分析题】

【背景资料】

某地铁盾构工作井，平面尺寸为18.6m×18.8m，深28m，位于砂性土、卵石地层，地下水埋深为地表以下23m。施工影响范围内有现状给水、雨水、污水等多条市政管线。盾构工作井采用明挖法施工，围护结构为钻孔灌注桩加钢支撑，盾构工作井周边设降水管井。设计要求基坑土方开挖分层厚度不大于1.5m，基坑周边2~3m范围内堆载不大于30MPa，地下水位需在开挖前1个月降至基坑底以下1m。

项目部编制的施工组织设计有如下事项：

（1）施工现场平面布置如图2K320061所示，布置内容有施工围挡范围50m×22m，

东侧围挡距居民楼15m，西侧围挡与现状路步道路缘平齐：搅拌设施及堆土场设置于基坑外缘1m处：布置了临时用电、临时用水等设施：场地进行硬化等。

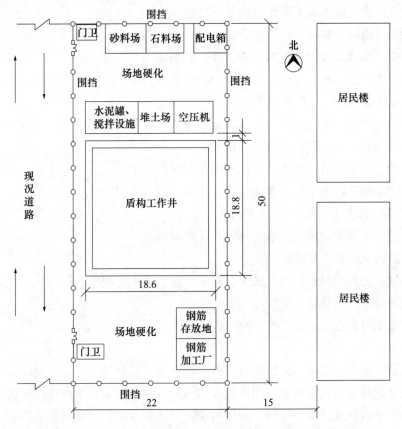

图2K320061　盾构工作井施工现场平面布置示意图（单位：m）

......

【问题】

盾构工作井施工现场平面布置示意图还应补充哪些临时设施？请指出布置不合理之处。

【参考答案】

（1）还要补充：

① 大门出入口洗车池、沉淀池及五牌一图；

② 现场的消防设施、排水沟；

③ 垂直提升设备、水平运输设备；

④ 料具间、机修间、管片堆放场、防雨棚等。

（2）不合理的地方有：

① 搅拌设施及堆土场距离工作井距离1m，不满足设计要求；

② 砂石料堆放紧挨围挡内侧，不符合施工现场围挡安全稳固要求；

③ 钢筋加工厂以及空压机设在居民区一侧，距离近，应设置隔声降噪措施；

④ 施工现场尺寸不满足设置循环干道（宽度不小于3.5m）的要求；

⑤ 砂石料场应与搅拌设施放在一起。

2K320062　环境保护管理要点

一、大气污染与固体废弃物污染采分点总结

（1）硬化（道路、料场、生活办公区）；

（2）覆盖（车辆、集中堆放的土方、裸露的场地）；

（3）绿化（存放的土方）；固化（集中存放的土方）；

（4）洒水（裸露场地，运输线路）；

（5）密闭、封闭（散装材料、生活垃圾和建筑垃圾存储和运输）；

（6）尾气排放（运输车辆与施工机械）；

（7）严禁燃烧（任何可以燃烧的都不能在现场燃烧）；

（8）运输车辆：设洗车池、少装慢行、减速、专人清扫（外运土方）。

二、水污染采分点总结

抗渗、过滤（现场泥浆、污水、油漆、化学溶剂）。

三、噪声污染采分点总结

办理手续；公告居民；远离居民区、轻拿轻放；消声、吸声、隔声。

四、光污染采分点总结

控制灯光照射角度和灯光亮度；电焊设置遮光棚。

考点分析

本考点非常重要，以案例分析题为主要出题形式，通常是结合施工现场环境保护与文明施工的综合题目。在大气污染、固体废弃物污染、噪声污染、水污染和光污染（施工照明污染）当中一般会进行组合考核。大气污染一般会结合固体废弃物污染出题，通过施工现场土方的内存和外运进行考核。噪声污染与光污染组合，考试往往会围绕着夜间施工出题。水污染出题相对而言比较少，如果出现多会结合施工现场的污水过滤沉淀进行考核。

【例题·案例分析题】

【背景资料】

某公司承建城区防洪排涝应急管道工程，受环境条件限制，其中一段管道位于城市主干路机动车道下，垂直穿越现状人行天桥，采用浅埋暗挖隧道形式。

施工前，项目部编制了浅埋暗挖隧道下穿道路专项施工方案，拟在工作竖井位置占用部分机动车道，搭建临时设施，进行工作竖井施工和出土。施工安排各竖井同时施做，隧道相向开挖，以满足工期要求。施工区域，项目部采取了以下环保措施：

（1）对现场临时路面进行硬化，散装材料进行覆盖。

（2）临时堆土采用密闭式防尘网进行覆盖。

（3）夜间施工进行露天焊接作业，控制好照明装置灯光亮度。

【问题】

结合背景资料，补充项目部应采取的环保措施。

【参考答案】

（1）现场洒水降尘，出入口设置洗车池清洁车辆。

（2）土方运输车装载不宜过满且密闭（覆盖），拐弯上坡减速慢行。

（3）设专人清扫沿路遗撒土方。

（4）办理夜间施工手续并公告附近居民。

（5）夜间装卸材料做到轻拿轻放，并采取消声、吸声、隔声等降噪措施。

（6）控制灯光照射角度，电焊设置遮光棚。

2K320063　劳务管理要点

一、实名制管理内容

（1）市政公用工程施工现场管理人员和关键岗位人员实名制管理的内容有：个人身份证、个人执业注册证或上岗证件、个人工作业绩、个人劳动合同或聘用合同等内容。

（2）总承包企业、招投标代理公司、监理企业、监管部门要对市政公用工程施工现场管理人员和关键岗位人员实名制管理。

二、管理措施及管理方法

1. 管理措施

现场一线作业人员年龄不得超过50周岁，辅助作业人员不得超过55周岁，要逐人建立劳务人员入场、继续教育培训档案，档案中应记录培训内容、时间、课时、考核结果、取证情况。进入施工现场的劳务人员要佩戴工作卡，工作卡应注明姓名、身份证号、工种、所属劳务企业。没有佩戴工作卡的人员不得进入施工现场。

2. 管理方法

（1）IC卡：

目前，劳务实名制管理手段主要有手工台账、电子EXCEL表格和IC卡。

IC卡可实现如下管理功能：人员信息管理；工资管理；考勤管理；门禁管理。

（2）监督检查：

项目部应每月进行一次劳务实名制管理检查，主要检查内容：劳务管理人员身份证、上岗证；劳务人员花名册、身份证、岗位技能证书、劳动合同证书；考勤表、工资表、工资发放公示单；劳务人员岗前培训、继续教育培训记录；社会保险缴费凭证。

考点分析

本考点以选择题为主要出题形式，也以案例分析题进行考核。

【例题·多选题】使用IC卡进行项目实名制管理可实现如下管理功能（　　　）。

A. 人员信息管理　　　　　　　　　B. 门禁管理

C. 工资管理　　　　　　　　　　　D. 分包管理

E. 考勤管理

【答案】A、B、C、E

【解析】IC卡可以实现人员信息管理、工资管理、考勤管理、门禁管理。

2K320070　市政公用工程施工进度管理

近年真题考点分值分布见表2K320070-1：

命题点	题型	2018 年	2019 年	2020 年	2021 年	2022 年
市政公用工程施工进度管理	单选题	1	—	—	1	1
	多选题	—	2	—	—	—
	案例分析题	—	—	—	—	—

核心考点提纲

略。

核心考点剖析

略。

考点分析

当前考试中，本节教材上的内容很少进行考核，案例分析题进度考点均以网络图为考核方式，经常涉及确定关键线路并计算总工期的考核形式；网络进度计划的调整形式；横道图绘制题目也经常出现。

【例题 1·多选题】施工进度报告的内容包括实际施工进度图、解决问题的措施以及（　　）。

A. 工程变更与价格调整　　　　　　　B. 总工程师的指令

C. 工程款收支情况　　　　　　　　　D. 进度偏差状况及原因

E. 计划调整意见

【答案】A、C、D、E

【解析】进度报告的内容包括：工程项目进度执行情况的综合描述；实际施工进度图；工程变更，价格调整，索赔及工程款收支情况；进度偏差的状况和导致偏差的原因分析；解决问题的措施；计划调整意见和建议。

【例题 2·案例分析题】

【背景资料】

某施工单位承建了一项市政排水工程，基槽采用明挖法放坡开挖施工，宽度为 6.5m，开挖深度为 5m。施工单位组织基槽开挖、管道安装和土方回填三个施工队流水作业，每个作业段分三个施工段。根据合同工期要求绘制网络进度图如图 2K320070-1 所示。

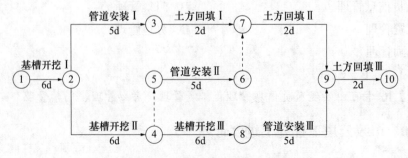

图 2K320070-1　施工网络进度图

【问题】

1. 网络图上有两个不符合逻辑的地方，请完善网络图，让逻辑更加合理。

2. 根据网络进度图指出总工期和关键线路。

【参考答案】

1. 完善后的网络图，如图 2K320070-2 所示：

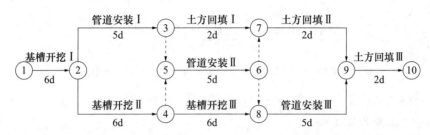

图 2K320070-2 完善后的施工网络进度图

2. 关键线路是：①→②→④→⑧→⑨→⑩，总工期是 25d。

【例题 3·案例分析题】

【背景资料】

A 公司承建城市道路改扩建工程，其中新建设一座单跨简支桥梁，节点工期为 90d，项目部编制了网络进度计划如图 2K320070-3 所示（单位：d）。公司技术负责人在审核中发现施工进度计划不能满足节点工期要求，工序安排不合理，要求在每项工作作业时间不变，桥台钢模仍为一套的前提下对网络进度计划进行优化。

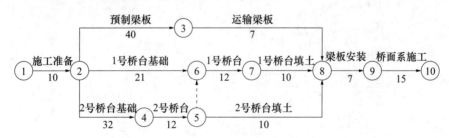

图 2K320070-3 桥梁施工进度网络计划图（单位：d）

【问题】

绘制优化后的该桥施工网络进度计划，并给出关键线路和节点工期。

【参考答案】

（1）优化后桥梁施工网络计划图如图 2K320070-4 所示：

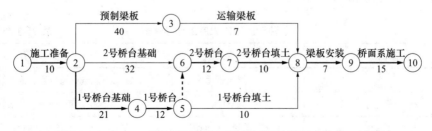

图 2K320070-4 优化后桥梁施工网络进度计划图（单位：d）

或者如图 2K320070-5 所示：

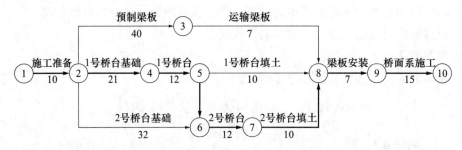

图 2K320070-5　优化后桥梁施工进度网络计划图（单位：d）

（2）关键线路：①→②→④→⑤→⑥→⑦→⑧→⑨→⑩。

（3）节点工期为 87d。

【解析】优化网络图既可以把 1 号和 2 号的桥台基础以及桥台在网络图上进行对调，也可以将网络图的序号进行调整，但不管如何改动，优化后的关键线路也和最初的关键线路是一样的，都是①→②→④→⑤→⑥→⑦→⑧→⑨→⑩，节点工期是 87d。

【例题 4·案例分析题】

【背景资料】

某管道铺设工程项目，长 1km，工程内容包括燃气、给水、热力等项目，热力管道采用支架铺设。合同工期 80d。断面布置如图 2K320070-6 所示。

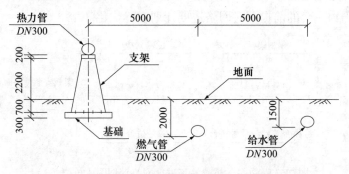

图 2K320070-6　管道工程断面示意图（单位：mm）

开工前，甲施工单位项目部编制了总体施工组织设计，内容包括：

（1）确定了各种管道的施工顺序为：燃气管→给水管→热力管。

（2）确定了各种管道施工工序的工作顺序如表 2K320070-2 所示，同时绘制了网络计划进度图如图 2K320070-7 所示。

各种管道施工工序工作顺序表　　　　　　　　表 2K320070-2

紧前工作	工作	紧后工作
—	燃气管道挖土	燃气管道排管、给水管挖土
燃气管挖土	燃气管排管	燃气管道回填、给水管排管
燃气管排管	燃气管回填	给水管回填

256

紧前工作	工作	紧后工作
燃气管挖土	给水管挖土	给水管排管、热力管基础
B、C	给水管排管	D、E
燃气管回填、给水管排管	给水管回填	热力管排管
给水管挖土	热力管基础	热力管支架
热力管基础、给水排管	热力管支架	热力管排管
给水管回填、热力管支架	热力管排管	—

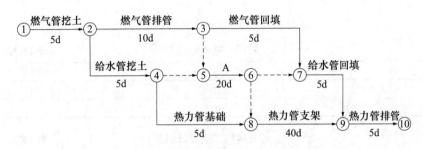

图 2K320070-7　网络计划进度图

【问题】

1. 写出图 2K320070-7 中代号 A 和表 2K320070-2 中代号 B、C、D、E 代表的工作内容。

2. 列式计算图 2K320070-7 的工期，并判断工程施工是否满足合同工期要求，同时给出关键线路。（关键线路用图 2K320070-7 中代号"①～⑩及→"表示）

【参考答案】

1. A——给水管排管；B——燃气管排管；C——给水管挖土；D——给水管回填；E——热力管支架。

2.（1）工期：5＋10＋20＋40＋5＝80d，满足合同工期要求。

（2）关键线路为①→②→③→⑤→⑥→⑧→⑨→⑩。

【例题 5·案例分析题】

【背景资料】

某施工单位承建城镇道路改扩建工程，全程 2km，工程项目主要包括：（1）原机动车道的旧水泥混凝土路面加铺沥青混凝土面层；（2）原机动车道两侧加宽，新建非机动车道和人行道；（3）新建人行天桥一座，人行天桥桩基共计 12 根，为人工挖孔桩灌注桩，改扩建道路平面布置如图 2K320070-8 所示，灌注桩的桩径、桩长见表 2K320070-3。

施工过程中发生如下事件：

项目部安排两个施工队同时进行人工挖孔桩施工，计划显示挖孔桩施工需 57d 完工，施工进度计划见表 2K320070-4。为加快工程进度，项目经理决定将⑨、⑩、⑪、⑫ 号桩安排第三个施工队进场施工，三队同时作业。

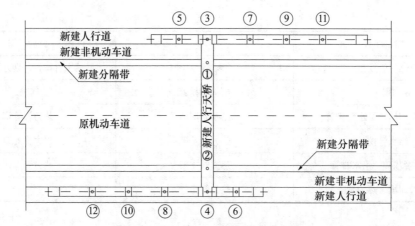

图 2K320070-8　改扩建道路平面布置图

桩径、桩长对照表　　　　　　　　　　　　　　表 2K320070-3

桩号	桩径（mm）	桩长（m）
①②③④	1200	21
⑤⑥⑦⑧⑨⑩⑪⑫	1000	18

挖孔桩施工进度计划表　　　　　　　　　　　　表 2K320070-4

作业队伍	工作内容	天数（d）																	
		3	6	9	12	15	18	21	24	27	30	33	36	39	42	45	48	51	54	57
Ⅰ队	②④																			
	⑥⑧																			
	⑩⑫																			
Ⅱ队	①③																			
	⑤⑦																			
	⑨⑪																			

【问题】

画出按三个施工队同时作业的横道表，并计算人工挖孔桩施工需要的作业天数。

【参考答案】

横道表见表 2K320070-5：

调整后的挖孔桩施工进度计划表　　　　　　　表 2K320070-5

作业队伍	工作内容	天数（d）																	
		3	6	9	12	15	18	21	24	27	30	33	36	39	42	45	48	51	54	57
Ⅰ队	②④																			
	⑥⑧																			
Ⅱ队	①③																			
	⑤⑦																			
Ⅲ队	⑨⑪																			
	⑩⑫																			

人工挖孔桩作业天数：21 ＋ 18 ＝ 39d。

【例题 6·案例分析题】

【背景资料】

某公司承建一段新建城镇道路工程。

施工前，项目部对部分相关技术人员的职责，管道施工工艺流程，管道施工进度计划，分部分项工程验收等内容规定如下：

管道施工划分为三个施工段，时标网络计划如图 2K320070-9 所示（2 条虚工作线需补充）。

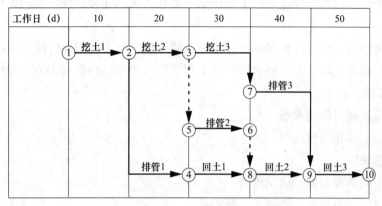

图 2K320070-9　时标网络计划图

【问题】补全图中缺少的虚工作（用图 2K320070-9 提供的节点代号及箭线作答，或用文字叙述，在背景资料中作答无效）。补全后的网络图中有几条关键线路，总工期为多少？

【参考答案】

或者：④节点至⑤节点增加虚箭线，⑥节点至⑦节点之间增加虚箭线。

补全后的网络图中有 6 条关键线路。

本工程总工期 50d。

2K320080　市政公用工程施工质量管理

近年真题考点分值分布见表 2K320080：

近年真题考点分值分布表						表 2K320080
命题点	题型	2018 年	2019 年	2020 年	2021 年	2022 年
市政公用工程施工质量管理	单选题	—	—	—	—	—
	多选题	—	—	—	—	—
	案例分析题	—	3	—	—	4

核心考点提纲

略。

核心考点剖析（本目内容简单，不再列出条号及条名）

一、基本规定

（1）承包人对工程施工质量和质量保修工作向发包人负责。分包工程的质量由分包人向承包人负责。承包人对分包人的工程质量向发包人承担连带责任。分包人应接受承包人的质量管理。

（2）质量控制应实行样板制和首件（段）验收制。施工过程均应按要求进行自检、互检和交接检。隐蔽工程、指定部位和分项工程未经检验或已经检验定为不合格的，严禁转入下道工序施工。

二、质量管理与控制重点

（1）关键工序和特殊过程。

（2）质量缺陷。

（3）施工经验较差的分项工程。

（4）新材料、新技术、新工艺、新设备。

（5）实行分包的分项、分部工程。

（6）隐蔽工程。

三、技术交底与培训

单位工程、分部工程和分项工程开工前，项目技术负责人对承担施工的负责人或分包方全体人员进行书面技术交底。技术交底资料应办理签字手续并归档。

施工管理人员在每分项工程（工序）施工前应对作业人员进行书面技术交底，交底内容包括工具及材料准备、施工技术要点、质量要求及检查方法、常见问题及预防措施。

考点分析

本考点的考核目前纯质量部分很少，主要围绕技术交底进行，考试中会涉及具体专业的技术交底内容（例如道路技术交底和基坑开挖技术交底内容等）。

【例题1·单选题】单位工程、分部工程和分项工程开工前，对承担施工的负责人或分包方全体人员进行书面技术交底的是（　　　　）。

A. 项目质量负责人　　　　　　　　B. 项目技术负责人

C. 项目负责人　　　　　　　　　　D. 项目生产负责人

【答案】B

【例题2·多选题】关于项目实施过程质量管理的说法，正确的是（　　　　）。

A. 承包方应对分包工程质量负主要责任，分包方承担连带责任

B. 关键工序、质量风险大的分项工程应作为质量管理控制的重点

C. 隐蔽工程未经检验严禁转入下道工序

D. 质量控制的重点应随工程进度、施工条件变化进行调整

E. 不合格验收批经返工后即可直接进入下道工序

【答案】B、C、D

2K320140 市政公用工程施工安全管理

近年真题考点分值分布见表 2K320140：

近年真题考点分值分布表　　　　　　　　　**表 2K320140**

命题点	题型	2018 年	2019 年	2020 年	2021 年	2022 年
市政公用工程施工安全管理	单选题	—	1	—	—	—
	多选题	—	—	—	—	—
	案例分析题	—	4	—	4	—

核 心 考 点 提 纲

略。

核 心 考 点 剖 析

2K320143 施工项目全过程安全管理内容与方法

一、安全管理策划的内容和方法

专职安全员的选择与配置：

（1）市政工程合同价在 5000 万元以下时应配置 1 名及以上专职安全员。

（2）当市政工程合同价在 5000 万元以上，1 亿元以下时应配置 2 名及以上专职安全员。

（3）当市政工程合同价在 1 亿元以上时，应配置 3 名及以上专职安全员。

二、施工过程中的安全管理内容与方法

1. 分包队伍控制与管理要点

（1）项目部应对其有效证照进行检查：

1）审核其营业执照、资质证书和安全生产许可证是否有效，其资质证书所许可的承包施工内容是否和该工程发包内容相符。

2）审核其前三年来的安全生产业绩。

3）审核其以往承担类似工程项目的业绩和安全质量标准化考评结果。

（2）劳务分包队伍专职安全员：

1）50 人以下配置 1 名专职安全员。

2）50～200 人配置 2 名专职安全员。

3）200 人以上配置 3 名及以上专职安全员且不得少于工程施工人员总人数的 5‰。

（3）对分包队伍实施管理要点：

审核建造师资格证及其市政公用施工企业项目负责人安全生产考核证（B 证）和专职

安全员安全生产考核证书（C证）的有效性。

2. 安全技术交底内容

（1）施工部位、内容和环境条件。

（2）专业分包单位、施工作业班组应掌握的相关现行标准规范、安全生产、文明施工规章制度和操作规程。

（3）资源的配备及安全防护、文明施工技术措施。

（4）动态监控以及检查、验收的组织、要点、部位和节点等相关要求。

（5）与之衔接、交叉的施工部位、工序的安全防护、文明施工技术措施。

（6）潜在事故应急措施及相关注意事项。

3. 安全检查、整改和复查

项目部可将安全检查分为综合安全检查、专项安全检查、季节性安全检查、特定条件下的安全检查、事故隐患排查及安全巡查等。

专项安全检查内容：如施工用电、基坑工程、高处作业、卫生防疫等专项检查等。

考点分析

在市政专业管理部分，安全章节出现考题频率较高，对于教材新增知识点需要引起关注，考核记忆内容。

【例题·案例分析题】

【背景资料】

某市政工程公司承建城市主干道改造工程标段，合同金额为 9800 万元，工程主要内容为：主线高架桥梁、匝道桥梁、挡土墙及引道。

项目进场后配备了专职安全管理人员，并为承重支模架编制了专项安全应急预案。

【问题】

本工程至少应配备几名专职安全员？说明理由。

【参考答案】

本工程至少要配备 2 名专职安全员。根据《中华人民共和国安全生产法》规定：5000 万～1 亿元的线路工程配备安全员不少于 2 人，本工程合同价为 9800 万元，故需配备至少 2 名专职安全员。

2K320170　市政公用工程职业健康安全与环境管理

近年真题考点分值分布见表 2K320170：

近年真题考点分值分布表　　　　表 2K320170

命题点	题型	2018 年	2019 年	2020 年	2021 年	2022 年
市政公用工程职业健康安全与环境管理	单选题	—	—	—	—	—
	多选题	—	—	—	—	—
	案例分析题	—	—	—	—	4

略。

核心考点剖析（本目内容简单，不再列出条号及条目）

一、策划本项目职业卫生方面的设施

（1）为保持空气清洁或使温度符合职业卫生要求而安设的通风换气装置和采光、照明、空调设施。

（2）为消除粉尘危害和有毒物质而设置的除尘设备和消毒设施。

（3）防治辐射、热危害的装置及隔热、防暑、降温设施。

（4）为改善劳动条件而铺设的各种垫板。

（5）为职业卫生而设置的原材料和加工材料消毒的设施。

（6）为减轻或消除工作中噪声及振动而设置的设施。

（7）为消除有限空间空气含氧量不达标或有毒有害气体超标而设置的设施。

（8）为消除土地扬尘对环境影响而设置的空中喷雾，地面洒水，地表覆盖的设施。

（9）夜间施工为防止工地照明对周边造成光污染的设施。

二、策划本项目生产性辅助设施

（1）专为职工工作用的饮水设施。

（2）为从事高温作业或接触粉尘、有害化学物质或毒物作业人员专用的淋浴设备。

（3）更衣室或存衣箱，工作服洗涤、干燥、消毒设备。

（4）男女卫生间。

（5）食物的加热设备。

（6）为从事高温作业等工种工人修建的倒班休息室等。

（7）设置供作业人员吸烟的定制吸烟设施。

考点分析

本考点可以选择题或案例分析题中补充背景资料缺失内容的形式出题，目前还没考核过。

【例题·案例分析题】

【背景资料】

某公司总承包了一条单跨城市隧道，隧道长度 1000m，跨度为 18m，地质条件复杂。设计采用浅埋暗挖法进行施工。

施工阶段项目部根据工程的特点对施工现场采取了一系列职业病防治措施，安设了通风换气装置和照明设施。

【问题】

现场职业病防治措施还应增加哪些内容？

【参考答案】

现场职业病防治措施还应增加：

（1）设置除尘设备和消毒设施；

（2）设置防辐射和热危害的装置及隔热、防暑、降温设施；

（3）设置原材料和加工材料消毒设施；

（4）设置降噪、减振、气体检测及夜间防止光污染的设施；

（5）改善劳动条件，铺设各种垫板；

（6）采取空中喷雾、地面洒水、地表覆盖措施，消除土地扬尘。

（7）本工程特有的其他设施。

2K320180　市政公用工程竣工验收备案

近年真题考点分值分布见表2K320180：

近年真题考点分值分布表　　　　　表2K320180

命题点	题型	2018年	2019年	2020年	2021年	2022年
市政公用工程竣工验收备案	单选题	—	—	—	—	—
	多选题	—	—	2	2	—
	案例分析题	2	—	—	—	—

核心考点提纲

$$市政公用工程竣工验收备案\begin{cases}工程竣工验收要求\\工程档案编制要求\\工程竣工备案的有关规定\end{cases}$$

核心考点剖析

2K320181　工程竣工验收要求

一、施工质量验收规定

（1）检验批及分项工程应由专业监理工程师组织施工单位项目专业质量（技术）负责人等进行验收。

（2）分部工程应由总监理工程师组织施工单位项目负责人和项目技术、质量负责人等进行验收；对于涉及重要部位的地基与基础、主体结构、主要设备等分部（子分部）工程，其勘察、设计单位工程项目负责人也应参加验收。

（3）单位工程完工后，施工单位应组织有关人员进行自检，总监理工程师应组织专业监理工程师对工程质量进行竣工预验收，对存在的问题，应由施工单位及时整改。整改完毕后，由施工单位向建设单位提交工程竣工报告，申请工程竣工验收。

（4）单位工程中的分包工程完工后，分包单位应对所承包的工程项目进行自检，并应按标准规定的程序进行验收。验收时，总包单位应派人参加。分包单位应将所分包工程的质量控制资料整理完整后，移交总包单位并应由总包单位统一归入工程竣工档案。

（5）建设单位收到工程竣工报告后，应由建设单位（项目）负责人组织施工（含分包单位）、设计、勘察、监理等单位（项目）负责人进行单位工程验收。

二、工程竣工报告内容

（1）工程概况。

（2）施工组织设计文件。

（3）工程施工质量检查结果。

（4）符合法律法规及工程建设强制性标准情况。

（5）工程施工履行设计文件情况。

（6）工程合同履约情况。

考点分析

本考点以选择题为主要出题形式，案例分析题考核多会考核到每一个专业中的分部分项工程和检验批（见技术部分分部分项工程与检验批表格），以及竣工报告的主要内容。

【例题·单选题】检验批及分项工程应由（   ）组织施工单位项目专业质量（技术）负责人等进行验收。

A. 项目经理   B. 项目技术负责人

C. 总监理工程师   D. 专业监理工程师

【答案】D

【解析】检验批及分项工程应由专业监理工程师组织施工单位项目专业质量（技术）负责人等进行验收。

2K320182 工程档案编制要求

一、施工资料管理

（1）施工资料应由施工单位编制，按相关规范规定进行编制和保存；其中部分资料应移交建设单位、城建档案馆分别保存。

（2）总承包工程项目，由总承包单位负责汇集，并整理所有相关施工资料；分包单位应主动向总承包单位移交有关施工资料。

（3）施工资料应随施工进度及时整理，所需表格应按有关法规的规定认真填写。

（4）施工资料，特别是需注册建造师签章的，应严格按有关法规规定签字、盖章。

二、工程档案编制与管理

1. 资料编制要求

（1）工程资料中文字材料幅面尺寸规格宜为 A4 幅面，图纸宜采用国家标准图幅。

（2）不得使用计算机出图的复印件。

（3）所有竣工图均应加盖竣工图章。

（4）凡施工图结构、工艺、平面布置等有重大改变，或变更部分超过图面 1/3 的，应当重新绘制竣工图。

2. 资料整理要求

（1）资料排列顺序一般为：封面、目录、文件资料和备考表。

（2）封面应包括：工程名称、开竣工日期、编制单位、卷册编号、单位技术负责人和法人代表或法人委托人签字并加盖公章。

考点分析

本考点以案例分析题为主要出题形式，基本上考核教材原文内容，重点关注资料编制、整理及要求。

【例题·案例分析题】

【背景资料】

某公司总承包了一条单跨城市隧道，隧道长度为800m，跨度为15m，地质条件复杂。设计采用浅埋暗挖法进行施工，其中支护结构由建设单位直接分包给一家专业施工单位。

工程竣工联合验收阶段总承包单位与专业分包单位分别向城建档案馆提交了施工验收资料，专业分包单位的资料直接由专业监理工程师签字。

【问题】

城建档案馆竣工验收是否会接收总包、分包分别递交的资料？总承包工程项目施工资料汇集、整理的原则是什么？

【参考答案】

（1）城建档案馆不会接收总包、分包分别提交的竣工验收资料。

（2）总承包项目施工资料汇集、整理的原则：① 资料应与施工进度同步，需建造师签章的，履行签字、盖章程序；② 分包单位应主动向总承包单位提交有关施工资料，需要监理工程师签字的由总包提请专业监理工程师签字；③ 由总承包单位负责汇集整理所有相关施工资料。

2K320183 工程竣工备案的有关规定

竣工验收备案的程序：

（1）经施工单位自检合格并且符合《房屋建筑和市政基础设施工程竣工验收规定》（建质〔2013〕171号）的要求方可进行竣工验收。

（2）由施工单位在工程完工后向建设单位提交工程竣工报告，申请竣工验收并经总监理工程师签署意见。

（3）对符合竣工验收要求的工程，建设单位负责组织勘察、设计、监理等单位组成的专家组实施验收。

（4）建设单位必须在竣工验收7个工作日前将验收的时间、地点及验收组名单书面通知负责监督该工程的工程质量监督机构。

（5）建设单位应当自工程竣工验收合格之日起15d内，提交竣工验收报告，向工程所在地县级以上地方人民政府建设行政主管部门（备案机关）备案。

考点分析

本考点一般都考核案例分析题，未来考试此类考点会重复出现。

【例题1·多选题】工程竣工验收报告的内容包括（　　　）。

A. 工程质量监督报告
B. 工程竣工报告
C. 工程竣工验收鉴定书
D. 竣工移交证书
E. 工程质量保修书

【答案】B、C、D、E

【例题2·案例分析题】

【背景资料】

某公司承建一座城市桥梁。工程完工后，项目部立即向当地工程质量监督机构申请工程竣工验收，该申请未被受理。此后，项目部按照工程竣工验收规定对工程进行全面检查和整修，确认工程符合竣工验收条件后，重新申请工程竣工验收。

【问题】

1. 施工单位应向哪个单位申请工程竣工验收？
2. 工程完工后，施工单位在申请工程竣工验收前应做好哪些工作？

【参考答案】

1. 工程完工后，施工单位向建设单位提交工程竣工报告，申请工程竣工验收。

2. 施工单位应做好以下工作：施工单位自检合格；监理单位组织的预验收合格；施工资料档案完整；建设主管部门及工程质量监督机构责令整改的问题全部整改完毕。

2K330000　市政公用工程项目施工相关法规与标准

2K331000　市政公用工程项目施工相关法律规定

微信扫一扫
查看更多考点视频

近年真题考点分值分布见表 2K331000：

命题点	题型	2018 年	2019 年	2020 年	2021 年	2022 年
城市道路管理有关规定	单选题	—	—	—	—	—
	多选题	—	—	—	—	—
	案例分析题	2	—	—	—	4
城市绿化管理有关规定	单选题	—	—	—	—	—
	多选题	—	—	—	—	—
	案例分析题	—	—	—	—	—

近年真题考点分值分布表　　表 2K331000

核心考点提纲

市政公用工程项目施工相关法律规定 $\left\{\begin{array}{l}\text{占用或挖掘城市道路的管理规定}\\\text{保护城市绿地的规定}\end{array}\right.$

核心考点剖析（本节内容简单，不再列出条号及条名）

一、占用或挖掘城市道路的管理规定

（1）因特殊情况需要临时占用城镇道路的，须经市政工程行政主管部门和公安交通管理部门批准，方可按照规定占用。

经批准临时占用城市道路的，不得损坏城市道路；占用期满后，应当及时清理占用现场，恢复城市道路原状；损坏城市道路的，应当修复或者给予赔偿。

（2）因工程建设需要挖掘城镇道路的，应当持城镇规划部门批准签发的文件和有关设计文件，到市政工程行政主管部门和公安交通管理部门办理审批手续，方可按照规定挖掘。

二、保护城市绿地的规定

任何单位和个人都不得擅自占用城市绿化用地；占用的城市绿化用地，应当限期归还。因建设或者其他特殊需要临时占用城市绿化用地，须经城市人民政府城市绿化行政主管部门同意，并按照有关规定办理临时用地手续。

考点分析

本考点选择题或案例分析题均可考核。

出题形式既可以是教材中介绍的占用（或挖掘）城市道路内容，也可以延伸到占用河道、铁路或城市绿地等情况，都需要办理相关手续。

如果占用城市绿地，需经"城市人民政府城市绿化行政主管部门"同意，并按照有关规定办理临时用地手续。

如果河道围堰筑岛等施工，需经当地住房城乡建设部门同意，还应经河道管理部门、海事部门、航运部门同意，并办理相关手续。

考试中注意捕捉采分点：到什么部门办理手续，办理手续后要严格按照规定的时间和范围占用，占用完成后要按期归还，造成损坏的应进行修复，不能修复的需要给予赔偿，如遇特殊原因需要延长占用或扩大范围的，需要重新办理手续。

【例题·单选题】任何单位都必须经公安交通管理部门和（　　　）的批准，才能按规定占用和挖掘城市道路。

A. 上级主管部门　　　　　　　　B. 当地建设管理部门

C. 市政工程行政主管部门　　　　D. 市政道路养护部门

【答案】C

【解析】因特殊情况需要临时占用城市道路的，须经市政工程行政主管部门和公安交通管理部门批准，方可按照规定占用。

近年真题篇

2022年度全国二级建造师
执业资格考试试卷

微信扫一扫
查看本年真题解析课

一、单项选择题（共20题，每题1分。每题的备选项中，只有1个最符合题意）

1. 依据城镇道路分级和技术标准，不属于城镇道路的是（   ）。

A. 快速路   B. 主干路

C. 次干路   D. 高速路

2. 排水沥青混合料（OGFC）属于（   ）结构。

A. 悬浮—密实   B. 骨架—空隙

C. 悬浮—骨架   D. 骨架—密实

3. 受拉构件中的主钢筋不应选用的连接方式是（   ）。

A. 闪光对焊   B. 搭接焊

C. 绑扎连接   D. 机械连接

4. 某河流水深2.0m，流速1.5m/s，不宜选用的围堰类型是（   ）。

A. 土围堰   B. 土袋围堰

C. 铁丝笼围堰   D. 竹篱土围堰

5. 表示沥青混合料中沥青塑性的技术指标是（   ）。

A. 粘度   B. 延度

C. 稠度   D. 针入度

6. 装配式桥梁构件在移运吊装时，混凝土抗压强度不应低于设计要求；设计无要求时一般不应低于设计抗压强度的（   ）。

A. 70%   B. 75%

C. 80%   D. 90%

7. 盾构隧道通常采用的衬砌结构形式是（   ）。

A. 喷锚支护   B. 模筑钢筋混凝土

C. 钢筋混凝土管环   D. 钢筋混凝土管片

8. 钻孔灌注桩水下浇筑混凝土发生堵管，（   ）不是导致堵管的原因。

A. 导管破漏   B. 导管埋深过大

C. 隔水栓不规范   D. 混凝土坍落度偏大

9. 下列地基加固方法中，不适于软黏土地层的是（   ）。

A. 水泥土搅拌   B. 渗透注浆

C. 高压旋喷   D. 劈裂注浆

10. 隧道在断面形式和地层条件相同的情况下，沉降相对较小的喷锚暗挖施工方法是（　　　）。

    A. 单侧壁导坑法　　　　　　　　　　B. 双侧壁导坑法

    C. 交叉中隔壁法（CRD）　　　　　　D. 中隔壁法（CD）

11. 采用重力分离的污水处理属于（　　　）处理方法。

    A. 物理　　　　　　　　　　　　　B. 生物

    C. 化学　　　　　　　　　　　　　D. 生化

12. 水处理厂正式运行前必须进行全厂（　　　）。

    A. 封闭　　　　　　　　　　　　　B. 检测

    C. 试运行　　　　　　　　　　　　D. 大扫除

13. 池壁（墙）混凝土浇筑时，常用来平衡模板侧向压力的是（　　　）。

    A. 支撑钢管　　　　　　　　　　　B. 对拉螺栓

    C. 系揽风绳　　　　　　　　　　　D. U 形钢筋

14. 直埋蒸汽管道外护管应在接口防腐之前进行（　　　）。

    A. 强度试验　　　　　　　　　　　B. 气密性试验

    C. 真空试验　　　　　　　　　　　D. 电火花检测

15. 下列管道附件不参加供热管道系统严密性试验的是（　　　）。

    A. 安全阀　　　　　　　　　　　　B. 截止阀

    C. 放气阀　　　　　　　　　　　　D. 泄水阀

16. 关于燃气管道放散管的说法，错误的是（　　　）。

    A. 用于排放管道内部空气

    B. 用于排放管道内部燃气

    C. 应安装在阀门之前（按燃气流动方向）

    D. 放散管上的球阀在管道正常运行时应开启

17. 用于市政工程地下隧道精确定位的仪器是（　　　）。

    A. 平板仪　　　　　　　　　　　　B. 激光指向仪

    C. 光学水准仪　　　　　　　　　　D. 陀螺全站仪

18. 某市政工程双代号网络计划如下图，该工程的总工期为（　　　）个月。

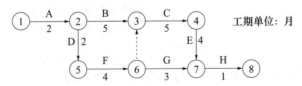

    A. 12　　　　　　　　　　　　　　B. 17

    C. 18　　　　　　　　　　　　　　D. 19

19. 关于生活垃圾填埋场 HDPE 膜施工说法，错误的是（　　　）。

    A. 展开后可通过拖动以保证充分搭接　　B. 冬期严禁铺设

    C. 车辆不得在 HDPE 膜上碾压　　　　D. 大风天气应临时锚固，停止铺设

20. 市政工程施工前，主管施工技术人员必须进行详尽安全交底的对象是（　　　）。

A. 施工员   B. 质量员

C. 作业人员   D. 安全员

二、多项选择题（共10题，每题2分。每题的备选项中，有2个或2个以上符合题意，至少有1个错项。错选，本题不得分；少选，所选的每个选项得0.5分）

21. 土路基压实度不合格的主要原因有（　　）。

A. 压路机质量偏大   B. 填土松铺厚度过大

C. 压实遍数偏少   D. 前一层松软层未处治

E. 不同土质分层填筑

22. 土工布在道路工程的用处有（　　）。

A. 过滤与排水   B. 路基防护

C. 方便植草   D. 台背填土加筋

E. 路堤加筋

23. 道路基层材料石灰稳定土、水泥稳定土和二灰稳定土共同的特性有（　　）。

A. 早期强度较高   B. 有良好的板体性

C. 有良好的抗冻性   D. 有明显的收缩性

E. 抗冲刷能力强

24. 联络通道是设置在两条地铁隧道之间的横向通道，其功能有（　　）。

A. 消防   B. 通信

C. 排水   D. 疏散

E. 防火

25. 关于基坑（槽）降水说法正确的有（　　）。

A. 降水是地下水控制措施之一

B. 降水设计应明确提出降水系统的运行维护要求

C. 对基坑（槽）底以下的承压水，应尽早降至不产生坑底突涌的水位以下

D. 基坑（槽）局部加深（如集水坑等）位置，降水方案无需特别考虑

E. 降水过程中需要对基坑（槽）内外水位进行监测

26. 项目施工成本控制需考虑工程实施过程中（　　）等变更。

A. 设计图   B. 技术规范和标准

C. 工程数量   D. 施工人员

E. 施工顺序

27. 模板支架设计应满足浇筑混凝土时的（　　）要求。

A. 承载力   B. 沉降率

C. 稳定性   D. 连续性

E. 刚度

28. 沟槽开挖到设计高程后，应由建设单位会同（　　）单位共同验槽。

A. 设计   B. 质量监督

C. 勘察   D. 施工

E. 监理

29. 聚乙烯燃气管材、管件和阀门可采用（　　）连接。

A. 热熔对接　　　　　　　　　　　B. 电熔承插

C. 胶圈承插　　　　　　　　　　　D. 法兰

E. 钢塑转换接头

30. 关于施工现场职工宿舍的说法，错误的有（　　）。

A. 宿舍选择在通风、干燥的位置　　B. 宿舍室内净高 2.6m

C. 宿舍床位不足时可设置通铺　　　D. 每间宿舍配备一个灭火器材

E. 每间宿舍居住人员 20 人

三、实务操作和案例分析题（共 4 题，每题 20 分）

（一）

【背景资料】

某工程公司承建一座城市跨河桥梁工程。河道宽 36m，水深 2m，流速较大，两岸平坦开阔。桥梁为三跨（35 ＋ 50 ＋ 35）m 预应力混凝土连续箱梁，总长 120m。桥梁下部结构为双柱式花瓶墩，埋置式桥台，钻孔灌注桩基础。桥梁立面如图 1 所示。

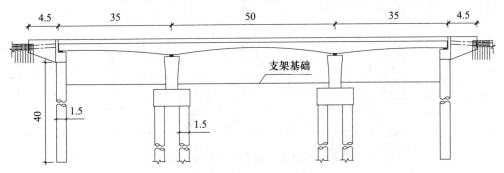

图 1　桥梁立面示意图（单位：m）

项目部编制了施工组织设计，内容包括：

（1）经方案比选，确定导流方案为：在施工位置的河道上下游设置挡水围堰，将河水明渠导流至桥梁施工区域外，在围堰内施工桥梁下部结构；

（2）上部结构采用模板支架现浇法施工，工艺流程为：支架基础施工→支架满堂搭设→底模安装→ A →钢筋绑扎→混凝土浇筑及养护→预应力张拉→模板及支架拆除。

预应力筋为低松弛钢绞线，选用夹片式锚具。项目部拟参照类似工程经验数值确定预应力筋理论伸长值。采用应力值控制张拉，以伸长值进行校核。

项目部根据识别出的危大工程编制了安全专项施工方案，按相关规定进行了专家论证，在施工现场显著位置设立了危大工程公告牌，并在危险区域设置安全警示标志。

【问题】

1. 按桥梁总长或单孔跨径大小分类，该桥梁属于哪种类型？

2. 简述导流方案选择的理由。

3. 写出施工工艺流程中 A 工序名称，简述该工序的目的和作用。

4. 指出项目部拟定预应力施工做法的不妥之处，给出正确做法，并简述伸长值校核的规定。

5. 危大工程公告牌应标明哪些内容？

（二）

【背景资料】

某市政公司承建水厂升级改造工程，其中包括新建容积 1600m³ 的清水池等构筑物，采用整体现浇钢筋混凝土结构，混凝土设计等级为 P8、C35。清水池结构断面如图 2 所示。在调研基础上项目部确定了施工流程、总体施工方案和专项施工方案，编制了施工组织设计，获得批准后实施。

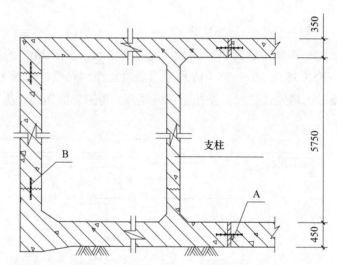

图 2　清水池断面示意图（单位：mm）

施工过程中发生下列事件：

事件一：清水池地基土方施工遇到不明构筑物，经监理工程师同意后拆除并换填处理，增加了 60 万元的工程量。

事件二：为方便水厂运行人员工作，施工区未完全封闭，导致一名取水样人员跌落基坑受伤。监理工程师要求项目部采取纠正措施。

事件三：清水池满水试验时，建设方不认同项目部制定的三次注水方案，主张增加底板部位试验，双方协商后达成一致。

【问题】

1. 事件一增加的 60 万元能索赔吗？说明理由。

2. 给出增加工程量部分的计价规定。

3. 指出图 2 中 A 和 B 的名称与用处。

4. 简述事件二中项目部应采取的纠正措施。

5. 分析事件三中建设方主张的意图，简述正确做法。

（三）

【背景资料】

地铁工程某标段包括 A、B 两座车站以及两座车站之间的区间隧道（见图 3）。区间隧道长 1500m，设 2 座联络通道。隧道埋深为 1～2 倍隧道直径，地层为典型的富水软土，沿线穿越房屋、主干道路及城市管线等。区间隧道采用盾构法施工，联络通道采用冻结加固暗挖施工。本标段由甲公司总承包，施工过程中发生下列事件：

事件一：甲公司将盾构掘进施工（不含材料和设备）分包给乙公司，联络通道冻结加固施工（含材料和设备）分包给丙公司。建设方委托第三方进行施工环境监测。

事件二：在 1 号联络通道暗挖施工过程中发生局部坍塌事故，导致停工 10d，直接经济损失 100 万元。事发后进行了事故调查，认定局部冻结强度不够是导致事故的直接原因。

事件三：丙公司根据调查报告并综合分析现场情况后决定采取补打冻结孔、加强冻结等措施，同时向甲公司项目部和监理工程师进行了汇报。

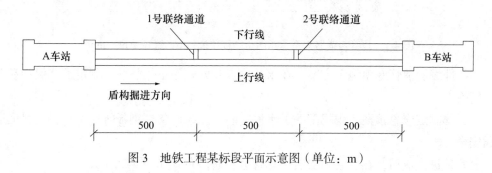

图 3　地铁工程某标段平面示意图（单位：m）

【问题】

1. 结合本工程特点简述区间隧道选择盾构法施工的理由。

2. 盾构掘进施工环境监测内容应包括哪些？

3. 事件一中甲公司与乙、丙公司分别签订哪种分包合同？

4. 在事件二所述的事故中，甲公司和丙公司分别承担何种责任？

5. 冻结加固专项施工方案应由哪个公司编制？事件三中恢复冻结加固施工前需履行哪些程序？

（四）

【背景资料】

某城市供热外网一次线工程，管道为 DN500mm 钢管，设计供水温度 110℃，回水温度 70°C，工作压力 1.6MPa。沿现况道路敷设段采用 D2600mm 钢筋混凝土管作为套管，泥水平衡机械顶进，套管位于卵石层中，卵石最大粒径 300mm，顶进总长度 421.8m。顶管与现况道路位置关系如图 4-1 所示。

开工前，项目部组织相关人员进行现场调查，重点是顶管影响范围地下管线的具体位置和运行状况，以便加强对道路、地下管线的巡视和保护，确保施工安全。

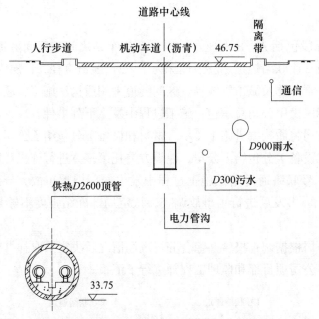

图 4-1　顶管与道路关系示意图（高程单位：m；管径单位：mm）

　　项目部编制顶管专项施工方案：在永久检查井处施作工作竖井，制定道路保护和泥浆处理措施。

　　项目部制定应急预案，现场配备了水泥、砂、注浆设备、钢板等应急材料，保证道路交通安全。

　　套管顶进完成后，在套管内安装供热管道，断面布置如图 4-2 所示。

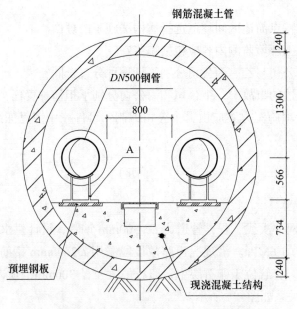

图 4-2　供热管道安装断面图（尺寸与管径单位：mm）

【问题】

1. 根据图 4-2,指出供热管道顶管段属于哪种管沟敷设类型?

2. 顶管临时占路施工需要哪些部门批准?

3. 为满足绿色施工要求,项目部可采取哪些泥浆处理措施?

4. 如出现道路沉陷,项目部可利用现场材料采取哪些应急措施?

5. 指出构件 A 的名称,简述构件 A 安装技术要点。

参考答案及解析

一、单项选择题

1. D；我国城镇道路按道路在道路网中的地位、交通功能以及对沿线的服务功能等，分为快速路、主干路、次干路和支路四个等级。

2. B；OGFC属于骨架—空隙结构，这种结构内摩擦角 φ 较高，但黏聚力 c 较低。

3. C；受拉构件中的主钢筋不得采用绑扎连接。

4. A；河流水深 2.0m，流速 1.5m/s，不宜选用土围堰。选用土围堰时，需保证河流水深 $\leqslant$ 1.5m，流速 $\leqslant$ 0.5m/s。

5. B；沥青塑性技术指标以"延度"表示，即在一定温度和外力作用下变形而不开裂的能力。

6. B；装配式桥梁构件在脱底模、移运、堆放和吊装就位时，设计如无要求一般不应低于设计强度的75%。

7. D；钢筋混凝土管片是盾构法隧道衬砌中最常用的管片类型。

8. D；钻孔灌注桩水下浇混凝土时发生堵管主要由灌注导管破漏、隔水栓不规范、灌注过程中灌注导管埋深过大等原因引起的。混凝土坍落度偏大说明混凝土流动性较好，所以不会造成堵管。

9. B；渗透注浆只适用于中砂以上的砂性土和有裂隙的岩石。不适于软黏土地层。

10. C；在断面形式和地层条件相同的情况下，隧道沉降相对较小的喷锚暗挖施工方法是交叉中隔壁法（CRD）；单侧壁导坑法、双侧壁导坑法和中隔壁法（CD）沉降相对较大。

11. A；污水的物理处理常用方法有筛滤截留、重力分离、离心分离等。

12. C；水处理的构筑物和设备在安装、试验、验收完成后，正式运行前必须进行全厂试运行。

13. B；池壁（墙）混凝土浇筑时，内外模板采用对拉螺栓固定，用来平衡模板侧向压力。

14. B；直埋蒸汽管道外护管接口应在防腐层之前做气密性试验。

15. A；供热管道系统严密性试验前，安全阀需拆除或加盲板隔离，不参加试验。因为严密性试验压力为 1.25 倍设计压力，超过了安全阀的标准压力，安全阀在试验中会启动，导致试验无法完成。

16. D；放散管上安装球阀，燃气管道正常运行中必须关闭。

17. D；陀螺全站仪在市政公用工程施工中经常用于地下隧道的中线方位校核，可有效提高隧道贯通测量的精度。

18. C；本工程网络关键线路为：①→②→⑤→⑥→③→④→⑦→⑧，总工期为：

18个月。

19. A；HDPE膜铺设应一次展开到位，不宜展开后再拖动。

20. C；市政工程施工前，作业前主管施工技术人员必须向作业人员进行详尽的安全交底，并形成文件。

二、多项选择题

21. B、C、D；填土松铺厚度过大、压路机质量偏小、压实遍数偏少、前一层松软层未处治、不同土质混填都会造成土路基压实度不合格。所以"A.压路机质量偏大"和"E.不同土质分层填筑"都不是正确选项。

22. A、B、D、E；土工合成材料在道路工程用途有：路堤加筋、台背路基填土加筋、过滤与排水、路基防护。

23. B、D；石灰稳定土、水泥稳定土和二灰稳定土均有有良好的板体性及明显的收缩性。石灰稳定土抗冻性以及早期强度不如水泥稳定土，水泥稳定土早期强度高，二灰稳定土抗冻性能比石灰土高很多。

24. A、C、D、E；设置在两条地铁隧道之间的联络通道有安全疏散乘客、隧道排水及防火、消防等作用。

25. A、B、E；基坑（槽）降水时对局部加深部位（电梯井、集水坑、泵房等）宜采取局部控制措施。

26. A、B、C、E；工程变更是施工成本目标控制的依据，工程变更一般包括设计变更、进度计划变更、施工条件变更、技术规范与标准变更、施工顺序变更、工程数量变更等。"D.施工人员"变更不会影响施工成本的控制　　　　　　　。

27. A、C、E；模板及其支架应满足浇筑混凝土时的承载能力、刚度和稳定性要求，且应安装牢固。

28. A、C、D、E；基坑（槽）土方开挖到设计高程后，应由建设单位会同勘察、设计、监理、施工单位共同验槽。

29. A、B、D、E；聚乙烯管材与管件、阀门的连接应采用热熔对接连接或电熔连接；聚乙烯管道与金属管道或金属附件连接，应采用钢塑转换接头连接或法兰连接；采用法兰连接时，宜设置检查井。

30. C、E；职工宿舍的单人铺不得超过两层，严禁使用通铺；在2022年考试用书中，要求每间宿舍居住人员不应超过16人，2023年版考试用书有所调整，不再规定人数，而是要求每间宿舍人均居住面积应满足相关规定，更符合施工现场居住设施配置要求。

三、实务操作和案例分析题

（一）

1. 该桥梁属于大桥。

理由：多孔跨径总长120m，单孔最大跨径为50m。

【解析】桥梁按多孔跨径总长或单孔跨径分类见下表：

桥梁分类	多孔跨径总长 L (m)	单孔跨径 L_0 (m)
特大桥	$L > 1000$	$L_0 > 150$
大桥	$1000 \geq L \geq 100$	$150 \geq L_0 \geq 40$
中桥	$100 > L > 30$	$40 > L_0 \geq 20$
小桥	$30 \geq L \geq 8$	$20 > L_0 \geq 5$

2.（1）现场具备导流条件（河道窄、水浅、两岸平坦开阔）。

（2）导流明渠过流能力大、造价较低、施工简单。

（3）支架法旱地作业更易保证桥梁施工安全。

【解析】导流方案的选择，一般从现场条件、过流能力、施工费用、工艺难度和安全等方面考虑。

3.（1）A的名称是支架预压。

（2）目的和作用：

① 检验支架安全性；

② 收集施工沉降数据（或收集支架、地基的变形数据）；

③ 获得支架弹性变形量（预拱度设置参数）；

④ 消除地基沉降（地基非弹性变形）和支架拼装间隙（支架非弹性变形）的不良影响。

【解析】教材中对于支架预压的内容描述较为简单，只是要求按照《钢管满堂支架预压技术规程》JGJ/T 194—2009执行，本题参考答案摘自此规范内容。

4.（1）不妥之处：参照类似工程经验数值确定理论伸长值。

正确做法：张拉前应对孔道的摩阻损失进行实测（实测孔道摩阻损失），以便确定张拉控制应力值，验证预应力筋的理论伸长值。

（2）实际伸长值与理论伸长值的差值符合设计要求；设计无要求时，实际伸长值与理论伸长值差值控制在6%以内。

【解析】第一小问基本是送分题，一般情况下根据经验，按照习惯等施工都是错误的，即便不能回答出具体做法，先进行否定也可以得到部分分数。第二小问考核对教材内容的熟悉程度，这种数字性的问题应该不难作答。

5. 危大工程名称、实施时间、具体责任人员。

【解析】教材原文。危大工程任何一个点均可以实务操作和案例分析题的形式出现，不过之前一直考核的是专项方案及专家论证，2022年换了一个考法。

（二）

1. 能（可以）索赔；

理由：施工遇到不明构筑物，致使工程量增加，依据相关标准规范，不属于承包人的行为责任（属于建设方风险责任），且换填处理经过监理工程师批准。

【解析】索赔一般需要阐明非施工方责任，并且增加的工程量得到监理或建设方批准，即可按程序索赔。

2. 已标价的工程量清单有适用价格，则采用适用价格；工程量清单有类似价格，则采用类似价格；否则，由总监理工程师与合同当事人商定价格。

【解析】造价知识点经常被拿来进行考核，不过二建市政专业目前没有这个内容，可以在施工管理教材上找到答案。关于招标投标、造价、合同、索赔以及进度、安全和环保文明施工的知识点，一般在施工管理教材上均有详细描述，考试遇到这些题目时不妨拓展思路，仔细回忆一下相关内容。

3.（1）A——中埋式橡胶止水带。

作用：用在变形缝中，保证变形缝不漏水，是构筑物分块浇筑施工的依据。

（2）B——止水钢板（或金属止水板）。

作用：用在施工缝中，延长施工缝处渗水路径，是构筑物分层浇筑施工的依据。

【解析】构筑物在不均匀沉降和温度变化下会产生变形，导致开裂，变形缝是针对这种情况而预留的构造缝。在变形缝位置钢筋混凝土是完全断开的，为避免结构漏水，在变形缝位置加设中埋式橡胶止水带。

混凝土施工缝位置是薄弱环节，非常容易漏水，所以在施工缝中间设置止水钢板，可以延长水的渗漏路径。

4. 纠正措施：施工现场必须封闭管理，围挡连续设置，不留缺口，安装牢固、整洁美观，围挡设有警示标志和警示红灯。

【解析】本小问属于改错题。关于施工围挡的考核，实务操作和案例分析题经常出现的还有围挡内材料的堆放、围挡施工高度、围挡搭设、拆除时间以及围挡设置区域等。围挡施工是现场管理考核频率最高的考点之一。

5. 建设方主张增加底板部位试验的意图是：关注水池底板缝部的施工质量。

正确做法：设计容积1600m³的水池属于大、中型蓄水构筑物，应采用四次注水试验；第一次注水应至池壁施工缝以上，检查底板抗渗质量；如果出现渗漏应尽快处理，合格后方可继续进行试验。

【解析】水池的容积1600m³到底是不是属于大、中型水池其实并不重要，作答本小问需要紧扣案例背景，既然背景资料中提到建设方不认同项目部制定的三次注水方案，也就是说，建设单位认为满水试验三次注水是错误的，那么只需要将三次注水改为四次注水即可，四次注水的依据只能是认定水池为大、中型水池，那么底板施工缝以上为一次注水。

（三）

1. 理由如下：

（1）盾构在富水软土地层施工更安全。

（2）对建（构）筑物保护有利，环境影响小。

（3）覆土（埋深）满足盾构施工要求且可以长距离作业。

（4）不受天气影响，不影响交通及周围居民，掘进速度快、机械化程度高。

【解析】本小问属于给出一种施工工法，让考生写出采用这种工法的理由的题目。这种题型一般是根据工法特点从施工环境的实质性内容（例如本题中的盾构覆土深度、富水软土地层以及周边建（构）筑物等）和工法优点两方面去阐述。

2. 盾构掘进施工环境监测内容包括：地表沉降、房屋沉降（房屋倾斜）、管线沉降（管线位移）、道路沉降。

【解析】很多考生在回答本小问时，写的是监测扬尘、大气、水体等，属于审题不清。本题问的是"盾构掘进施工环境监测"，即盾构施工过程中会对周边毗邻的设施或构筑物造成的影响。背景资料中提到隧道穿越段涉及富水软土、房屋、主干道路及城市管线等，那么相应的监测内容也应该从地表、房屋、道路、管线的沉降、位移、变形、裂缝展开。

3. 甲公司与乙公司签订劳务分包合同，甲公司与丙公司签订专业分包合同。

【解析】甲公司将盾构掘进施工（不含材料和设备）分包给乙公司，也就是说，材料和设备由甲公司供应，乙公司只负责输出人员去工作，所以甲公司与乙公司应签订劳务分包合同；联络通道冻结加固施工（含材料和设备）分包给丙公司，也就是说，联络通道冻结加固施工的人、材、机均由丙公司负责，故甲公司与丙公司应签订专业分包合同。

4. 在事件二的事故中丙公司承担主要责任，甲公司承担连带责任。

5. 冻结加固专项方案应由丙公司编制。

需履行的程序：方案修改（补充）、重新审批方案、组织专家论证、复工申请、复工检查。

（四）

1. 供热管道顶管段属于通行管沟。

【解析】热力管道分为架空敷设、直埋敷设和管沟敷设三种形式，而管沟敷设又分为通行管沟、半通行管沟和不通行管沟三种形式。

通行管沟净高不小于1.8m，人行通道宽不小于0.6m。

2. 顶管施工临时占路，施工前须经道路主管部门（市政工程行政主管部门、建设行政主管部门）和公安交通管理部门批准。

【解析】占用道路办理手续的考点也属于常规考点，每过几年就会考核一次，上一次二建考试是在2018年。

3. 为满足绿色施工要求，项目部可采用现场装配式泥砂分离（沉淀）、泥水分离（泥浆分离）、泥浆脱水预处理设施，进行泥浆循环利用。

【解析】本小问考核环境管理方案的实施。在教材环境管理体系章节有"采用现场泥沙分离，泥浆脱水预处理等工艺，减少工程渣土和泥浆排放量"的内容，答题时只需要稍加整理、补充即可。即便对教材内容没有印象，对于经常在施工现场的人员来说，作答这类题目应该也是信手拈来，随便就能写出好几条。

4. 当出现道路局部沉陷时，项目部立即启动应急预案，通知相关管理部门，应在沉陷部位临时封闭道路、暂时停工、满铺钢板，保证道路畅通；对路基空洞、松散部位可进一步采用砂石料回填、注浆加固措施。

【解析】本小问需要结合背景资料作答。背景资料中介绍项目部准备了砂、水泥、注浆设备和钢板等应急材料，那么出现问题的时候，就需要将这些材料全部派上用场。另外，从管理角度将暂停施工、封闭道路、启动应急预案也要有所体现。

5. A：滑动支架（滑动支托、滑动支座、滑靴）。

安装技术要点：支架接触面应平整、光滑；不得有歪斜及卡涩现象，支架应与管道焊接牢固，不得有漏焊（欠焊、咬肉或裂纹）等缺陷。

【解析】这种写出图中某一部位名称，简述其作用、施工要求或安装要点的题目是当下考试热门考点。如果不能准确描述其名称，那么不妨利用考试规则多写几个。对于施工要求或安装要点也有技巧，可以先夸后贬，夸就是平整、直顺、光滑、牢固，而贬就是不得或不能有歪斜、卡涩、移位、漏焊、裂纹等缺陷。

2021年度全国二级建造师
执业资格考试试卷

一、单项选择题（共20题，每题1分。每题的备选项中，只有1个最符合题意）

1. 城镇道路横断面常采用三、四幅路形式的是（ ）。
   A. 快速路
   B. 主干路
   C. 次干路
   D. 支路

2. 城镇水泥混凝土道路加铺沥青混凝土面层时，应调整（ ）高程。
   A. 雨水管
   B. 检查井
   C. 路灯杆
   D. 防撞墩

3. 配制喷射混凝土时，应掺加的外加剂是（ ）。
   A. 速凝剂
   B. 引气剂
   C. 缓凝剂
   D. 泵送剂

4. 后张法预应力挤压锚具的锚固方式属于（ ）。
   A. 夹片式
   B. 握裹式
   C. 支承式
   D. 组合式

5. 在黏土中施打钢板桩时，不宜使用的方法是（ ）。
   A. 锤击法
   B. 振动法
   C. 静压法
   D. 射水法

6. 下列建筑物中，属于维持地下车站空气质量的附属建筑物是（ ）。
   A. 站台
   B. 站厅
   C. 生活用房
   D. 地面风亭

7. 地铁暗挖施工监测信息应由项目（ ）统一掌握。
   A. 经理（负责人）
   B. 生产经理
   C. 技术负责人
   D. 安全总监

8. 水池变形缝橡胶止水带现场接头应采用（ ）方式。
   A. 粘接
   B. 插接
   C. 热接
   D. 搭接

9. 在相同施工条件下，采用放坡法开挖沟槽，边坡坡度最陡的土质是（ ）。
   A. 硬塑的粉土
   B. 硬塑的黏土
   C. 老黄土
   D. 经井点降水后的软土

10. 在水平定向钻施工前，核实已有地下管线和构筑物准确位置常用的方法是（ ）法。

A. 坑探   B. 雷达探测

C. 超声波探测   D. 洞探

11. 城市地下管道内衬法修复技术通常适用于（   ）断面管道。

A. 卵形   B. 矩形

C. 梯形   D. 圆形

12. 供热管道焊接前，应根据焊接工艺试验结果编制（   ）。

A. 焊接工艺方案   B. 质量计划

C. 焊接作业指导书   D. 施工组织设计

13. 现场加工、安装简便，安全可靠，价格低廉，但占用空间大、局部阻力大的供热管网补偿器是（   ）。

A. 波纹管补偿器   B. 球形补偿器

C. 套筒补偿器   D. 方形补偿器

14. 高压和中压 A 燃气管道管材应采用（   ）。

A. PVC 双壁波纹管   B. 钢管

C. HDPE 实壁管   D. 聚乙烯复合管

15. 生活垃圾填埋场土工合成材料 GCL 垫是两层土工合成材料之间夹封（   ）粉末，通过针刺、粘接或缝合而制成的一种复合材料。

A. 石灰   B. 膨润土

C. 石膏   D. 粉煤灰

16. 可视构筑物定位的需要，灵活布设网点的施工测量平面控制网是（   ）。

A. 建筑方格网   B. 边角网

C. 导线控制网   D. 结点网

17. 下列施工单位向建设单位提出的费用索赔项目中，不合理的是（   ）。

A. 因工程变更项目增加的费用   B. 征地拆迁延误产生的机械停滞费

C. 处理不明地下障碍物增加的费用   D. 施工机械故障造成的损失费

18. 施工成本管理的基本流程是（   ）。

A. 成本预测→成本计划→成本控制→成本分析→成本核算→成本考核

B. 成本计划→成本预测→成本控制→成本核算→成本分析→成本考核

C. 成本计划→成本预测→成本分析→成本控制→成本核算→成本考核

D. 成本预测→成本计划→成本控制→成本核算→成本分析→成本考核

19. 施工现场禁止露天熔融沥青，主要是为了防治（   ）污染。

A. 大气   B. 固体废物

C. 水体   D. 噪声

20. 某雨水管道工程施工双代号网络进度计划如下图所示，该网络计划的关键线路是（   ）。

A. ①→②→③→⑦→⑨→⑩   B. ①→②→③→⑤→⑥→⑦→⑨→⑩

C. ①→②→④→⑧→⑨→⑩   D. ①→②→④→⑤→⑥→⑧→⑨→⑩

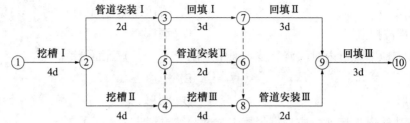

二、多项选择题（共10题，每题2分。每题的备选项中，有2个或2个以上符合题意，至少有1个错项。错选，本题不得分；少选，所选的每个选项得0.5分）

21. 城镇道路面层的热拌沥青混合料宜使用（　　）。

A. 道路石油沥青　　　　　　　　　B. 煤沥青

C. 煤焦油沥青　　　　　　　　　　D. 液体石油沥青

E. 乳化石油沥青

22. 锤击法沉桩施工时，控制终止锤击的标准包括（　　）。

A. 地面隆起程度　　　　　　　　　B. 桩头破坏情况

C. 桩端设计标高　　　　　　　　　D. 桩身回弹情况

E. 贯入度

23. 利用微生物的代谢作用去除城市污水中有机物质的常用方法有（　　）。

A. 混凝法　　　　　　　　　　　　B. 活性污泥法

C. 厌氧消化法　　　　　　　　　　D. 生物膜法

E. 稳定塘法

24. 供热系统换热站内设备和管道可采用的连接方式有（　　）。

A. 法兰连接　　　　　　　　　　　B. 焊接连接

C. 卡套连接　　　　　　　　　　　D. 螺纹连接

E. 套筒连接

25. 市政公用管道要求介质单向流通的阀门有（　　）。

A. 安全阀　　　　　　　　　　　　B. 减压阀

C. 止回阀　　　　　　　　　　　　D. 截止阀

E. 球阀

26. 生活垃圾填埋场HDPE膜焊缝质量的非破坏性检测方法主要有（　　）检测法。

A. 水压　　　　　　　　　　　　　B. 气压

C. 真空　　　　　　　　　　　　　D. 电火花

E. 强度

27. 施工作业过程中，应及时对施工组织设计进行修改或补充的情况有（　　）。

A. 工程设计有重大变更　　　　　　B. 施工主要管理人员变动

C. 主要施工资源配置有重大调整　　D. 施工环境有重大改变

E. 主要施工材料供货单位发生变化

28. 大体积混凝土采取分层浇筑，其目的有（　　）。

A. 利用浇筑面散热   B. 延长混凝土拌合物的初凝时间

C. 延长混凝土拌合物的终凝时间   D. 提高混凝土的后期强度

E. 减少混凝土裂缝

29. 燃气钢管防腐层质量检验项目有（   ）。

A. 外观   B. 厚度

C. 黏接力   D. 漏点

E. 热稳定性

30. 市政工程竣工报告应包括（   ）等内容。

A. 工程概况   B. 施工组织设计文件

C. 工程施工监理报告   D. 施工履行设计文件情况

E. 合同履约情况

三、实务操作和案例分析题（共 4 题，每题 20 分）

（一）

【背景资料】

某公司承建一座城郊跨线桥工程，双向四车道，桥面宽度 30m，横断面路幅划分为 2m（人行道）＋5m（非机动车道）＋16m（车行道）＋5m（非机动车道）＋2m（人行道）。上部结构为 5×20m 预制预应力混凝土简支空心板梁；下部结构为构造 A 及 φ130cm 圆柱式墩，基础采用 φ150cm 钢筋混凝土钻孔灌注桩；重力式 U 形桥台；桥面铺装结构层包括厚 10cm 沥青混凝土、构造 B、防水层。桥梁立面如图 1 所示。

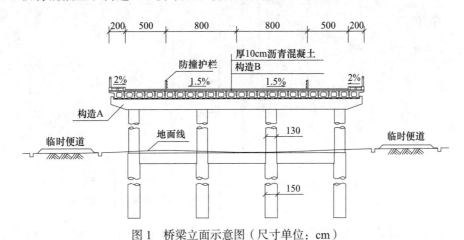

图 1　桥梁立面示意图（尺寸单位：cm）

项目部编制的施工组织设计明确如下事项：

（1）桥梁的主要施工工序编号为：① 桩基、② 支座垫石、③ 墩台、④ 安装空心板梁、⑤ 构造 A、⑥ 防水层、⑦ 现浇构造 B、⑧ 安装支座、⑨ 现浇湿接缝、⑩ 摊铺沥青混凝土及其他；施工工艺流程为：① 桩基→③ 墩台→⑤ 构造 A →② 支座垫石→⑧ 安装支座→④ 安装空心板梁→ C → D → E →⑩ 摊铺沥青混凝土及其他。

（2）公司具备梁板施工安装的技术且拥有汽车起重机、门式吊梁车、跨墩龙门吊、穿巷式架桥机、浮吊、梁体顶推等设备。经方案比选，确定采用汽车起重机安装。

（3）空心板梁安装前，对支座垫石进行检查验收。

【问题】

1. 写出图1中构造A、B的名称。

2. 写出施工工艺流程中C、D、E的名称或工序编号。

3. 依据公司现有设备，除了采用汽车起重机安装空心板梁外，还可采用哪些设备？

4. 指出项目部选择汽车起重机安装空心板梁考虑的优点。

5. 写出支座垫石验收的质量检验主控项目。

（二）

【背景资料】

某公司承建一污水处理厂扩建工程，新建AAO生物反应池等污水处理设施，采用综合箱体结构形式，基础埋深为5.5～9.7m，采用明挖法施工，基坑围护结构采用ϕ800mm钢筋混凝土灌注桩，止水帷幕采用ϕ600mm高压旋喷桩。基坑围护结构与箱体结构位置立面如图2所示。

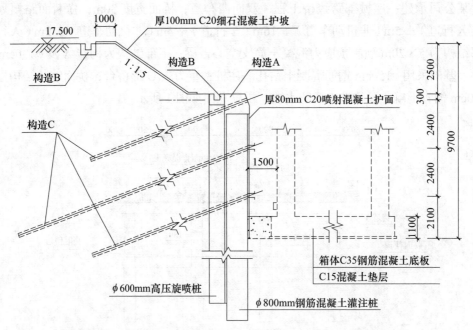

图2 基坑围护结构与箱体结构位置立面示意图（高程单位：m；尺寸单位：mm）

施工合同专用条款约定如下：主要材料市场价格浮动在基准价格 ±5% 以内（含）不予调整，超过 ±5% 时对超出部分按月进行调整；主要材料价格以当地造价行政主管部门发布的信息价格为准。

施工过程中发生如下事件：

事件一：施工期间，建设单位委托具有相应资质的监测单位对基坑施工进行第三方监测，并及时向监理等参建单位提交监测成果。当开挖至坑底高程时，监测结果显示：局部地表沉降测点数据变化超过规定值。项目部及时启动稳定坑底应急措施。

事件二：项目部根据当地造价行政主管部门发布的 3 月份材料信息价格和当月部分工程材料用量，申报当月材料价格调整差价。3 月份部分工程材料用量及材料信息价格见表 2。

3 月份部分工程材料用量及材料信息价格表 表 2

材料名称	单位	工程材料用量	基准价格（元）	材料信息价格（元）
钢材	t	1000	4600	4200
商品混凝土	m^3	5000	500	580
木材	m^3	1200	1590	1630

事件三：为加快施工进度，项目部增加劳务人员。施工过程中，一名新进场的模板工发生高处坠亡事故。当地安全生产行政主管部门的事故调查结果显示：这名模板工上岗前未进行安全培训，违反作业操作规程；被认定为安全责任事故。根据相关法规，对有关单位和个人作出处罚决定。

【问题】

1. 写出图 2 中构造 A、B、C 的名称。

2. 事件一中，项目部可采用哪些应急措施？

3. 事件一中，第三方监测单位应提交哪些成果？

4. 事件二中，列式计算表 2 中工程材料价格调整总额。

5. 依据有关法规，写出安全事故划分等级及事件三中安全事故等级。

（三）

【背景资料】

某公司中标给水厂扩建升级工程，主要内容有新建臭氧接触池和活性炭吸附池。其中臭氧接触池为半地下钢筋混凝土结构，混凝土强度等级 C40、抗渗等级 P8。

臭氧接触池的平面有效尺寸为 25.3m×21.5m，在宽度方向设有 6 道隔墙，间距 1～3m，隔墙一端与池壁相连，交叉布置；池壁上宽 200mm，下宽 350mm；池底板厚 300mm，C15混凝土垫层厚 150mm；池顶板厚 200mm；池底板顶面标高 −2.750m，顶板顶面标高 5.850m。现场土质为湿软粉质砂土，地下水位标高 −0.6m。臭氧接触池立面如图 3 所示。

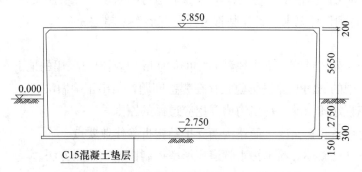

图 3 臭氧接触池立面示意图（高程单位：m；尺寸单位：mm）

项目部编制的施工组织设计经过论证审批，臭氧接触池施工方案有如下内容：

（1）将降水和土方工程施工分包给专业公司。

（2）池体分次浇筑，在池底板顶面以上300mm和顶板底面以下200mm的池壁上设置施工缝；分次浇筑编号：①底板（导墙）浇筑、②池壁浇筑、③隔墙浇筑、④顶板浇筑。

（3）浇筑顶板混凝土采用满堂布置扣件式钢管支（撑）架。

监理工程师对现场支（撑）架钢管抽样检测结果显示：壁厚均没有达到规范规定，要求项目部进行整改。

【问题】

1. 依据《建筑法》规定，降水和土方工程施工能否进行分包？说明理由。

2. 依据浇筑编号给出水池整体现浇施工顺序（流程）。

3. 列式计算基坑的最小开挖深度和顶板支架高度。

4. 依据《危险性较大的分部分项工程安全管理规定》（中华人民共和国住房和城乡建设部令第37号及其修订文件）与《住房城乡建设部办公厅关于实施〈危险性较大的分部分项工程安全管理规定〉有关问题的通知》（建办质〔2018〕31号）和计算结果，需要编制哪些专项施工方案？是否需要组织专家论证？

5. 有关规范对支架钢管壁厚有哪些规定？项目部可采取哪些整改措施？

（四）

【背景资料】

某公司承建沿海某开发区路网综合市政工程，道路等级为城市次干路，沥青混凝土路面结构，总长度约10km。随路敷设雨水、污水、给水、通信和电力等管线；其中污水管道为HDPE缠绕结构壁B型管（以下简称HDPE管），承插—电熔接口，开槽施工，拉森钢板桩支护，流水作业方式。污水管道沟槽与支护结构断面如图4所示。

施工过程中发生如下事件：

事件一：HDPE管进场，项目部有关人员收集、核验管道产品质量证明文件、合格证等技术资料，抽样检查管道外观和规格尺寸。

事件二：开工前，项目部编制污水管道沟槽专项施工方案，确定开挖方法、支护结构安装和拆除等措施，经专家论证、审批通过后实施。

事件三：为保证沟槽填土质量，项目部采用对称回填、分层压实、每层检测等措施，以保证压实度达到设计要求，且控制管道径向变形率不超过3%。

【问题】

1. 根据图4列式计算地下水埋深h（单位为m），指出可采用的地下水控制方法。

2. 事件一中的HDPE管进场验收存在哪些问题？给出正确做法。

3. 结合工程地质情况，写出沟槽开挖应遵循的原则。

4. 从受力体系转换角度，简述沟槽支护结构拆除作业要点。

5. 根据事件三叙述，给出污水管道变形率控制措施和检测方法。

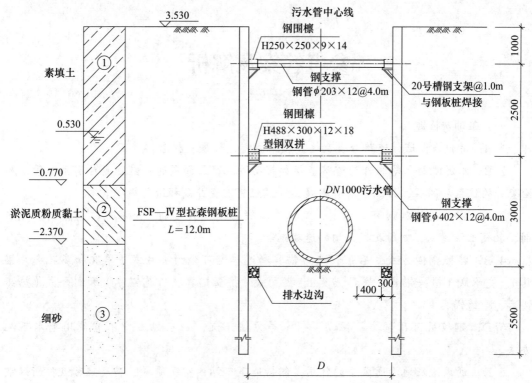

图 4　污水管道沟槽与支护结构断面图（高程单位：m；尺寸与管径单位：mm）

参考答案及解析

一、单项选择题

1. B；考核我国城镇道路分类及主要技术指标，详见教材表格。

2. B；水泥混凝土路面作为道路基层加铺沥青混凝土面层时，应注意原有雨水管以及检查井的位置和高程，为配合沥青混凝土加铺应将检查井高程进行调整。

3. A；常用的外加剂有减水剂、早强剂、缓凝剂、引气剂、防冻剂、膨胀剂、防水剂、混凝土泵送剂、喷射混凝土用的速凝剂等。

4. B；按照锚固方式，后张预应力锚具和连接器可分为夹片式（单孔和多孔夹片锚具）、支承式（镦头锚具、螺母锚具）、握裹式（挤压锚具、压花锚具）和组合式（热铸锚具、冷铸锚具）。

5. D；钢板桩可用锤击、振动、射水等方法下沉，但在黏土中不宜使用射水下沉办法。

6. D；通风道及地面通风亭的作用是维持地下车站内空气质量，满足乘客吸收新鲜空气的需求。

7. C；施工监测信息由项目技术负责人统一掌握、统一领导。

8. C；塑料或橡胶止水带接头应采用热接，不得采用叠接。

9. C；考核放坡法施工沟槽时不同土质边坡的最陡坡度，详见教材表格。

10. A；已有地下管线和构筑物应进行人工挖探孔（通称坑探）确定其准确位置。

11. D；内衬法施工简单，速度快，可适应大曲率半径的弯管，一般只用于圆形断面管道。

12. A；在实施焊接前，应根据焊接工艺试验结果编写焊接工艺方案。

13. D；方形补偿器安装方便，安全可靠，价格低廉，但占空间大，局部阻力大。

14. B；高压和中压 A 燃气管道，应采用钢管。

15. B；土工合成材料膨润土垫（GCL）是两层土工合成材料之间夹封膨润土粉末（或其他低渗透性材料），通过针刺、粘接或缝合而制成的一种复合材料。

16. C；导线测量控制网，可视构筑物定位的需要灵活布设网点，便于控制点的使用和保存。

17. D；施工机械故障造成的损失费是施工单位自己应承担的责任，索赔不合理。

18. D；施工成本管理的基本流程是：成本预测→成本计划→成本控制→成本核算→成本分析→成本考核。

19. A；不得在施工现场熔融沥青以及其他产生有毒、有害烟尘和恶臭气体的物质。

20. C；考核进度管理内容，找出关键线路。

二、多项选择题

21. A、D、E；城镇道路面层宜优先采用 A 级沥青，不宜使用煤沥青。其品种有道路石油沥青、软煤沥青、液体石油沥青、乳化石油沥青等。

22. C、E；桩终止锤击的控制应视桩端土质而定，一般情况下以控制桩端设计标高为主，贯入度为辅。

23. B、D、E；生物处理法常用的有活性污泥法、生物膜法等，还有稳定塘及污水土地处理法。

24. A、B；供热系统换热站内设备一般采用法兰连接，管道连接采用焊接。

25. A、B、C、D；有多种阀门要求介质单向流通，如安全阀、减压阀、止回阀等。截止阀为了便于开启和检修，也要求介质由下而上通过阀座。

26. B、C、D；HDPE 膜焊缝非破坏性检测主要有双缝热熔焊缝气压检测法和单缝挤出焊缝的真空及电火花检测法。

27. A、C、D；施工作业过程中应及时修改或补充施工组织设计的情况有：工程设计有重大变更；主要施工资源配置有重大调整；施工环境有重大改变。

28. A、E；大体积混凝土采取分层浇筑混凝土，利用浇筑面散热，以减少施工中出现裂缝的可能性。

29. A、B、C、D；钢管防腐层除外观及厚度检查要求外，同时按相关规范进行黏接力检查，并采用电火花检漏仪对防腐管逐根进行漏点检查，以无漏点为合格。

30. A、B、D、E；工程竣工报告应包含的主要内容：工程概况；施工组织设计文件；工程施工质量检查结果；符合法律法规及工程建设强制性标准情况；工程施工履行设计文件情况；工程合同履约情况。

三、实务操作和案例分析题

（一）

1. 构造 A 的名称：盖梁（或帽梁）；构造 B 的名称：混凝土整平层（找平层）。

【解析】盖梁又称帽梁，指的是为支承、分布和传递上部结构的荷载，在排桩或墩顶部设置的横梁（多为钢筋混凝土结构），有桥桩直接连接盖梁的，也有桥桩接立柱后再连接盖梁的；整平层又称找平层，也称作调平层，一般指在桥面防水层下面浇筑的一层 8～10cm 的钢筋混凝土。

2. 施工工序 C 的名称——⑨现浇湿接缝；

施工工序 D 的名称——⑦混凝土整平层（或混凝土找平层、现浇构造 B）；

施工工序 E 的名称：⑥防水层。

【解析】背景资料图 1 中描述桥面铺装结构层包括："厚 10cm 沥青混凝土、构造 B、防水层"，现浇湿接缝施工是在桥面铺装层之前，也就是说，现浇湿接缝一定在防水层和构造 B 这两个工序之前，所以 C 工序为⑨现浇湿接缝，在第 1 问中已经得出"现浇构造 B 为混凝土整平层（找平层）"，整平层也是桥面防水层的基层，所以⑦现浇构造 B 在防水层之前。

3. 安装空心板梁还可采用的设备：门式吊梁车、跨墩龙门吊、穿巷式架桥机。

【解析】本题六个吊装设备中，浮吊用于河道或海洋桥梁施工；梁体顶推设备施工繁琐，一般用于不具备常规吊装的场地采用，而本工程现场有施工便道，且空心板总体质量不大，不适合顶推设备。

4. 选择汽车起重机安装空心板梁的优点有：

（1）施工方便（或灵活），操作简便，速度快。

（2）节省架桥吊机的安拆费用（或节省造价、降低造价）。

（3）充分利用施工便道。

5. 支座垫石验收的质量检验主控项目：顶面高程、平整度、坡度、坡向、位置、混凝土强度。

<h2>（二）</h2>

1. 构造 A 的名称——冠梁（或围檩）；构造 B 的名称——排水沟（或截水沟）；构造 C 的名称——锚杆（或锚索）。

2. 可采取的应急措施：坑底土体加固，坑内井点降水，及时施做底板结构等措施。

3. 应提交的监测成果：监测日报、警情快报（或预警）、阶段（月、季、年）性报告、总结报告。

4. （1）钢材：$(4200-4600)/4600\times100\% = -8.70\% < -5\%$，应调整价差；

应调减价差为：$[4600\times(1-5\%)-4200]\times1000 = 170000$ 元。

（2）商品混凝土：$(580-500)/500\times100\% = 16\% > 5\%$，应调整价差；

应调增价差为：$[580-500\times(1+5\%)]\times5000 = 275000$ 元。

（3）木材：$(1630-1590)/1590\times100\% = 2.52\% < 5\%$，不调整价差。

（4）合计：3 月份部分材料价格调整总额为：$275000-170000 = 105000$ 元。

5. （1）安全事故划分为：特别重大安全事故、重大安全事故、较大安全事故、一般安全事故。

（2）本工程属于一般安全事故。

<h2>（三）</h2>

1. 可以分包；

理由：因为降水和土方工程都不是建筑工程主体结构，经建设单位认可，即可发包给具有相应资质的分包单位。

2. 浇筑顺序（流程）：①→③→②→④。

3. 基坑最小开挖深度：$2.75 + 0.30 + 0.15 = 3.2m$；

支（撑）架高度：$2.75 + 5.85 - 0.2 = 8.4m$。

4. 依据相关规定和计算结果：

（1）基坑深度 3.2m > 3.0m，应编制深基坑施工（土方开挖、支护和降水工程）专项施工方案；

（2）支架高度 8.4m ＞ 5.0m，应编制支架施工专项施工方案；

（3）支架高度 8.4m ＞ 8.0m，属于超过一定规模的危险性较大的分部分项工程范围，应组织专家论证和履行审批手续。

5. （1）《建筑施工扣件式钢管脚手架安全技术规范》JGJ 130—2011 中规定：扣件式支（撑）架立杆宜采用厚 3.6mm 钢管，允许偏差 ±0.36mm（或 ±10%）。

（2）整改措施：可更换为壁厚达标的支（撑）架钢管；或重新设计，选用工具性支架，如盘扣式支架、碗扣式支架等。

（四）

1. （1）地下水埋深 h ＝ 3.530－0.530 ＝ 3.000m；

（2）可采用的地下水控制方法有：井点降水（真空井点、管井）辅以集水明排。

【解析】作答地下水控制方法需要结合图形给出的相关条件：例如图中有排水沟，所以答案中除了井点降水以外还要考虑集水明排。严格来说本题采用轻型井点是不妥的，因为沟槽挖深已经达到 6.5m，降水降至槽底以下 0.5m，降水深度达到 7m，如果采用轻型井点也必须采用多级井点，但是本工程采用的是钢板桩围护结构，并非放坡开挖，多级井点不能实现，所以应该用管井更为合理。

2. （1）管件外观质量检验方法不正确；

正确做法：对进入现场的管件逐根进行检验；管件不得有影响结构安全、使用功能和接口连接的质量缺陷，内外壁光滑，无气泡、无裂纹。

（2）缺少检验项目（或检验项目不全）；

正确做法：对 HDPE 管件取样进行环刚度复试，管件环刚度应满足设计要求。

【解析】材料进场检验遵循"看、检、验"这三个环节。背景资料中有看和检这两个环节，但是复验的这个环节没有写出来，这里看外观的内容写的是抽检，从考试答题技巧也应该不难得出逐根（全部）检验的这个采分点。HDPE 管道属于柔性管道，而柔性管道最主要的技术指标就是环刚度试验，所以需要补充对 HDPE 管进行环刚度的复试。

3. 应遵循的原则：

（1）遵循分段、分层（或分步）、均衡开挖原则；

（2）降水至基底以下 0.5m 后，由上而下、先支撑后开挖；

（3）基底预留 200～300 土层人工清理。

【解析】本小问作答时一定要结合背景资料中涉及的地下水、支撑、人工清理基底等内容，当然本题背景资料中有地下水，所以需要降水之后进行开挖的采分点。

4. 沟槽支护结构拆除作业要点：

（1）应配合回填施工拆除。

（2）每层横撑应在填土高度达到支撑底面时拆除。

（3）先拆除支撑再拆除围檩、槽钢支架，待全部支撑、围檩拆除后再拔钢板桩。

（4）板桩拔除后及时回填桩孔。

5. （1）污水管道变形率控制措施：在管道内设置径向支撑（或采用胸腔填土形成竖

向反变形来抵消管道变形），按现场试验取得的施工参数回填压实。

（2）检测方法：拆除管内支撑，采用人工（或圆形芯轴仪、圆度测试板、闭路电视）管内检测，填土到预定高程后，在 12～24h 内测量管道径向变形率。

【解析】对于直径大于 800mm 的柔性管道，控制变形的措施是在管道内加竖向支撑，但是如果管道直径小于 800mm，不能在管道内部加竖向支撑，这时可以在管道两侧回填土的时候，进行对称压实，使管道形成竖向反变形，后期回填管顶上部土方时，下压的土方会使管道变形恢复。

对于管道变形的检测方法，方便时用钢尺直接量测，不方便时用圆度测试板或芯轴仪在管内拖拉量测管道变形值。

模拟预测篇

模拟预测试卷一

一、单项选择题（共20题，每题1分。每题的备选项中，只有1个最符合题意）

1. 具有足够抗疲劳破坏和塑性变形能力的路面性能指标是（　　）。

A. 承载能力　　　　　　　　　　　B. 温度稳定性

C. 抗滑能力　　　　　　　　　　　D. 平整度

2. 挡土墙结构受到土体侧向压力的图示中，关于土压力的说法正确的是（　　）。

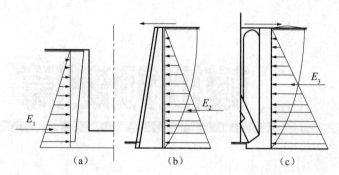

A. $E_1 < E_2 < E_3$　　　　　　　B. $E_3 < E_1 < E_2$

C. E_1 为静止土压力，压力最小　　D. $E_2 < E_1 < E_3$

3. 现场绑扎钢筋时，不需要全部用钢丝绑扎的交叉点是（　　）。

A. 受力钢筋的交叉点　　　　　　　B. 单向受力钢筋网片外围两行钢筋交叉点

C. 单向受力钢筋网中间部分交叉点　D. 双向受力钢筋的交叉点

4. 对于中小桥梁的锚具进场验收，可提供其静载锚固性试验报告的单位是（　　）。

A. 锚具生产厂　　　　　　　　　　B. 施工单位

C. 供货商　　　　　　　　　　　　D. 建设单位

5. 移运 12m 的钢绞线束，至少需要设置（　　）个支点。

A. 2　　　　　　　　　　　　　　B. 3

C. 4　　　　　　　　　　　　　　D. 5

6. 下列沉入桩的打桩顺序不正确的是（　　）。

A. 先打坡顶，后打坡脚　　　　　　B. 先打靠近建筑的桩，再向外打

C. 先打浅桩，后打深桩　　　　　　D. 密集桩群自中间向四周对称施打

7. 地铁车站主体不包括（　　）。

A. 站台　　　　　　　　　　　　　B. 站厅

C. 出入口及通道　　　　　　　　　D. 生活用房

8. 桥梁防水混凝土基层施工质量检验的主控项目不包括（　　）。

A. 含水率　　　　　　　　　　　　B. 粗糙度

C. 平整度   D. 外观质量

9. 暗挖隧道环形开挖预留核心土法施工工艺流程中，紧接在"开挖环形拱部→架立钢支撑→喷射混凝土→"后的工序是（   ）。

A. 封底   B. 二次衬砌

C. 接长钢支撑   D. 开挖核心土和下台阶

10. 喷锚暗挖（矿山）法施工隧道的复合式衬砌，是以（   ）为根本，辅加（   ）组成防水体系。

A. 结构自防水   防水层   B. 结构自防水   施工缝

C. 防水层   施工缝   D. 防水层   预埋件

11. 沉井施工下沉控制不正确的做法是（   ）。

A. 沉井下沉发生偏斜时应立即停止施工

B. 按施工方案规定的顺序和方式开挖

C. 沉井下沉影响范围内的地面四周不得堆放任何东西

D. 大型沉井应进行结构变形和裂缝观测

12. 城市污水处理方法与工艺中，属于化学处理法的是（   ）。

A. 混凝法   B. 生物膜法

C. 活性污泥法   D. 筛滤截流法

13. 关于砌筑沟道施工不正确的是（   ）。

A. 砌筑前砌块（砖、石）应充分湿润

B. 砌筑砂浆应饱满，砌缝应均匀不得有通缝或瞎缝

C. 砌体应上下错缝、内外搭砌、丁顺规则有序

D. 砌筑施工需间断时，应预留直槎

14. 聚乙烯燃气管道埋地敷设不符合要求的是（   ）。

A. 下管时不得采用金属材料直接捆扎和吊运管道

B. 聚乙烯管道宜蜿蜒状敷设

C. 可使用加热方法弯曲管道

D. 敷设时应随管走向敷设金属示踪线、警示带

15. 阀门与管道以法兰或螺纹方式连接阀门应在（   ）状态下安装；以焊接方式连接时阀门应当（   ）。

A. 打开   打开   B. 打开   关闭

C. 关闭   打开   D. 关闭   关闭

16. 某球墨铸铁管，管径是 1000mm，回填至管顶压实后，观测管道竖向数值为965mm，针对此管道的变形应做的处理是（   ）。

A. 挖出损伤部分修补   B. 挖出管道并会同设计研究处理

C. 不做处理   D. 挖出损伤部分更换

17. HDPE 膜试验性焊接的要求错误的是（   ）。

A. 试焊人员、设备、材料、机具应与生产焊接相同

B. 试验性焊接必须在监理的监督下进行

C. 焊接人员和设备每天在生产焊接前应进行试验性焊接

D. 试验性焊接完成后，应测试焊缝的拉伸强度和抗剪强度

18. 测量工作中，现测记录的原始数据有误，一般采取（　　）方法修正。

A. 擦改
B. 涂改

C. 转抄
D. 划线改正

19. 劳务管理中 IC 卡目前还未实现的管理功能是（　　）。

A. 考勤管理
B. 社保管理

C. 工资管理
D. 门禁管理

20. 单位工程、分部工程和分项工程开工前，对承担施工的负责人或分包方全体人员进行书面技术交底的是（　　）。

A. 项目技术负责人
B. 项目负责人

C. 专职安全员
D. 安全负责人

二、**多项选择题**（共10题，每题2分。每题的备选项中，有2个或2个以上符合题意，至少有1个错项。错选，本题不得分；少选，所选的每个选项得 0.5 分）

21. 挡土墙主要依靠墙踵板上的填土重量维持挡土构筑物的稳定的有（　　）。

A. 重力式挡土墙
B. 衡重式挡土墙

C. 悬臂式挡土墙
D. 扶壁式挡土墙

E. 砌筑式挡土墙

22. 加铺沥青混合料面层前对水泥混凝土路面脱空处的基底处理方法有（　　）等。

A. 换填基底材料
B. 填充密封膏

C. 填塞油麻
D. 注浆填充脱空部位的空洞

E. 采用微表处工艺

23. 无机结合料稳定基层的材料一般都具备（　　），技术经济较合理，且适宜机械化施工。

A. 结构较密实
B. 孔隙率较小

C. 养护成形后弯沉较大
D. 水稳性较好

E. 透水性较小

24. 计算桥梁墩台侧模强度时采用的荷载有（　　）。

A. 新浇筑钢筋混凝土自重
B. 振捣混凝土时的荷载

C. 新浇混凝土对侧模的压力
D. 施工机具荷载

E. 倾倒混凝土时产生的水平冲击荷载

25. 关于基坑围护结构的说法，正确的有（　　）。

A. SMW 工法用于软土地层时变形大
B. 预制混凝土板桩适合深基坑

C. 钻孔灌注桩一般采用机械成孔
D. 地下连续墙刚度大，但造价较高

E. 重力式水泥土挡墙止水性好，墙体变位较小

26. 污泥需处理才能防止二次污染，其处置方法常有（　　）。

A. 浓缩   B. 厌氧消化

C. 脱水   D. 燃烧处理

E. 热处理

27. 饮用水的深度处理技术包括（　　　）。

A. 活性炭吸附法   B. 臭氧活性炭法

C. 氯气预氧化法   D. 光催化氧化法

E. 高锰酸钾氧化法

28. 无粘结预应力筋施工说法正确的是（　　　）。

A. 预应力筋外包层材料应采用聚氯乙烯或聚丙烯

B. 上下相邻两无粘结预应力筋锚固位置应在同一个锚固肋上

C. 无粘结预应力筋有死弯时必须切断

D. 无粘结预应力筋中严禁有接头

E. 长度 35m 的无粘结预应力筋宜采用分段张拉和锚固

29. 关于阀门安装正确的做法是（　　　）。

A. 阀门进场后应进行强度和严密性试验

B. 不得用阀门手轮作为吊装的承重点

C. 水平安装的闸阀、截止阀的阀杆应处于下半周范围内

D. 阀门的开关手轮应放在便于操作的位置

E. 焊接安装时，焊机地线可搭在阀体上，不得搭在同侧焊口的钢管上

30. 施工现场设置的文明施工承诺牌内容包括（　　　）。

A. 泥浆不外流   B. 轮胎不沾泥

C. 夜间无噪声   D. 渣土不乱抛

E. 爆破不扰民

三、实务操作和案例分析题（共 4 题，每题 20 分）

（一）

【背景资料】

A 公司承接了 3.5km 城市主干道工程施工，道路结构、横断面如下图 1-1、图 1-2 所示：

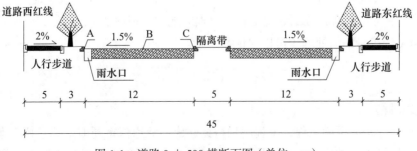

图 1-1　道路 0＋500 横断面图（单位：m）

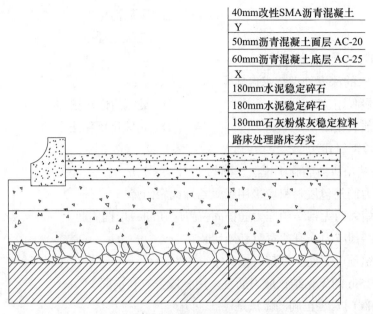

图 1-2 道路结构图

西侧道路路中位置有雨水管线，路基和基层施工中将雨水检查井和雨水口周围的施工作为本次施工的重点，要求采取可靠的措施保证压实度。

路面施工过程中，施工单位对上面层的压实十分重视，确定了质量控制关键点，并就压实工序做出如下书面要求：① 初压采用双钢轮振动压路机静压 1～2 遍，初压开始温度不低于 140℃；② 复压采用双钢轮振动压路机，碾压采取低频率、高振幅的方式快速碾压，为保证密实度，要求振动压路机碾压 4 遍；③ 终压采用轮胎压路机静压 1～2 遍，终压结束温度不低于 80℃；④ 为保证搭接位置路面质量，要求相邻碾压重叠宽度应大于30cm；⑤ 为保证沥青混合料碾压过程中不粘轮，应采用洒水车及时向混合料喷雾状水。

因改性 SMA 沥青混凝土面层不能当天完成，需在面层上留设横向冷接缝，施工单位对接缝位置按照相关规范进行了处理。

【问题】

1. 图 1-1 中，道路高程是指 A、B、C 当中哪一个具体位置。在实际当中，路宽是否包括路缘石的宽度。

2. 道路结构图当中，X、Y 代表什么？并说明其施工注意事项。

3. 在施工过程中，雨水检查井和雨水口周围应如何处理才能有效保证其压实度？

4. 施工单位对上面层碾压的规定有不合理的地方，请改正。

5. SMA 冷接缝如何处理才可以保证其质量。

（二）

【背景资料】

甲公司中标跨河桥梁工程，工程规划桥梁建成后河道保持通航，要求桥下净空高度不低于 10m。桥梁下部结构采用桩接柱的形式，图 2-1 为桥梁下部结构横断面示意图。

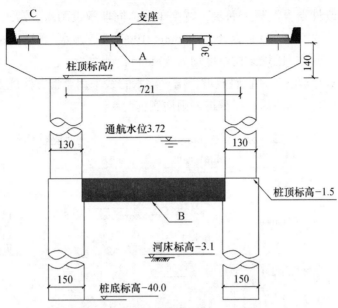

图 2-1　桥梁下部结构横断面示意图

说明：1. 本图标注单位除高程为 m 外均为 cm；

2. 工程河道通航水位即为施工水位。

工程施工方案有如下要求：

（1）因桥梁的特殊情况，方案决定桥梁下部结构采取筑岛围堰形式，即桩基施工时采用河道筑岛，待桩基础完成后再开挖进行下部结构后续施工。

（2）桥梁桩基采用钻孔灌注桩，施工前项目部对钻孔灌注桩制定了如下工艺流程：场地平整→桩位放线→开挖浆池、浆沟→护筒埋设→钻机就位、孔位校正→成孔→……→成桩。

（3）根据本工程实际情况，项目部施工方案中对盖梁拟采用双抱箍桁架的工艺施工，上部结构 T 形梁自重 35t，项目部采用穿巷架桥机方式进行桥梁的架设工作。

【问题】

1. 将背景资料中钻孔灌注桩省略部分施工工艺流程补充完整。

2. 图 2-1 中 A、B、C 的名称是什么，简述其作用？

3. 简要叙述 B 的常规施工流程。

4. （如果不考虑预拱度与道路坡度）本工程柱顶标高 h 最小应为多少米，为什么？

5. 依据《危险性较大的分部分项工程安全管理规定》（中华人民共和国住房和城乡建设部令第 37 号及其修订文件）和《住房城乡建设部办公厅关于实施〈危险性较大的分部分项工程安全管理规定〉有关问题的通知》（建办质〔2018〕31 号）文件，本工程有哪些分部分项工程需要组织专家论证，并说明理由。

（三）

【背景资料】

某公司承建某城市道路综合市政改造工程，总长 2.17km，道路横断面为三幅路形式，主路机动车道为改性沥青混凝土面层，宽度18m，同期敷设雨水、污水等管线。污水干线采用HDPE双壁波纹管，管道直径 $D = 600 \sim 1000mm$，雨水干线为3600mm×1800mm钢筋混凝土箱涵，底板、围墙结构厚度均为300mm。

管线设计为明开槽施工，自然放坡，雨、污水管线采用合槽方法施工，如图3所示，无地下水，由于开工日期滞后，工程进入雨期实施。

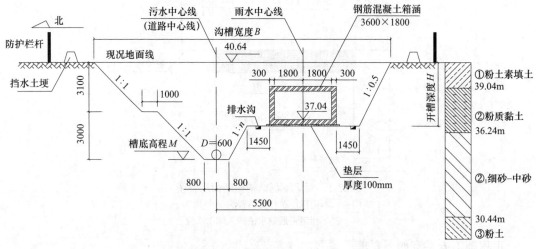

图3　沟槽开挖断面图（高程单位为m，其他单位为mm）

沟槽开挖完成后，污水沟槽南侧边坡出现局部坍塌，为保证边坡稳定，减少对箱涵结构施工影响，项目部对南侧边坡采取措施处理。

为控制污水HDPE管道在回填过程中发生较大的变形、破损，项目部决定在回填施工中采取管内架设支撑，加强成品保护等措施。

项目部分段组织道路沥青底面层施工，压路机按试验确定的数量、组合方式和速度进行碾压，以保证路面成型平整度和压实度。

【问题】

1. 根据上图，列式计算雨水管道开槽深度 H。污水管道槽底高程 M 和沟槽宽度 B。（单位为m）

2. 根据上图，指出污水沟槽南侧边坡的主要地层，并列式计算其边坡坡度中的 n 值。（保留小数点后2位）

3. 试分析该污水沟槽南侧边坡坍塌的可能原因？并列出可采取的边坡处理措施。

4. 为控制HDPE管道变形，项目部在回填中还应采取哪些技术措施？

5. 沥青路面压实度有哪些测定方法？试述改性沥青面层振动压实还应注意遵循哪些原则？

（四）

【背景资料】

某城市水厂改扩建工程，内容包括多个现有设施改造和新建系列构筑物。新建的一座半地下式混凝沉淀池，水池内部长 16m，宽 12m，池壁高度为 5.5m，设计水深 4.8m，无内隔墙，钢筋混凝土薄壁结构，混凝土设计强度 C35、防渗等级 P8。池体地下部分处于用硬塑状粉质黏土层和夹砂黏土层，有少量浅层滞水，无须考虑降水施工。

鉴于工程项目结构复杂，不确定因素多。项目部进场后，在现场调研和审图基础上，向设计单位提出多项设计变更申请。

项目部编制的混凝沉淀池专项施工方案内容包括：明挖基坑采用无支护的放坡开挖形式；池底板设置后浇带分次施工；池壁竖向分两次施工，施工缝设置钢板止水带，模板采用特制钢模板，防水对拉螺栓固定，对拉螺栓为两端均能拆卸的形式，拆模后使用符合质量技术要求的封堵材料封堵穿墙螺栓拆除后在池壁上形成的锥形孔。沉淀池施工横断面布置如图 4 所示。依据进度计划安排，施工进入雨期。

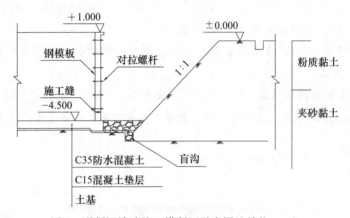

图 4　混凝沉淀池施工横断面示意图（单位：m）

混凝沉淀池专项施工方案经修改和补充后获准实施。

池壁混凝土首次浇筑时发生了跑模事故，经检查确定为对拉螺栓滑扣所致。

依据厂方意见，所有改造和新建的给水构筑物进行单体满水试验。

【问题】

1. 项目部申请设计变更的程序是否正确？如果不正确，给出正确的做法。

2. 找出图 4 中存在的应修改和补充之处。

3. 试分析池壁混凝土浇筑跑模事故的可能原因。

4. 施工方案中，封堵材料应满足什么技术要求？

5. 计算混凝沉淀池浸湿面积，并写出满水试验时混凝沉淀池注水次数和高度。

参考答案及解析

一、单项选择题

1. A；承载能力是指路面应具有足够抗疲劳破坏和塑性变形的能力，即具备相当高的强度和刚度。

2. D；E_1 为静止土压力；E_2 为主动土压力；E_3 为被动土压力。三种土压力中，主动土压力最小；静止土压力其次；被动土压力最大，即 $E_2 < E_1 < E_3$。

3. C；钢筋网的外围两行钢筋交叉点应全部扎牢，中间部分交叉点可间隔交错扎牢，但双向受力的钢筋网，钢筋交叉点必须全部扎牢。

4. A；对用于中小桥梁的锚具（夹片或连接器）进场验收，其静载锚固性能可由锚具生产厂提供试验报告。

5. C；钢丝和钢绞线束移运时支点距离不得大于 3m，端部悬出长度不得大于 1.5m。本题第一反应可能会选 5 个支点，注意题干中的叙述"至少需要"几个支点，具体图示如下所示：

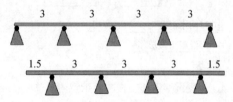

6. C；沉入桩施工顺序：对于密集桩群，自中间向两个方向或四周对称施打；根据基础的设计标高，宜先深后浅；根据桩的规格，宜先大后小，先长后短。对于建筑物来讲，教材中没有原文，但可以通过分析得出答案，从安全的角度出发，应该是由近及远，逐渐远离建筑物，跟密集桩群是一个道理。

7. C；地铁车站主体有：站台、站厅、设备用房、生活用房，出入口及通道不属于车站主体。

8. D；在桥梁防水中，混凝土基层检测主控项目是含水率、粗糙度、平整度。

9. D；环形开挖预留核心土法施工顺序为：开挖环形拱部→架立钢支撑→挂钢筋网→喷混凝土→开挖核心土和下台阶，随时接长钢支撑和喷混凝土、封底。

10. A；喷锚暗挖（矿山）法施工隧道的复合式衬砌，以结构自防水为根本，辅加防水层组成防水体系。

11. A；沉井下沉发生偏斜应通过调整开挖顺序和方式"随挖随纠、动中纠偏"。

12. A；活性污泥法和生物膜法属于生物处理法；筛滤截流法属于物理处理方法。

13. D；砌筑施工需间断时，应预留阶梯形斜槎。

14. C；不得使用机械或加热方法弯曲聚乙烯管道。

15. C；法兰或螺纹连接的阀门应在关闭状态下安装，以防杂质进入阀体腔内；焊接阀门应在打开状态下安装，以防受热变形。

16. B；钢管或球墨铸铁管道的变形率超过3%时，化学建材管道变形率超过5%时，应挖出管道，并会同设计研究处理。本题中（1000－965）/1000＝35/1000＝3.5%（＞3%），所以正确答案应为B。

17. D；试验性焊接完成后，割下3块25.4mm宽的试块，测试撕裂强度和抗剪强度。

18. D；测量记录应做到表头完整、字迹清楚、规整，严禁擦改、涂改，必要时可用斜线划去错误数据，旁注正确数据，但不得转抄。

19. B；IC卡可实现人员信息管理、工资管理、考勤管理和门禁管理的功能。尽管社保管理是劳务管理的内容之一，但IC卡目前还未将社保管理纳入。

20. A；单位工程、分部工程和分项工程开工前，项目技术负责人对承担施工的负责人或分包方全体人员进行书面技术交底。

二、多项选择题

21. C、D；悬臂式挡土墙和扶壁式挡土墙主要依靠墙踵板上的填土重量维持挡土构筑物的稳定。

22. A、D；加铺沥青混合料面层前对水泥混凝土路面脱空处的基底处理方法有两种：一种是开挖式基底处理，即换填基底材料；另一种是非开挖式基底处理，即注浆填充脱空部位的空洞。填充沥青密封膏是用来处理旧水泥混凝土的板缝。

23. A、B、D、E；无机结合料稳定基层结构较密实、孔隙率较小、透水性较小、水稳性较好、适宜于机械化施工、技术经济较合理。

24. C、E；考核设计模板、支架和拱架的荷载组合表内容。墩台、基础等厚大结构物的侧模板设计强度计算荷载组合为：新浇筑混凝土对侧模的压力、倾倒混凝土时产生的水平冲击荷载。

25. A、C、D；预制混凝土板桩自重大，受起吊设备限制，不适合大深度基坑。重力式水泥土挡墙无支撑，墙体止水性好，墙体变位大。

26. A、B、C、E；污泥需处理才能防止二次污染，其处置方法常有浓缩、厌氧消化、脱水及热处理等。D选项燃烧处理很明显还会造成二次污染。

27. A、B、D；给水深度处理技术主要有活性炭吸附法、臭氧氧化法、臭氧活性炭法、生物活性炭法、光催化氧化法、吹脱法等。氯气预氧化法和高锰酸钾氧化法属于化学氧化法预处理技术。

28. A、C、D；考核无粘结预应力筋的施工要求。上下相邻两无粘结预应力筋锚固位置应错开一个锚固肋，以避免应力过于集中在同一个锚固肋上。张拉段无粘结预应力筋长度大于25m而小于50m时，宜采用两端张拉；张拉段无粘结预应力筋长度大于50m时，宜采用分段张拉和锚固。

29. B、D；阀门进场前应进行强度和严密性试验；水平安装的闸阀、截止阀的阀杆应处于上半周范围内；焊接安装时，焊机地线应搭在同侧焊口的钢管上，不得搭在阀体上。

30. A、B、D、E；文明施工承诺牌内容主要是文明施工承诺：泥浆不外流、轮胎不沾泥、管线不损坏、渣土不乱抛、爆破不扰民、夜间少噪声。

三、实务操作和案例分析题

（一）

1. C点的高程为道路设计高程，道路设计宽度不包括路缘石宽度。

【解析】设计高程有隔离带时一般是在路中路缘石下的面层位置，无中央隔离带的道路，道路设计高程在道路的中心位置，这个知识点一定要熟记。道路宽度不包括路缘石，所以在计算道路路宽时，指的是道路的净宽。

2.（1）X——沥青乳液透层油；Y——粘层油。

（2）施工注意事项：

①下承层干燥、清洁，附属构筑物顶面覆盖。

②不能在雨雪大风环境下施工。

③试洒确定用量，洒布均匀。

④透层油提前一天喷洒。

⑤粘层油当天洒布。

3. 在施工过程中，雨水口和雨水检查井周围因场地狭小，应采用小型夯实机具夯实；回填材料应采用石灰土或石灰粉煤灰砂砾回填。

【解析】可以从机具和材料两个方向进行回答。机具方面：因为检查井和雨水口范围较小，所以一定采用较小的施工机具进行施工；材料方面：因为小范围的回填夯实有困难，所以尽量采用后期能够进行板结硬化的石灰粉煤灰砂砾或石灰土。

4.（1）改性沥青初压温度应不低于150℃。

（2）应采取高频率、低振幅的方式慢速碾压，碾压遍数要根据试验确定。

（3）改性沥青不得采用轮胎压路机，碾压终了温度应不低于90～120℃。

（4）相邻碾压带重叠宽度应为100～200mm。

（5）对压路机钢轮刷隔离剂或防粘接剂，亦可向碾压轮上喷淋添加少量表面活性剂的雾状水。

5.（1）中面层接槎顶面铺设土工织物。

（2）垂直切割SMA改性沥青混凝土上面层，且与中面层接缝错开1m以上。

（3）接槎部位垫木板或方木。

（4）铺新料前接槎涂刷粘层油，并将接槎部位加热。

（5）接槎处先横向骑缝碾压，再进行纵向碾压。

（二）

1. 清孔换浆→终孔验收→下钢筋笼→下导管→二次清孔→浇筑水下混凝土→拔出护筒。

【解析】钻孔灌注桩施工工艺流程中最主要的内容如下：场地平整→桩位放线→开挖泥浆池、浆沟→护筒埋设→钻机就位、孔位校正→成孔→清孔换浆→终孔验收→下钢筋笼→下导管→二次清孔→浇筑水下混凝土→拔出护筒→成桩。

2. A 的名称——垫石。作用：保证上部结构与盖梁有一定净空；便于后期更换支座；调整高程与坡度（例如在缓和曲线上面）；平稳均衡传递上部荷载。

B 的名称——系梁。作用：把两个桩或墩连成整体受力，增加横向稳定性。

C 的名称——防震挡块。作用：防止主梁在横桥向发生落梁现象。

【解析】不是所有的支座下面都设置垫石，大多数的支座下面不设置垫石。垫石是钢筋混凝土，但是钢筋要与盖梁连接在一起。对于哪些支座下面设置垫石，哪些支座下面不设置垫石，设计图纸上会标记得很清楚。防震挡块的设置也不是完全一样，有的桥梁只有在盖梁的两端设置防震挡块，而有的桥梁每一片 T 形梁两侧都要设置防震挡块。垫石及防震挡块如图 2-2 所示：

垫石钢筋

垫石上安装支座

桥梁两侧防震挡块

桥梁每片梁两侧的防震挡块

图 2-2　垫石及防震挡块示意图

3. B 的常规施工流程为：

系梁底模（或垫层）→绑扎桩接柱钢筋→系梁钢筋→支模板→浇筑混凝土→养护→拆模。

【解析】系梁在教材上没有介绍，但在实际施工中应用非常多。有些桥梁下部结构在桩基施工之后没有承台，而是直接采取桩接柱的形式，为了保证下部结构稳定性，需要将桩头（墩柱底部）连接成一个整体，也就是所说的系梁。本案例要求写出系梁施工顺序，对于这类排序题，需要按照钢筋、模板、混凝土和养护等常规流程去写。与本案例雷同的考点还有盖梁施工排序，当然如果是盖梁施工流程就要将垫层换成地基处理、搭设支架和铺底模。后面内容基本上和系梁相同（有预应力的除外）。

4. 桥跨最下缘要求设计高程：$3.72 + 10 = 13.72m$；

墩柱顶设计高程：$13.72 - 0.3 - 1.4 = 12.02m$；

依据桥下净空高度的定义：设计洪水位、计算通航水位或桥下线路路面至桥跨结构最下缘之间的距离。本工程为梁式桥，支座顶部即为桥跨的最下缘。

【解析】通航要求是指通航水位至桥跨结构最下缘之间的距离，而桥跨结构的下缘也就是支座的顶面标高的距离（不考虑预拱度与道路横坡），那么支座顶标高即为通航水位加桥下净空（10m），即为13.72m，而墩柱顶标高等于是支座顶部标高减去0.3m（支座与垫石的高度），再减去盖梁的高度（1.4m），可以得出墩柱顶标高为12.02m。

5. 本工程需要组织专家论证的分部分项工程有系梁基坑土方开挖、支护、降水工程；穿巷架桥机安装和拆卸工程。

理由：本工程上部结构T形梁自重35t，超过了300kN，采用穿巷架桥机架设，则穿巷架桥机自身的安装、拆卸必须组织专家论证。从本工程的断面图2-1中可知，通航水位标高3.72m，桩顶标高 -1.5m，系梁基坑从筑岛顶部开挖，土方开挖和降水深度都超过了5m，需要组织专家论证。

（三）

1. $H = 40.64 - (37.04 - 0.3 - 0.1) = 4m$；

$M = 40.64 - 3.1 - 3.0 = 34.54m$；

$B = 3.1 + 1 + 3 + 0.8 + 5.5 + 1.8 + 0.3 + 1.45 + 4 \times 0.5 = 18.95m$。

2. 主要地层为：粉质黏土、细沙 - 中砂。

宽度：$5.5 - 0.8 - 1.45 - 0.3 - 1.8 = 1.15m$；

高度：$(40.64 - 4) - 34.54 = 2.1m$；

$1 : n = 2.1 : 1.15$ 即 $n = 0.55$。

【解析】判断污水沟槽南侧边坡的主要地层需要结合第一个问题中雨水槽底高程和污水槽底高程，再根据图形中土质分层的标高即可得出答案。另外计算n的数值，需要明白$1 : n$是高宽比，而高差可以利用第一小问得出的数值计算，宽度可以通过两管道中心线之间距离为5.5m，再依据图中给的数值进行计算。

3.（1）坍塌的原因可能有：边坡土质较差；施工进入雨期；留置坡度过陡；不同土质地层间未设置过渡平台；雨水沟槽中排水沟未设置防渗层。

（2）可采取的边坡处理措施：适当将坡度放缓，设置过渡平台，坡脚堆放沙包土袋，坡面覆盖塑料薄膜或硬化，污水南侧坡顶（或箱涵北侧）及排水沟防渗处理。

【解析】背景中介绍"由于开工日期滞后，工程进入雨期实施"，那么边坡坍塌的原因可以列出施工进入雨期以及雨水沟槽排水沟可能未设置防渗层。当然，只要是基坑垮塌，一般土质、坡度、过渡平台等属于常识内容。

4. 回填前做试验段确定施工参数；腋角采用中粗砂保证压实度；材料要对称、均匀运入槽内，不能直接压在管道上；在温度最低时两侧同时对称回填；管顶500mm以下人工回填；管顶以上机械压实需要保证有一定厚度的土方。

5. 沥青路面压实度测定方法有钻芯法、核子密度仪法。

振动压实还应注意遵循紧跟、慢压、高频、低幅的原则；防止过度碾压；不得采用轮胎压路机碾压。

【解析】注意本小问中"沥青路面压实度有哪些测定方法"与"沥青混凝土路面面层施工质量检验的主控项目检验方法"有区别，沥青混凝土路面面层施工质量检验的主控项目中压实度的检验方法是查试验记录（马歇尔击实试件密度，试验室标准密度）。

（四）

1. 不正确。

正确做法：应依据工程合同，由施工单位向监理单位提出申请，经监理单位审核、建设单位确认，交由设计单位出具设计变更文件，建设单位将返回的设计变更交由监理单位，监理工程师出具变更令。

【解析】教材上对这个知识点介绍得不是很详细，作答这种题目时需要组织好语言，尽量将变更的完整程序叙述清楚。

2. （1）需要修改的有：

1）边坡坡度（1:1）不符合（陡于）规范规定，应放缓坡度。

2）如果条件不容许修改（放缓）坡度，应设置土钉、挂钢筋（金属）网喷混凝土硬化。

3）排水沟距坡脚过近，要离开坡脚0.3m。

（2）需要补充的有：

1）坑底加集水井及抽水设施；

2）坑顶硬化、加阻水墙和安全防护设施；

3）坡面设泄水孔；

4）池壁内外设施工脚手架；

5）池壁模板设置确保直顺和防倾覆的装置；

6）对拉螺栓中间设止水片。

【解析】作答这类题目时尽量多找一些切入点。例如背景写的无须降水但又有浅层滞水，所以要设置泄水孔。水池因为是薄壁结构，浇筑混凝土时，对拉螺栓只能保证混凝土不胀模，但是整体性不好保证，所以还要有模板的支撑体系。

3. 设计原因：螺栓间距大、直径小。

材料原因：对拉螺栓质量不合格、反复使用次数多。

混凝土浇筑原因：速度快、下料高、布料集中、过度振捣。

【解析】跑模是指混凝土模板在制作中支撑点不够，在实际浇筑中模板无法承受混凝土的重量而模板开裂造成混凝土大量外泄。

4. 封堵材料应满足的技术要求：

（1）无收缩；

（2）易密实；

（3）足够强度；

（4）与池壁混凝土颜色一致或接近。

5. 浸湿面积：$16 \times 12 + (16 + 12) \times 2 \times 4.8 = 460.8m^2$；

注水次数为 3 次，最终注水高度为 4.8m；

第一次注水高度为底板以上 1.6m，即注水至 −2.900m；

第二次注水高度为底板以上 3.2m，即注水至 −1.300m；

第三次注水高度为底板以上 4.8m，即注水至 0.300m。

模拟预测试卷二

一、**单项选择题**（共 20 题，每题 1 分。每题的备选项中，只有 1 个最符合题意）

1. 依靠墙体自重抵挡土压力，在墙背设少量钢筋并将墙趾展宽或基底设凸榫的是（　　）。

A. 悬臂式挡土墙　　　　　　　　　B. 扶壁式挡土墙

C. 重力式挡土墙　　　　　　　　　D. 衡重式挡土墙

2. 下列工程项目中，不属于城镇道路路基工程的项目是（　　）。

A. 涵洞　　　　　　　　　　　　　B. 挡土墙

C. 路肩　　　　　　　　　　　　　D. 垫层

3. 用机械（力学）、化学、电、热等手段使路基土固结的方法是（　　）。

A. 土的置换　　　　　　　　　　　B. 土质改良

C. 土的补强　　　　　　　　　　　D. 土质挤密

4. 压路机可在未碾压成型路段上（　　）。

A. 转向　　　　　　　　　　　　　B. 掉头

C. 倒车　　　　　　　　　　　　　D. 加水

5. 桥面与低水位之间的高差称为（　　）。

A. 建筑高度　　　　　　　　　　　B. 桥梁高度

C. 桥下净空高度　　　　　　　　　D. 容许建筑高度

6. 设置在桥跨结构与桥台的支承处，传递荷载并保证桥跨结构产生一定变位的装置是（　　）。

A. 桥头搭板　　　　　　　　　　　B. 伸缩缝

C. 支座系统　　　　　　　　　　　D. 垫石

7. 灌注混凝土时，会造成钢筋骨架上浮的做法是（　　）。

A. 护壁泥浆性能差　　　　　　　　B. 灌注过程中灌注导管埋深过大

C. 混凝土搅拌时间不够　　　　　　D. 清孔时孔内泥浆悬浮的砂粒太多

8. 在施工阶段作为基坑围护结构，建成后使用阶段用作主体结构的地下连续墙侧墙是（　　）。

A. 临时墙　　　　　　　　　　　　B. 单层墙

C. 叠合墙　　　　　　　　　　　　D. 复合墙

9. 城市地铁车站盖挖法施工采用最多的是（　　）。

A. 盖挖顺作法　　　　　　　　　　B. 盖挖逆作法

C. 盖挖半顺作法　　　　　　　　　D. 盖挖半逆作法

10. 关于隧道全断面暗挖法施工的说法，错误的是（　　）。

A. 可减少开挖对围岩的扰动次数

B. 围岩必须有足够的自稳能力

C. 自上而下一次开挖成形并及时进行初期支护

D. 适用于地表沉降难于控制的隧道施工

11. 活性污泥处理系统中的反应器是（　　　）。

　　A. 氧化沟　　　　　　　　　　　B. 曝气池

　　C. 消化池　　　　　　　　　　　D. 生物塘

12. 采用微生物处理法去除污水中呈胶体和溶解状态的有机污染物质的是（　　　）。

　　A. 一级处理　　　　　　　　　　B. 二级处理

　　C. 深度处理　　　　　　　　　　D. 三级处理

13. 关于止水带安装的要求正确的是（　　　）。

　　A. 塑料或橡胶止水带可采用叠接

　　B. T 字接头、十字接头均应在现场进行热接

　　C. 金属止水带接头咬接或搭接必须采用双面焊接

　　D. 金属止水带在伸缩缝中的部位不得涂防锈和防腐涂料

14. 下列做法不符合金属管道安装质量要求的是（　　　）。

　　A. 管道任何位置不得有十字形焊缝

　　B. 管道支架处不得有环形焊缝

　　C. 焊口不得置于建（构）筑物的墙壁中

　　D. 可采用夹焊金属填充物的方法进行对口焊接

15. 关于补偿器安装要求说法不正确的是（　　　）。

　　A. 补偿器应按照设计要求进行预变位

　　B. 可用补偿器变形调整管位的安装误差

　　C. 补偿器安装应与管道同轴

　　D. 轴向波纹管补偿器的流向标记应与管道介质流向一致

16. 排除燃气管道中的冷凝水和石油伴生气管道中的轻质油的设备是（　　　）。

　　A. 排水器　　　　　　　　　　　B. 补偿器

　　C. 阀门井　　　　　　　　　　　D. 放散管

17. HDPE 管道热熔焊接连接时，五个阶段正确的施工顺序应该是（　　　）。

　　A. 预热阶段、对接阶段、吸热阶段、加热板取出阶段、冷却阶段

　　B. 预热阶段、加热板取出阶段、吸热阶段、对接阶段、冷却阶段

　　C. 预热阶段、吸热阶段、加热板取出阶段、对接阶段、冷却阶段

　　D. 预热阶段、吸热阶段、对接阶段、加热板取出阶段、冷却阶段

18. 采用水准仪测放井顶高程时，后视尺置于已知高程 3.440m 的读数为 1.360m，为保证设计井顶高程 3.560m，则前视尺的读数应为（　　　）。

　　A. 1.000m　　　　　　　　　　　B. 1.140m

　　C. 1.240m　　　　　　　　　　　D. 2.200m

19. 承包方进行工程索赔的处理原则不包括（　　　）。

A. 有正当索赔理由和充分证据　　　　　B. 索赔必须经建设单位同意

C. 准确、合理地记录索赔事件　　　　　D. 计算索赔工期、费用

20. 需要进行专家论证的危险性较大的分部分项工程是（　　　）。

A. 水池现浇顶板厚 0.6m（混凝土重度 25kN/m³）

B. 开挖深度 4.5m 的基坑土方开挖工程

C. 开挖深度 15m 的人工挖孔桩

D. 无粘结预应力张拉

二、多项选择题（共 10 题，每题 2 分。每题的备选项中，有 2 个或 2 个以上符合题意，至少有 1 个错项。错选，本题不得分；少选，所选的每个选项得 0.5 分）

21. 石灰稳定土基层材料的使用要求，不正确的是（　　　）。

A. 宜用 1～3 级的新石灰　　　　　　　B. 块灰应在使用前 2～3d 完成消解

C. 不得使用清洁中性水　　　　　　　　D. 磨细生石灰必须经消解才可使用

E. 土中的有机物含量宜小于 10%

22. 射水沉桩时（　　　）必须经检测部门检验、标定后方可使用。

A. 高压水泵　　　　　　　　　　　　　B. 压力表

C. 安全阀　　　　　　　　　　　　　　D. 高压输水管

E. 桩锤

23. 下列围护结构中，止水性能好的有哪些（　　　）。

A. 灌注桩　　　　　　　　　　　　　　B. 地下连续墙

C. SMW 工法桩　　　　　　　　　　　　D. 钢管桩

E. 水泥土搅拌桩

24. 一般地铁车站根据站台形式可分为（　　　）。

A. 岛式　　　　　　　　　　　　　　　B. 侧式

C. 椭圆式　　　　　　　　　　　　　　D. 马蹄式

E. 圆拱式

25. 常用的给水处理方法有（　　　）。

A. 过滤　　　　　　　　　　　　　　　B. 浓缩

C. 消毒　　　　　　　　　　　　　　　D. 软化

E. 厌氧消化

26. 适用于各种土层不开槽管道施工方法是（　　　）。

A. 夯管　　　　　　　　　　　　　　　B. 定向钻

C. 浅埋暗挖　　　　　　　　　　　　　D. 密闭式顶管

E. 盾构

27. 生活垃圾填埋场压实黏土防渗层施工时，最重要的就是对土进行（　　　）的合理控制。

A. 含水率　　　　　　　　　　　　　　B. 压实遍数

C. 干密度 　　　　　　　　　　　D. 碾压速度

E. 松土厚度

28. 关于 HDPE 膜生产焊接叙述正确的是（　　　）。

A. 通过试验性焊接后方可进行生产焊接

B. 坡度大于 1：10 处不可有横向的接缝

C. HDPE 膜必须在铺设的当天进行焊接

D. 边坡和底部的焊接应在清晨或晚上气温较低时进行

E. HDPE 膜焊接时下雨应停止焊接，立刻覆盖

29. 焊工作业时必须使用的安全防护用品有（　　　）。

A. 安全帽 　　　　　　　　　　　B. 耐火防护手套

C. 焊接防护服 　　　　　　　　　D. 安全带

E. 绝缘、阻燃、抗热防护鞋

30. 工程预算批准后，可以调整的情况有（　　　）。

A. 重大设计变更 　　　　　　　　B. 政策性调整

C. 原材料紧缺 　　　　　　　　　D. 企业亏损

E. 不可抗力

三、实务操作和案例分析题（共 4 题，每题 20 分）

（一）

【背景资料】

某公司承建一快速路工程，道路中央隔离带宽 2.5m，采用 A 路缘石，路缘石外露 0.15m，要求在通车前栽植树木，主路边采用 B 路缘石，图 1-1 为道路工程 K2＋350m 断面图，两侧排水沟为钢筋混凝土预制 U 形槽，U 形槽壁厚 0.1m，内部净高 1m，现场安装。护坡采用六角护坡砖砌筑。

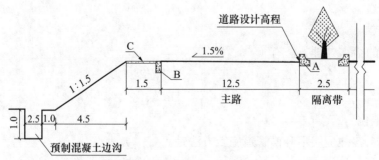

图 1-1　道路 K2＋350m 断面图

说明：1. 道路 K2＋350m 位置路面设计高程为 70.87m。

2. 本图中单位为 m。

【问题】

1. 列式计算道路桩号 K2＋350m 位置边沟底高程（主路及 C 部位坡度均为 1.5%）。

2. 本工程中道路附属构筑物中的分项工程有哪些？

3. 图 1-1 中 C 的名称是什么？在道路中设置 C 的作用，C 属于哪一个分部工程中的分项工程？

4. 本工程 A、B 为哪一种路缘石，根据这两种路缘石的特点，说明本工程为什么采用这两种路缘石？

5. 简述两侧排水 U 形槽施工工序。

（二）

【背景资料】

某立交桥工程，该桥为平行分离式立交桥，1 号、2 号桥台与 3 号、4 号桥台完全相同，如图 2-1、图 2-2 所示，1 号、2 号桥台支座中心线里程桩号为 K1 + 160m，3 号、4 号桥台支座中心线里程桩号为 K2 + 760m，本桥梁跨越一条交通繁忙的铁路、一条城市主要环路和一条有中小船只频繁通航的河流。全桥共 60 跨。

跨越铁路路段采用穿巷架桥机法施工；跨越城市环路路段 40m 采用预制钢梁，因梁体过重，为保证安全，项目部决定现场搭设满堂支架法施工（断路 24h）；跨越河道段下部结构采用筑岛施工桩基、承台、桥墩，上部结构采用悬臂浇筑法施工；本桥梁除跨越位置以外均采用预制梁现场吊装施工，采用简支变连续法施工。

预制梁现场吊装前，项目技术负责人对吊具本身的强度、刚度、稳定性进行了验算。在简支变连续梁每一联施工前做了以下施工顺序的安排：① 安装临时支座→② 安放永久支座→③ □→④ 浇筑横隔板混凝土→⑤ □→⑥ 浇筑 T 梁接头混凝土→⑦→张拉二次预应力钢束→⑧ □。

工程开工前，项目部针对本工程实际特点，办理了夜间施工的手续。

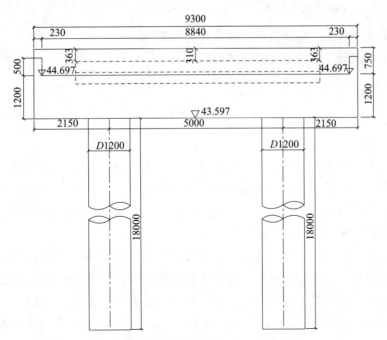

图 2-1　桥台立面示意图（高程单位：m；其余单位：mm）

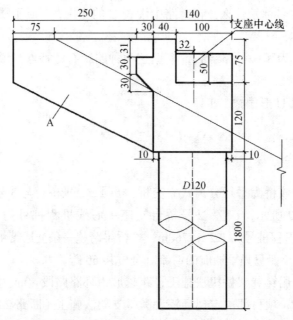

图 2-2 桥台截面图（单位：cm）

在施工过程中，项目部工人在施工期间休息时，去河道中游泳被淹死。经调查，本工程施工前确定的风险源（职业伤害事故）有缺项。

【问题】

1. 本工程桥梁全长为多少米？

2. 图中 A 是什么，起到什么作用？

3. 本工程除夜间施工时办理相关手续外，在具体施工过程中还找哪些部门办理手续？

4. 本工程中采用穿巷架桥机施工时应注意哪些问题。

5. 本工程筑岛施工应注意哪些具体问题。

6. 补充先简支后连续梁施工顺序中缺失的③、⑤、⑧三项工序。

（三）

【背景资料】

A 公司中标长 3km 的天然气钢质管道工程，DN300mm，设计压力 0.4MPa，均采用成品防腐管。设计采用直埋和定向钻穿越两种施工方法，其中，穿越现状道路路口段 200m 采用定向钻方式敷设，钢管在地面连接完成，经无损检测等检验合格后回拖就位；直埋段槽底铺砂基础 15cm。

成品防腐钢管到场后，厂家提供了管道的质量证明文件，项目部质检员对防腐层厚度和粘结力做了复试，经检验合格后，开始下沟安装。项目部拟定的燃气管道施工程序如下：沟槽开挖→管道安装、焊接→a→管道吹扫→回填土至管顶上方 0.5m，留出焊口位置→b 试验→焊口防腐→全部管线回填土至管顶上方 0.5m→c 试验→敷设 d→回填土至设计标高。

项目部施工过程中，发生了如下事件：

事件一：A公司提取中标价的5%作为管理费后把工程包给B公司，B公司组建项目部后以A公司的名义组织施工。

事件二：沟槽清底时，质量检查人员发现局部有超挖，最深达15cm，且槽底土体含水量较高。

事件三：开挖燃气管线沟槽时，项目部现有挖掘机工作效率每天挖土800m³，直埋段地势较平，项目部依据图3计算沟槽开挖土方量。

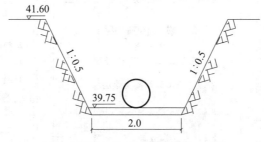

图3　沟槽开挖断面图（单位：m）

【问题】

1. 施工程序中a、b、c、d分别是什么？

2. 事件一中，A、B公司的做法违反了法律法规中的哪些规定？

3. 依据《城镇燃气输配工程施工及验收规范》CJJ 33—2005，对事件二中情况应如何补救处理？

4. 本工程燃气管道属于哪种压力等级？根据《城镇燃气输配工程施工及验收规范》CJJ 33—2005规定，指出定向钻穿越段钢管焊接应采用的无损检测方法和抽检数量。

5. 直埋段管道下沟前，质检员还应补充检测哪些项目？并说明检测方法。

6. 项目部采用1台挖掘机开挖沟槽至少需要多少天？

（四）

【背景资料】

某市政企业中标一城市地铁车站项目，该项目地处城乡接合部，场地开阔，建筑物稀少，车站全长200m、宽19.4m、深度16.8m，设计为地下连续墙围护结构，采用钢筋混凝土支撑与钢管支撑，明挖法施工。本工程开挖区域内地层分布为回填土、黏土、粉砂、中粗砂及砾石，地下水位于3.95m处。详见下图4-1。

项目部依据设计要求和工程地质资料编制了施工组织设计。施工组织设计明确以下内容：

（1）工程全长范围内均采用地下连续墙围护结构，连续墙顶部设有800mm×1000mm的冠梁；钢筋混凝土支撑与钢管支撑的间距为：垂直间距4～6m，水平间距为8m。主体结构采用分段跳仓施工，分段长度为20m。

（2）施工工序为：围护结构施工→降水→第一层土方开挖（挖至冠梁底面标高）→A→第二层土方开挖→设置第二道支撑→第三层土方开挖→设置第三道支撑→最底层开挖→

B →拆除第三道支撑→ C →负二层中板、中板梁施工→拆除第二道支撑→负一层侧墙、中柱施工→侧墙顶板施工→ D。

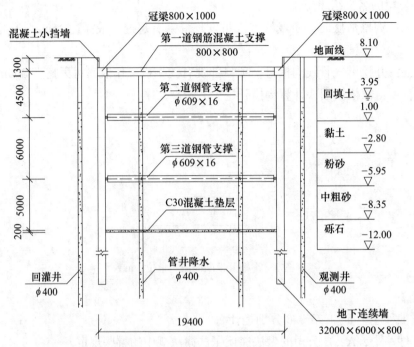

图 4-1　地铁车站明挖施工示意图（高程单位：m；尺寸单位：mm）

（3）对车站施工期间基坑周围的物品堆放做了详细规定：

1）支护结构达到强度要求前，严禁在滑裂面范围内堆载；

2）支撑结构上不应堆放材料和运行施工机械；

3）基坑周边要设置堆放物料的限重牌。

（4）后浇带设置在主体结构中间部位，宽度为 2m，当两侧混凝土强度达到 100% 设计值时，开始浇筑。

某日上午监理人员在巡视工地时，发现以下问题，要求立即整改：

1）在开挖工作面位置，第三道支撑未安装的情况下，已开挖至基坑底部；

2）为方便挖土作业，挖掘机司机擅自拆除支撑立柱的个别水平联系梁，当日下午，项目部接到基坑监测单位关于围护结构变形超过允许值的报警；

3）已开挖至基底的基坑侧壁局部位置出现漏水，水中夹带少量泥沙。

【问题】

1. 根据背景资料本工程围护结构还可以采用哪些方式。

2. 写出施工工序中代号 A、B、C、D 对应的工序名称。

3. 施工组织设计（3）中，基坑周围堆放物品的相关规定不全，请补充。

4. 后浇带施工应有哪些技术要求？

5. 对监理在巡视过程中发现的问题，项目部应如何采取措施？项目部接到基坑报警的通知后，该如何处理？

参考答案及解析

一、单项选择题

1. C；考核常用的挡土墙结构形式及特点。

2. D；城市道路路基工程包括路基（路床）本身及有关的土（石）方、沿线的涵洞、挡土墙、路肩、边坡、各类管线等项目。

3. B；土质改良是指用机械（力学）的、化学、电、热等手段增加路基土的密度，或使路基土固结。

4. C；压路机不得在未碾压成型路段上转向、掉头、加水或停留。

5. B；桥梁高度指桥面与低水位之间的高差，或指桥面与桥下线路路面之间的距离，简称桥高。

6. C；支座系统是在桥跨结构与桥墩或桥台的支承处所设置的传力装置。它不仅要传递很大的荷载，并且要保证桥跨结构能产生一定的变位。

7. D；清孔时如果孔内泥浆悬浮的砂粒太多，那么在混凝土灌注中砂粒会在混凝土面上形成较密实的砂层，并随孔内混凝土逐渐升高，当砂层上升至钢筋骨架底部时托起钢筋骨架。A选项护壁泥浆性能差，会造成塌孔或缩径；B选项的做法会发生堵管；C选项混凝土搅拌时间不够，会造成桩身混凝土强度低或混凝土离析。

8. B；地下连续墙单层侧墙在施工阶段作为基坑围护结构，建成后使用阶段又是主体结构的侧墙，内部结构的板直接与单层墙相接。

9. B；盖挖法可分为盖挖顺作法、盖挖逆作法及盖挖半逆作法。目前，城市中施工采用最多的是盖挖逆作法。

10. D；全断面开挖法对地质条件要求严格，围岩必须有足够的自稳能力，因此不适用于地表沉降难于控制的隧道施工。

11. B；活性污泥处理系统，是应用最为广泛的污水处理技术之一，曝气池是其反应器。

12. B；一级处理主要针对水中悬浮物质；二级处理主要去除污水中呈胶体和溶解状态的有机污染物质；深度处理是进一步处理难降解的有机物，即可导致水体富营养化的氮、磷等可溶性无机物等。本题D选项是干扰项，是2023年考试用书修改前的旧名称。

13. C；塑料或橡胶止水带接头应采用热接，不得叠接；T字接头、十字接头和Y字接头，应在工厂加工成型；金属止水带在伸缩缝中的部分应涂防锈和防腐涂料。

14. D；不得采用在焊缝两侧加热延伸管道长度、螺栓强力拉紧、夹焊金属填充物和使补偿器变形等方法强行对口焊接。

15. B；补偿器安装操作时不得损伤补偿器，不得采用使补偿器变形的方法来调整管道安装偏差。

16. A；补偿器是消除管段胀缩应力的设备；排水器用来排除燃气管道中的冷凝水和石油伴生气管道中的轻质油；放散管是专门用来排放管道内部的空气或燃气的装置。

17. C；热熔焊接连接一般分为五个阶段：预热阶段、吸热阶段、加热板取出阶段、对接阶段、冷却阶段。

18. C；根据公式 $b = H_A + a - H_B$ 可得，$3.440 + 1.360 - 3.560 = 1.240m$。

19. B；索赔的原则决定索赔是否合理、完善，跟建设单位同意与否没有直接关系。

20. A；考核需要专家论证的工程范围，其中A选项中：通过计算（$25 \times 0.6 = 15kN/m^2$）可得混凝土模板支撑总荷载达 $15kN/m^2$。施工总荷载（设计值）$15kN/m^2$ 及以上的混凝土模板支撑工程需要组织专家论证。其他选项均未达到专家论证的标准。

二、多项选择题

21. C、D；选择石灰稳定土基层材料时，宜使用饮用水或不含油类等杂质的清洁中性水。磨细生石灰可不经消解直接使用。

22. B、C；射水沉桩时，高压水泵的压力表、安全阀，输水管路应完好。压力表和安全阀必须经检测部门检验、标定后方可使用。

23. B、C、E；考核不同类型围护结构的特点。灌注桩需降水或和止水措施配合使用；钢管桩需有防水措施相配合。

24. A、B；地铁车站根据站台形式可分为岛式站台、侧式站台及岛侧混合站台；而圆拱式、椭圆式和马蹄式是根据结构横断面形式划分的。

25. A、C、D；常用的给水处理方法有自然沉淀、混凝沉淀、过滤、消毒、软化、除铁除锰。

26. C、D、E；考核不开槽法施工方法与适用条件。

27. A、C；在进行压实黏土防渗层施工时，最重要的就是对土进行含水率和干密度的合理控制。

28. A、D；除了在修补和加帽的地方外，坡度大于 $1:10$ 处不可有横向接缝；每片HDPE膜要在铺设当天进行焊接，如果采取保护措施防止雨水进入下面地表，底部接驳焊缝可以例外；HDPE膜焊接中如遇到下雨，在无法确保焊接质量时，对已铺设的膜应冒雨焊接完毕，等条件具备后再用单轨焊机进行修补。

29. B、C、E；焊工作业时必须使用带有滤光镜的头罩或手持防护面罩，戴耐火的防护手套，穿焊接防护服和绝缘、阻燃、抗热防护鞋。清除焊渣时应戴护目镜。

30. A、B、E；工程预算批准后，一般情况下不得调整。在出现重大设计变更、政策性调整及不可抗力等情况时可以调整。

三、实务操作和案例分析题

（一）

1. $70.87 - (12.5 + 1.5) \times 0.015 - 4.5 \div 1.5 - 1 = 66.66m$。

【解析】本题设计高程可以从图上看出来，然后按照坡度和距离关系进行计算，注意坡度比的计算可以进行逆向推导。

2. 附属构筑物中的分项工程有路缘石、排水沟、护坡。

【解析】本小问是当前经常考核的考点，也是道路常识，在《城镇道路工程施工与质量验收规范》CJJ 1—2008 当中有道路工程分部分项检验批划分的表格（见表1）。分部分项工程划分在实际施工中很重要，后期很可能还会继续考核。

道路工程分部、分项、检验批划分   表1

分部工程	子分部工程	分项工程	检验批
附属构筑物	—	路缘石	每条路或路段
		雨水支管与雨水口	每条路或路段
		排（截）水沟	每条路或路段
		倒虹管及涵洞	每座结构
		护坡	每条路或路段
		隔离墩	每条路或路段
		隔离栅	每条路或路段
		护栏	每条路或路段
		声屏障（砌体、金属）	每处声屏障墙
		防眩板	每条路或路段

3.（1）C 的名称叫作路肩。

（2）设置路肩的作用是保护支撑路面；对边坡进行防护和加固；保护道路的稳定；防止水对路基侵蚀。

（3）C 属于路基分部工程中的分项工程。

【解析】教材中没有介绍路肩的相关知识，但路肩属于道路路基分部工程，很可能在考试中出现这类考点。路肩的作用有很多，但最主要的作用是防水、加固和增加道路的稳定性。路肩又分为土路肩和硬路肩两类。土路肩一般设置在国道道路两侧，而城市道路或者高速公路一般设置硬路肩。路肩示意图如图 1-2 所示。

图 1-2　路肩示意图

4. A 属于立缘石（L 型）、B 属于平缘石。

理由：中央绿化隔离带有绿化树木，需要经常浇水，利用立缘石可以挡水；

因为快速路一般需要路面排水，平缘石排水效果较好。

【解析】路缘石有很多种，只要回答出立缘石和平缘石即可。在国道或者园林路两侧多采用平缘石，而快速路一般很少在路边采用平缘石，多采用立缘石加出水口的形式。需要注意一个常识，"平缘石"并非"平石"，平石一般是立缘石旁边砌筑的石材或混凝土砌块。几种路缘石的示意图及构造图见图1-3。

立缘石、平缘石、平石示意图

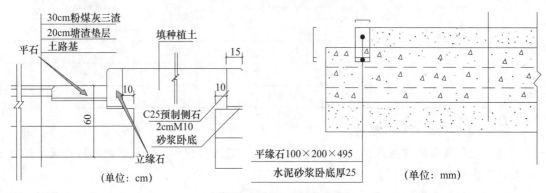

立缘石、平缘石、平石构造图
图1-3 几种路缘石的示意图及构造图

5. 测量放线、沟槽开挖、基础处理、垫层施工、铺筑结合层、U形槽安装、调整（高程、轴线）、U形槽勾缝、外侧回填土。

【解析】U形槽一般设置在高速公路填方段两侧的排水沟，在城市道路当中应用并不多见。但考生可以通过背景资料和题目当中的"两侧排水U形槽"判断出U形槽主要是排水的作用，那么可以将U形槽看成是管道，而管道的施工工序相对而言容易描述出来。U形槽示意图见图1-4。

图1-4 U形槽示意图

（二）

1. 桥梁全长为：2760−1160＋（2.5＋0.32＋0.4）×2＝1606.44m。

【解析】桥梁全长：简称桥长，是桥梁两端两个桥台的侧墙或八字墙后端点之间的距离。1号、2号桥台支座中心线里程桩号为 K1＋160m，3号、4号桥台支座中心线里程桩号为 K2＋760m，再根据图2-3可以得出桥台中心线到八字墙之间的距离。

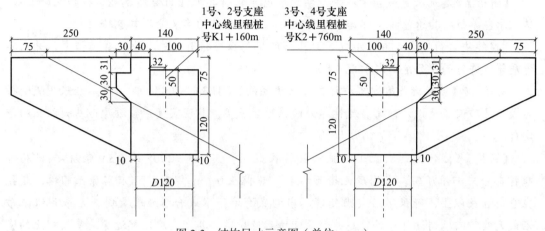

图 2-3　结构尺寸示意图（单位：cm）

2. A——耳墙（侧墙）；作用：耳墙（侧墙）是挡土及约束路基的结构，防止塌坡及冲刷，是桥台的组成部分。

【解析】识图题是当前主流考点。另外，背墙的作用是支撑桥头搭板并分隔桥板与路基。

3. 河道管理部门和航运部门；铁路管理部门和铁路运输部门；市政工程行政主管部门和公安交通管理部门。

4. 注意避开列车通过时间施工；防止施工中杂物坠落；手续审批通过。

5. （1）方案得到审批、手续通过。

（2）不影响正常通航要求。

（3）位置准确，高度、范围满足施工要求。

（4）材料（土质）不污染河道。

（5）施工安全可靠、可以满足稳定、抗冲要求。

6. ③——架设 T 形梁；⑤——湿接缝施工；⑧——拆除临时支座。

（三）

1. a——焊缝检查（包括外观检查和内部质量检验）；b——强度（试验）；c——严密性（试验）；d——警示带。

【解析】本小问 a 代表什么可能会有不同意见。可以参考《城镇燃气输配工程施工及验收规范》CJJ 33—2005 第5.2.6条：管道焊接完成后，强度试验及严密性试验之前，必须对所有焊缝进行外观检查和对焊缝内部质量进行检验，外观检查应在内部质量检验前进行。依据这条规定，所以 a 代表的内容最好写"焊缝检查"（包括外观检查和内部质量检验）。

2.（1）A公司违反了"禁止承包单位将其承包的全部建筑工程转包给他人"的规定和"禁止施工企业允许其他单位以本企业的名义承揽工程"的规定。

（2）B公司违反了"以其他建筑施工企业的名义承揽工程"的规定。

【解析】《建筑法》第二十八条　禁止承包单位将其承包的全部建筑工程转包给他人，禁止承包单位将其承包的全部建筑工程肢解以后以分包的名义分别转包给他人。

《建筑法》第二十六条　承包建筑工程的单位应当持有依法取得的资质证书，并在其资质等级许可的业务范围内承揽工程。

3. 依据《城镇燃气输配工程施工及验收规范》CJJ 33—2005，对事件二应采用级配砂石或天然砂回填至设计标高。超挖部分回填后应压实，其密实度应接近原地基天然土的密实度。

【解析】《城镇燃气输配工程施工及验收规范》CJJ 33—2005 第 2.3.9 条规定："局部超挖部分应回填压实，当沟底无地下水时，超挖在 0.15m 以内，可采用原土回填；超挖在 0.15m 及以上，可采用石灰土处理。当沟底有地下水或含水量较大时，应采用级配砂石或天然砂回填到设计标高。超挖部分回填后应压实，其密实度应接近原地基天然土的密实度。"

4. 属于中压A；

定向钻穿越段钢管焊接应采用的无损检测方法为射线照相检查，抽检数量为 100%。

【解析】《城镇燃气输配工程施工及验收规范》CJJ 33—2005，第 3.4.1 条：（定向钻施工）燃气钢管的焊缝应进行 100% 的射线照相检查。

因为水平定向钻施工的管道，一般都是在河底或者穿越道路、建筑物，管道后期修复难度很大，所以一般对于这类非开槽施工的管道工程，一般都需要对焊缝进行百分百的射线照相检测，从而保证焊缝的质量。

5. 直埋段管道下沟前，质检员还应补充检测项目有：

（1）防腐层的外观、搭接；采用目测法检测。

（2）防腐层的电火花检漏；采用电火花检测仪检测。

（3）管道直径、壁厚；采用盒尺、卡尺量测。

6. 沟槽开挖高度：$41.60-39.75+0.15=2m$；

开挖上口：$2\times0.5\times2+2=4m$；

开挖土方量：$(2+4)\times2\div2\times(3000-200)=16800m^3$；

沟槽开挖时间：$16800\div800=21d$。

（四）

1. 还可以采用 SMW 工法桩、钻孔咬合桩、钻孔灌注桩与水泥土搅拌桩（高压旋喷桩）帷幕结合的方式。

【解析】需要注意的是，本题根据图形围护结构还需要兼做止水帷幕，能够同时起到这两种作用的围护结构还有 SMW 工法桩、钻孔咬合桩，或者采用灌注桩与水泥土搅拌桩（高压旋喷桩）相结合的形式。

2. A—设置冠梁及第一道支撑；

B—垫层、底板及部分侧墙施工；

C—负二层侧墙、中柱施工；

D—拆除第一道支撑及回填。

【解析】在施工工序中描述"……降水→第一层土方开挖（挖至冠梁底面标高）→A→第二层土方开挖……"，那么这里不可或缺的工序是设置冠梁，但是在 A 工序之后又写了第二层土方开挖，所以 A 工序一定是两个工作合并，即设置冠梁及第一道支撑。从"……设置第三道支撑→最底层开挖→B→拆除第三道支撑……"当中可以分析出 B 工作一定替代了第三道支撑的工作，而底板可以起到这种替代作用，结合图上有垫层的标识，所以 B 工序可以合并写为垫层及底板施工。从"B（垫层及底板施工）→拆除第三道支撑→C→负二层中板、中板梁施工"并结合"……→拆除第二道支撑→负一层侧墙、中柱施工→侧墙顶板施工→……"可以分析出，负二层的中板、中板梁施工之前必须要有侧墙和支撑立柱的支撑，所以不难得出 C 的工序为负二层侧墙、中柱施工。因为背景资料的三道支撑中第三道和第二道均在结构施工中进行了拆除，所以最后一项 D 工作应该是结构完成后第一道支撑的拆除，考虑到本工程所罗列工序几乎全部是多项工序组合，所以最后 D 工序不妨将拆除第一道支撑与回填合并在一起。

3.（1）基坑开挖的土方不应在周边影响范围内堆放，应及时外运；

（2）基坑周边 6m 以内不得堆放阻碍排水的物品或垃圾；

（3）在现场堆放物料时，需对基坑稳定性验算；

（4）基坑周边设置堆物限高、限距牌；

（5）堆放物严禁遮盖（掩埋）雨水口，测量标志，闸井，消火栓。

4.（1）后浇带处的钢筋与主体结构一次绑扎好，模板及支架应独立设置；

（2）主体结构养护 42d 后，将原混凝土面两侧凿毛、清理、保持湿润，再用强度高一个等级的补偿收缩（微膨胀）混凝土浇筑后浇带；

（3）接缝处采用中埋或外贴式止水带、预埋注浆管、遇水膨胀止水条（胶）等方法加强防水。

（4）浇筑混凝土在温度最低时（夜间）进行，养护时间不应低于 14d。

【解析】关于后浇带施工的考核采分点相对而言比较多，罗列采分点时既要全面又要文字精简。参考答案中养护时间 14d 是依据教材，但实际施工中后浇带养护其实多为 28d，不过考试中建议还是按照教材作答。后浇带示意图见图 4-2。

图 4-2　后浇带示意图

5. 发现问题应采取以下措施：

（1）停止开挖，立即安装第三道支撑，并加强监测；

（2）立即安装被拆除的立柱水平联系梁，立柱如有变形情况，进行加固；

（3）漏水部位插入引流管并在引流管周围用双快水泥封堵，情况严重时可以局部回填，坑外相应位置注浆，并做好坑内排水。

项目部接到基坑报警的通知，应该按如下处理：

（1）停止施工，人员撤离现场；

（2）对基坑及其支护结构进行加密监测；

（3）分析原因，启动应急预案；

（4）采取有效措施后，确认安全情况下继续施工。